“十四五”职业教育国家规划教材

微生物基础及应用

（第二版）

（食品类专业）

主编　刘建峰　廖湘萍

副主编　金怀刚

高等教育出版社·北京

内容简介

本书是"十四五"职业教育国家规划教材,是根据教育部高素质高技能人才培养的目标和要求,同时参照国家和有关行业涉及微生物知识或技能的最新标准或职业技能鉴定规范编写而成。

本书共分为 4 个项目,系统地介绍了微生物的分类、微生物的培养、微生物的筛选和保藏及微生物在常见产品中的应用等方面的内容,同时以知识链接或拓展阅读的形式介绍了微生物学在某一领域的发展动态。同时,为了便于梳理学习内容,每一项目都列出了项目小结。全书将价值塑造、知识传授、能力培养和科学精神融为一体,体现了我国现代职业教育的特色。

本书配套教学视频、电子教案、演示文稿等辅教辅学资源,请登录高等教育出版社新形态教材网(https://abooks.hep.com.cn)获取相关资源。详细使用方法见本书最后一页"郑重声明"下方的"学习卡账号使用说明"。

本书可作为中职、五年制高职食品生物工艺/食品加工技术专业的核心课程教材,也可供生物技术、环保、制药等专业或职业培训及相关专业技术人员使用。

图书在版编目(CIP)数据

微生物基础及应用 / 刘建峰,廖湘萍主编. --2 版
. --北京:高等教育出版社,2025.1
食品类专业
ISBN 978-7-04-057819-5

Ⅰ.①微… Ⅱ.①刘… ②廖… Ⅲ.①微生物学-中等专业学校-教材 Ⅳ.①Q93

中国版本图书馆 CIP 数据核字(2022)第 019332 号

Weishengwu Jichu ji Yingyong

策划编辑	苏 杨	责任编辑	苏 杨	封面设计	王 鹏	版式设计 童 丹
责任校对	马鑫蕊 任 纳	责任印制	刁 毅			

出版发行	高等教育出版社	网 址	http://www.hep.edu.cn	
社 址	北京市西城区德外大街 4 号		http://www.hep.com.cn	
邮政编码	100120	网上订购	http://www.hepmall.com.cn	
印 刷	天津嘉恒印务有限公司		http://www.hepmall.com	
开 本	889mm×1194mm 1/16		http://www.hepmall.cn	
印 张	16.25	版 次	2002 年 12 月第 1 版	
字 数	340 千字		2025 年 1 月第 2 版	
购书热线	010-58581118	印 次	2025 年 8 月第 2 次印刷	
咨询电话	400-810-0598	定 价	38.00 元	

第二版前言

　　本书是根据教育部高素质高技能人才培养的目标和要求,参照国家和相关行业涉及微生物知识或技能的最新标准或职业技能鉴定规范编写的工学结合教材。在第一版教材的基础上全面修订,采用项目-任务编写体例,将价值塑造、知识传授、能力培养和科学精神融为一体,体现了我国现代职业教育的特色。

　　在教材修订中,强调知识服务于技能,以技能为本的精神,在内容选择上,体现了"最新、够用、实用"的原则,突出实用性、针对性和前沿性;在内容安排上,循序渐进,逐渐深入。本教材以能力培养为主线,融入了理论知识、科学精神和新发展理念,覆盖了食品、药品、生物、环境等专业,既有足够的理论知识,又有大量技能实训,图文并茂,【任务实施】的关键步骤和关键操作配有视频资源,通过扫描书中二维码即可在线观看。每个项目设置有"项目小结",帮助学生建立项目的知识框架;为开拓学生的视野,增设"拓展阅读",作为知识的补充和外延。

　　本教材分为走进"微生物基础及应用"课程、四个项目、附录三部分内容,概括了微生物的基础知识,强化了应用技能训练,同时反映了微生物学在某些领域的前沿动态。走进"微生物基础及应用"课程,介绍了微生物与人类的关系、微生物学的发展、微生物的基本特征及微生物的命名和分类等。项目一介绍与应用有关的微生物的形态特征及相关的技能训练;项目二讨论了微生物的营养要求、生长测定、生存环境及相关的技能训练;项目三讲述了微生物的筛选和保藏的有关原理及相关技能训练;项目四主要介绍了微生物在食品、药品和环境中的应用,并设计了相应的技能训练。附录介绍了微生物常用培养基、染色液、试剂及指示剂、消毒剂及杀菌剂的配制。

　　本书建议设计72学时,教学中可根据实际需要进行调整。具体安排见下表(供参考):

序号	项目内容	建议学时数
1	走进"微生物基础及应用"课程	2
2	项目1　微生物的分类	20
3	项目2　微生物的培养	32
4	项目3　微生物的筛选和保藏	8
5	项目4　微生物的应用	10
	总计	72

　　本书主编是湖北轻工职业技术学院刘建峰、廖湘萍,副主编是大连市轻工业学校金怀刚。编写分工如下:走进"微生物基础及应用"课程(廖湘萍),项目1(河南轻工职业技术学院杨灵)、项目2的任务2.1和任务2.2(漳州职业技术学院陈健旋)、项目2的任务2.3和任务2.4(刘建峰)、项目3(廊坊市食品工程学校刘晓涛)、项目4(金怀刚)、附录(刘建峰)。

　　在本教材编写过程中,君乐宝乳业集团张耀光部长和河北三元食品有限公司陈亮高级工程师提出了很多宝贵意见,使得教材更好地体现产教融合,校企合作,在此表示真诚感谢!

　　本书配套教学视频、电子教案、演示文稿等辅教辅学资源,请登录高等教育出版社新形态教材网(https://abooks.hep.com.cn)获取相关资源。详细使用方法见本书最后一页"郑重声明"下方的"学习卡账号使用说明"。

　　本书可作为中职、五年制高职的食品、生物、环境、药品类等专业微生物类课程的教学用书,也可作为职业培训及相关专业技术人员的参考用书。

　　由于编者水平有限,书中存在不足之处在所难免,欢迎读者批评指正。读者意见反馈邮箱:zz_dzyj@ pub. hep. cn。

刘建峰

2023 年 11 月

第一版前言

　　本书是根据教育部2001年颁布的"中等职业学校食品生物工艺专业课程设置"中主干课程"《微生物学基础》教学基本要求",并参照有关行业的职业技能鉴定规范及中级技术工人等级考核标准编写的中等职业教育国家规划教材。

　　在教材编写中,我们力图贯彻以全面素质教育为基础,以能力为本位的精神,强调实用性和针对性。内容上分为8个部分,概括了微生物学的基础知识,反映微生物学的前沿动态,强调了技能的训练。鉴于微生物在食品腐败及环境应用方面的重要性,特以单独章节进行讨论。为了加强职业技能的训练,本书还编写了大型实验课题供使用者参考选用。另外,为了便于学生自学,每一章节均有要点及复习。

　　本教材内容丰富,覆盖食品生物、发酵、环境等专业。既有足够的理论知识,又有大量实验内容,图文并茂。在教学中可根据本单位教学学时和实际需要,进行取舍。

　　第一章为绪论,讲授微生物的特点及其在环境中的应用。第二章主要介绍与应用有关的微生物的形态,第三章讨论微生物的营养要求与灭菌方法,第四章讲述微生物生长规律,第五章介绍微生物的基本代谢类型,第六章讲述微生物分离技术,第七章介绍常用的微生物保藏方法,第八章重点介绍引起食品腐败的主要微生物。

　　本书可供64学时的课程使用,具体安排见下表(供参考):

序号	教学内容	学时数
1	绪论	6
2	微生物的特征及分类	14
3	微生物的营养与生理	6
4	微生物的生长	6
5	微生物的代谢及调控	6
6	菌种的分离筛选、复壮技术	8
7	菌种的保藏	2
8	食品的腐败变质	8
	机动	8
	总计	64

本书由湖北轻工职业技术学院廖湘萍主编,大连轻工业学校金怀刚副主编。内容分工如下:廖湘萍编写第一章、第二章第一、三节,安徽轻工业学校丁以群编写第二章第二、四、五节以及第三章、第四章,长春轻工业学校张青编写第一章第三节、第五、六、七章,山西轻工业学校王娟莉编写第二章第六节、第八章及大型实验课题 I 实验二十三,大连轻工业学校金怀刚负责本书实验内容的统稿并编写实验四、十一以及实验十五至二十二、大型实验 II 和常用培养基的配制,贵州省轻工业学校何慧编写实验一、二、三、实验五至十一、十二、十三、十四。

在本教材编写以及图文处理过程中,湖北工学院张振新教授和湖北轻工职业学院陈向斌副教授给予了很大的支持和帮助,并对本书提出了很多宝贵意见,在此表示真诚感谢。

本书由全国中等职业教育教材审定委员会审定,哈尔滨商业大学杨铭铎教授担任责任主审,霍力和杨铭铎审阅了此稿,在此特表示衷心感谢。

本书为中等职业学校食品生物工艺专业微生物学基础教学用书,也可作为职业教学、职业培训及相关专业技术人员的参考书使用。

由于编者水平有限,不足之处在所难免,欢迎读者批评指正,我们将万分感激。

廖湘萍

2002.1.16

目　录

项目2 微生物的培养

附　录

参 考 文 献

走进"微生物基础及应用"课程

一、 微生物与人类的关系

微生物与人类关系的重要性,怎么强调都不过分。微生物是一把双刃剑,它们在给人类带来巨大利益的同时,也带来灾难。它们给人类带来的利益并不只是可有可无的锦上添花,而是涉及人类的生存。微生物在许多重要产品中起着不可替代的作用,例如面包、奶酪、啤酒、抗生素、疫苗、维生素、酶等民生产品的生产都离不开微生物,同时它们也是地球生物圈中不可或缺的成员,缺少微生物,地球上的生命将无法繁衍下去。

微生物与我们亲密接触并影响我们的生活。当你清晨起床,深深吸一口清新的空气,喝一杯可口的酸奶,品尝着美味的面包或馒头的时候,你就已经开始享受到了微生物带来的恩惠;当你因患感冒或其他某些疾病而躺在医院的病床上,经受病痛的折磨时,那便是有害微生物侵入了你的身体;当白衣天使给你服用(或注射)抗生素类药物,使你很快恢复了健康时,你得感谢微生物给你带来的幸福,因为抗生素就是微生物"奉献"的。然而,如果高剂量的某种抗生素注入你的体内后,效果甚微甚至毫无效果,你可曾想到这也是微生物的恶作剧——病原微生物对药物产生了抗性,这时医生只好尝试用其他药物来治疗。这些新的药物又有待于微生物学家和其他科学家去研究、开发。

这把双刃剑的另一面——微生物给人类带来的灾难有时甚至是毁灭性的。

——人类史上较大规模的人口速降大多不是靠枪炮实现的,而是天花、黑死病、霍乱等传染病的肆虐导致。15 世纪末,欧洲人踏上美洲大陆时,那里居住着 2 000 万~3 000 万原住民,约 100 年后,原住民人口剩下不到 100 万人,其原因就是欧洲人把天花带给了美洲大陆的原住民。1979 年 10 月 26 日联合国世界卫生组织在肯尼亚首都内罗毕宣布,全世界已消灭了天花。这是人类利用生物技术生产疫苗消灭病毒传染病的第一场胜利。现在,导致天花病的病毒保留在美国亚特兰大疾病控制和预防中心和俄罗斯 Koltsovo 国家病毒和生物技术中心这两个实验室中,以供研究之用。

——1931—1945 年,日本侵华期间组建的"731"部队,是人类历史上大规模的灭绝人性的细菌战研究中心。利用健康活人进行细菌实验,仅中国鲁西聊城、临清等 18 个县就有至少 20 万人死于日本的细菌战,使得它的罪恶与奥斯维辛集中营和南京大屠杀一样骇人听闻。

——1983年人类发现了"爱之病"（因该病发现初期主要通过性途径传播,故名）,后改称艾滋病,即获得性免疫缺陷综合征(acquired immune deficiency syndrome,AIDS),是人类因为感染人类免疫缺陷病毒(human immunodeficiency virus,HIV)后导致免疫缺陷,并发一系列感染及肿瘤,其传播速度快,病死率高,目前还无有效的治愈方法。世界卫生组织于1988年1月将每年的12月1日定为世界艾滋病日。据不完全统计,截至2018年底,全球有7 610万人感染艾滋病毒,3 500万人死于艾滋病相关疾病。

——1985年4月,科学家在英国发现了一种新病,即牛海绵状脑病(bovine spongiform encephalopathy,BSE),俗称"疯牛病"。英国每年有成千上万头牛因患这种病导致神经错乱、痴呆,不久便痛苦死亡。1996年春,该病在英国甚至全世界引起一场空前的恐慌,数千万头牛被埋杀,甚至引发了政治与经济的全球动荡,一时间整个欧洲"谈牛色变"。

——2002年11月在广东佛山发现重症急性呼吸综合征(severe acute respiratory syndrome,SARS),又称传染性非典型性肺炎,是一种因感染SARS冠状病毒引起的新的呼吸系统传染性疾病。2002—2003年,29个国家报告临床诊断病例8 422例,死亡916例,报告病例的平均死亡率为9.3%。

——2014年2月,智利在复活节岛发现了寨卡病毒感染的病例。2015年5月,巴西开始出现寨卡病毒(Zika virus)感染疫情。通过流行病学调查,越来越多的证据表明孕妇感染寨卡病毒与新生儿小头症存在正相关。截至2016年1月,巴西大约有150万人感染寨卡病毒,出现近5 000例新生儿小头畸形症疑似病例,其中确诊400多例。

总之,人类生活在微生物的世界中,微生物是一把双刃剑,只有不断地认识它,掌握其生长规律,才能用其所长,避其所短,才能给人类带来更多福祉。

二、微生物的分布

微生物具有个体微小、适应能力强的特点,所以分布广泛,可以在任何地方发现。如陆地、水域、空气和动物、植物及人体,到处都有微生物的存在。其中,陆地土壤含有各种无机和有机物质,且结构疏松,具有一定程度的保湿性,因而为微生物提供了适宜的生存条件。土壤中的微生物种类全,数量大,代谢潜力巨大。水域或水体中也含有各种无机和有机物质,具备微生物生长和繁殖的基本条件。

特别需要指出的是,人体体表及体内存在大量的微生物,人体皮肤表面约有1 000多种细菌,口腔中的细菌种类超过500种,肠道中微生物总量达100万亿,粪便干重的1/3是细菌,每克粪便的细菌总数为1 000亿个以上。总之,人体中微生物的数量比人的细胞数量还要多,离开了微生物,人类可能无法生存。

一方面,微生物的生活依赖于外界环境,另一方面,它又明显地影响和改变环境,对环境产生反作用。这种反作用相对地保持了自然界物质的动态平衡,同时也维持了自然界的自净作用。碳化物循环、氮循环和磷循环是微生物最重要的功能。

三、 微生物学的发展

人类对微生物的认识经历了漫长的过程,大致可以将微生物学的发展史分为 5 个时期。

(一) 史前期

史前期是指人类还未见到微生物个体,尤其是细菌细胞前的一段漫长的历史时期,大约在距今 8 000 年前直至公元 1676 年间。当时的人类虽未见到微生物的真面目,却与微生物频繁地打交道,并凭经验在实践中利用有益微生物和防治有害微生物。例如发面、天然果酒和啤酒的酿造、牛乳和乳制品的发酵,以及利用霉菌来治疗一些疾病。在当时独树一帜的应首推我国人民在制曲、酿酒方面的伟大创造。但由于在思想方法上长期停留在"实践—实践—实践"的基础上,因此只能长期处于低水平的应用阶段。

我国人民在距今约 8 000 年至 4 500 年间,已发明了制曲、酿酒工艺,在 2 500 年前的春秋战国时期,已知制酱和酿醋。在宋代,已采用老的曲子——"曲母"来进行接种,还根据红曲菌有喜酸和喜温的生长习性,利用酸大米和明矾水在较高温度下培养,以制造优良的红曲。在医药方面,我们的祖先早在 2 500 年前就知道利用麦曲治疗腹病,在对传染病及其流行规律的认识,对消毒、灭菌措施的利用等方面都有过一定的贡献。此外,在宋代还创造过"以毒攻毒"的免疫方法,发明用种人痘的方法来预防天花,这要比英国人爱德华·詹纳在 1796 年发明种牛痘预防天花早半个多世纪。在 2 000 年前,已发现豆科植物的根瘤菌有增产作用,并采用积肥、沤粪、压青和轮作等农业措施来利用和控制有益微生物的生命活动,从而提高作物产量。在 900 年前,利用自养细菌生命活动的胆水浸铜法(类似于今日的细菌沥滤)已正式用于生产铜。

(二) 初创期

初创期是指从 1676 年列文虎克用自制的单式显微镜观察到细菌的个体起,至 1861 年的这段时间。在这一时期中,人们对微生物的研究仅停留在形态描述的水平上,还未能深入研究微生物的生理活动及其与人类实践活动的关系,因此,微生物学作为一门学科在当时还未形成。

该时期的代表人物是荷兰的业余科学家、微生物学的先驱者——列文虎克(图 0-1)。他的贡献主要有以下三方面:① 利用单式显微镜(透镜直径约 3 mm)观察了许多微小物体和生物,并于 1676 年首次观察到形态微小、作用巨大的细菌,从而解决了认识微生物世界的第一个障碍;② 一生制作了 419 架显微镜或放大镜,放大率为 50~200 倍,最高者达 266 倍;③ 发表过约 400 篇论文,其中绝大部分(375 篇)寄往英国皇家学会发表。

(三) 奠基期

奠基期是指从 1861 年巴斯德根据曲颈瓶试验彻底推翻生命的自然发生说,并建立胚种学说(germ theory)起,至 1897 年的一段时间。其特点为:① 建立了一系列研究微生物所必需的

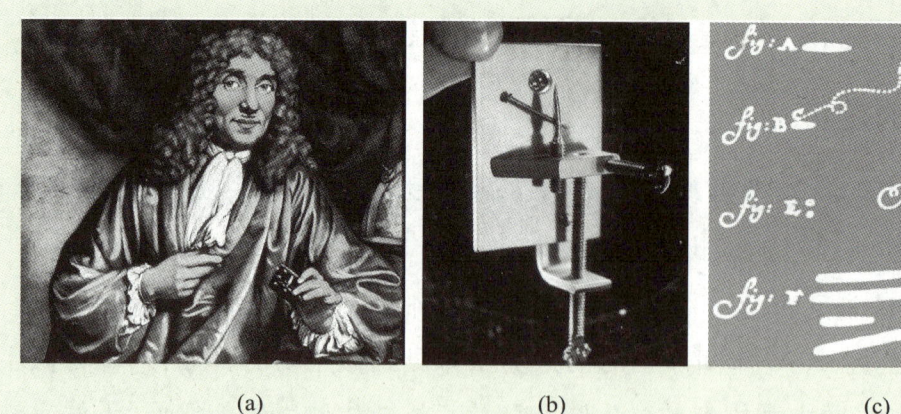

(a)   (b)   (c)

图 0-1　列文虎克及其显微镜

（a）列文虎克　（b）列文虎克使用的显微镜复制品　（c）列文虎克观察到的微生物形态

独特方法和技术；② 借助于良好的研究方法,开启了寻找病原微生物的"黄金时期"；③ 把微生物学的研究从形态描述推进到生理学研究的新水平；④ 开始客观地以辩证唯物主义的"实践—理论—实践"的思想方法指导科学实验；⑤ 开始形成微生物学的独立学科形式,但当时主要还是以其各应用性分支学科的形式存在。

　　该时期的代表人物主要是法国的巴斯德(图 0-2)和德国的科赫(图 0-3),他们分别被称为微生物学和细菌学的奠基人。

图 0-2　微生物学奠基人——巴斯德　　　图 0-3　细菌学奠基人——科赫

　　巴斯德学派的主要贡献是提出了生命只能来自生命胚种的学说,并认为只有活的微生物才是传染病、发酵和腐败产生的真正原因,再加上消毒灭菌等一系列防治方法的建立,为微生物学的发展奠定了坚实的基础。巴斯德在自己的工作中,自发地遵循着唯物主义的认识论——从实践出发,通过研究总结出一般规律,并进一步用它来指导实践,从而使他的研究工作取得了前所未有的巨大成就。他从"酒病"(1857 年)的实际出发,研究了一系列的实际问题,即"腐败病"(指曲颈瓶实验中的肉汤变质,1861 年)、蚕病(蚕微粒子病,1865 年)、禽病(鸡霍乱,1879 年)、兽病(牛、羊的炭疽病,1881 年)和人病(狂犬病,1885 年)。在其研究工作中,发现各种传染病都源自共同病因——活的小生物,从而将人类对传染病本质的认识提高到一个崭新的水平。在这种理论的指导下,他提出了一系列行之有效的解决问题的方法。例如,发明了巴斯德消毒法来防治"酒病",用消毒灭菌法来防治"腐败病",用检出并淘汰病蛾的方法来防治蚕病,用接种减毒菌苗的方法来预防鸡霍乱和牛、羊的炭疽病,以及用狂犬疫苗来防治人类的狂犬病,等等。

科赫学派的重要贡献主要有三个方面:① 建立了研究微生物的一系列重要方法,尤其在分离微生物纯种方面,他们把早年在马铃薯块上的固体培养技术改进为明胶平板培养技术(1881 年),进而提高到琼脂平板培养技术(1882 年)。在 1881 年前后,科赫及其助手们还创立了许多显微镜技术,包括细菌鞭毛染色在内的多个染色方法、悬滴培养法,以及显微摄影技术。② 利用平板分离方法寻找并分离到多种传染病的病原菌,例如炭疽病菌(1877 年)、结核杆菌(1882 年)、链球菌(1882 年)和霍乱弧菌(1883 年)。③ 在理论上,科赫于 1884 年提出了科赫法则(Koch's postulates),其主要内容为:病原微生物总是在患传染病的动物中发现,但不存在于健康个体中;这一微生物可以离开动物体,并被培养为纯培养物;这种纯培养物接种到敏感动物体后,应当出现特有的病症;该微生物可以从患病的实验动物中重新分离出来,并可在实验室中再次培养,它的性状和致病性应该仍然与原始病原微生物相同。

继巴斯德与科赫的研究工作后,就出现了其成果的横向扩散,一系列微生物学的分支学科就相继创立了。例如,细菌学(巴斯德、科赫等),消毒外科术(李斯特),免疫学(巴斯德、梅契尼可夫、贝林、埃尔利希等),土壤微生物学(维诺格拉德斯基、拜耶林克等),病毒学(伊凡诺夫斯基、拜耶林克等),植物病理学和真菌学(德巴利、伯克利等),酿造学(汉森、乔根森等),以及化学治疗法(埃尔利希等)。

(四) 发展期

1897 年德国人毕希纳(图 0-4)成功用无细胞酵母菌压榨汁中的"酒化酶"(zymase)对葡萄糖进行酒精发酵,从而开启了微生物生化研究的新时代。此后,针对微生物生理、代谢的研究就蓬勃开展了起来。

在微生物学发展期中,其研究有以下特点:

(1) 微生物学研究进入生化水平。如果说上一时期的微生物学家主要是以寻找人和动物的致病菌为目标的"微生物猎人"的话,则这一时期就是以研究微生物对维生素需要、酶的特性、寻找和研究抗生素以及逐步深入到以研究它们的遗传变异和基因为主的新阶段。因此,微生物学家就从"微生物猎人"发展为"维生素猎人""酶猎人""抗生素猎人"和"基因猎人"了。

图 0-4　开启微生物生化研究新时代的领军人物毕希纳

（2）应用微生物的分支学科更为扩大，出现了抗生素等新学科。

（3）开始出现微生物学史上的第二个"黄金时期"——寻找各种有益微生物代谢产物。

（4）在各微生物应用学科深入发展的基础上，一门以研究微生物基本生物学规律的综合学科——普通微生物学开始形成，其代表人物是美国加利福尼亚大学伯克利分校的杜多罗夫。

（5）各相关学科和技术方法相互渗透，相互促进，加速了微生物学的发展。

（五）成熟期

从 1953 年 4 月 25 日沃森和克里克（图 0-5）在英国的《自然》杂志上发表关于 DNA 结构的双螺旋模型起，整个生命科学就进入了分子生物学研究的新阶段，同样也是微生物学发展史上成熟期到来的标志。

图 0-5　发现 DNA 双螺旋结构的沃森和克里克

该时期的特点为：① 微生物学从一门在生命科学中较为孤立的以应用为主的学科，迅速成长为十分热门的前沿基础学科，微生物在生命科学研究中担当重要角色；② 在基础理论研究方面，生命科学逐步进入分子水平的研究，微生物迅速成为分子生物学研究的最主要的对象；③ 在应用研究方面，生命科学向着更自觉、更有效和可人为控制的方向发展。至 20 世纪 70 年代初，有关发酵工程的研究已与遗传工程、细胞工程和酶工程等紧密结合，微生物已成为新兴的生物工程的主角。

纵观微生物学发展史，可以看到，我国人民在世界微生物学史上的地位在各个历史阶段是不平衡的。从 20 世纪 70 年代开始，国际上兴起的生物工程，不但是世界范围内第四次工业革命的重要内容，而且正因为微生物在生物工程中的主角地位，故也是微生物学发展史上第三个"黄金时期"。错过前两次"淘金"机会的中国人民，应该也一定能在这次大好机会中取得一个个胜利。在这里不得不提一个人，她就是屠呦呦（图 0-6），首获诺贝尔科学奖项的中国人，"共和国勋章"获得者。屠呦呦多年从事中药和中西药结合研究，1972 年她与其研究团队成功提取到一种分子式为 $C_{15}H_{22}O_5$ 的无色结晶体，命名为青蒿素（一种杀灭疟原虫的药物），其可以有效降低疟疾患者的死亡率。20 世纪 70 年代，全世界每年有几亿人感染疟疾，且主要集中在相对贫穷的撒哈拉以南的非洲地区，每年至少有数十万人死于此病，因为他们用不起昂贵的传统抗疟药物。而以屠呦呦为首的研究团队埋头苦干、潜心钻研，研制的以青蒿素为主要成分的抗疟药，疗效显著，价格便宜。屠呦呦说，"青蒿素是传统中医药送给世界人民的礼物"[①]。

---

① 摘自《屠呦呦：此生但为青蒿故》，新华网 2015-10-23。

2015 年 10 月,屠呦呦获得诺贝尔生理学或医学奖。

图 0-6　我国首获诺贝尔科学奖项的科学家——屠呦呦

四、微生物的基本特征

微生物除了具有其他生物共有的生长、繁殖、代谢,以及共用一套遗传密码等基本特性外,还有一些其他特点。

(一)种类多

微生物的数量和种类是十分惊人的。一滴水、一颗土粒往往就是一个微生物"世界"。截至 2017 年,根据微生物种类的不完全统计,真菌种约 1.65 亿个,占全部的 7.4%;细菌种约 17.46 亿个,占全部的 78%;原生动物种约 1.63 亿个,占全部的 7.3%。可见微生物的种类、数量之多!

另外,自然界中 95%~99%的微生物群未被分离培养和描述,所以微生物资源的开发潜力非常大。这一特点在维持地球生物圈和为人类提供广泛的、大量的未开发资源方面起着重要作用。

(二)生境广

在自然界中,微生物无处不在,其广泛性是任何生物所不能比拟的。可以说,凡是有生物存在的环境中,就有微生物的足迹。甚至,有许多不利于或者是没有其他生物生存的地方,也有微生物存在。因为,它们能够耐受烧烤、冰冻、酸、碱、高盐、无氧、营养极限等其他生物无法生存的极端环境,尤其是古细菌,它们多生活在地球上开始出现生命的原始环境和极端环境。例如,热网菌和热球菌的最适生长温度是 105 ℃;极端嗜盐古细菌的生长环境要求至少 1.5 mol/L 浓度的 NaCl,其中盐杆菌属要求 5.2 mol/L 浓度的 NaCl。

另外,许多微生物能在无氧环境中生活,尤其是产甲烷古细菌要求氧压低于 10^{-8} atm 方能生长。厌氧呼吸是细菌特有的功能,这一特有功能可将硝酸盐还原为大气氮,将硫酸盐还原为单质硫或硫化氢,将二氧化碳还原为乙酸或甲烷,从而维持自然生境的物质循环,这一作用是其他生物无法替代的。

（三）繁殖快

微生物的繁殖速度是非常惊人的，比高等动物、植物快得多。条件适宜时，某些细菌每 20 min 分裂 1 次，1 h 可分裂 3 次。

如在适宜条件下，一个大肠杆菌每 20 min 分裂 1 次，1 h 分裂 3 次，产生 8 个细菌。以此速度进行繁殖，大肠杆菌可在 24 h 内产生 72 代，其增殖速度相当惊人。微生物的这种特性被应用到工业发酵上，对微生物代谢产品的工业化生产具有重大意义。如生产味精的谷氨酸棒状杆菌，在 52 h 内细胞数目可以增加 32 亿倍，这样就可以大大积累谷氨酸进而获得味精。

（四）代谢强

微生物虽然个体小，但表面积与容积的比值很大。也就是说，物体分割得越细，其单位体积占有的表面积值越大。

如：1 个酵母细胞直径为 8 μm	表面积为 2×10^{-10} m^2
1 L 酵母醪中含有 1 400 亿个细胞	表面积为 28 m^2
1 m^3 酵母醪中	表面积为 2.8×10^4 m^2
40 m^3 发酵罐中	表面积为 1.1×10^6 m^2

这么大的表面积有助于进行快速的物质交换和热量交换。

微生物具有较强的合成与分解能力，其代谢强度比高等动植物要高得多。微生物代谢作用不仅表现在能力强，而且表现出多样性。具体体现在物质的分解代谢上，代谢所利用的能源有光能也有化学能，代谢中产生的电子受体可以是有机物也可以是无机物，代谢环境可以有氧也可以无氧。

此外，同一种微生物还会因环境的变化而改变代谢类型。如紫色硫细菌在白天利用光合作用获得能量，并氧化硫化氢，析出硫单质，还原二氧化碳为储存物质的糖原；而在夜晚或阴天时进行化能营养，氧化糖原产生乙酸。

（五）易变异

微生物在漫长的进化历程中，其适应性与变异性都较高等动植物突出。其原因是：微生物的结构主要为单细胞或是多细胞，但细胞极少有分化，比较简单；个体小，对外界环境条件直接接触表现特别敏感。因此，当环境剧烈变化时，一部分微生物容易死亡和淘汰，另一部分细胞内的遗传物质发生改变，并将这种改变传递给子代。微生物的这些易变性，从微生物利用来看有两面性，既有利又不利。有利的方面是可以利用其容易变异的特点，让我们能够不断提高生产用菌种的生产能力和适应能力。例如：糖化酶最初产量每毫升只有几千单位，通过大量人工诱变育种，现已培养出每毫升十几万单位的优良菌种。不利的方面是有些优良菌种若保存不当或人工培养中经多次传代后，菌种的优良特性也极易发生退化。可见，充分认识微生物的特点，对利用和改造微生物是极为重要的。

（六）易培养

微生物的适应能力强,在其生长过程中不需要过多的营养物质,生长条件也容易控制,在常温常压下就能生长。而且在培养过程中所需设备比较简单,不受地理、季节等自然条件的限制。这一点对工业规模生产的管理比较有利。

五、微生物的命名和分类

地球上到底有多少物种至今无法确定,据估计,目前地球上微生物的总数量为 4×10^{30} 个,且其总量要大于地球上的植物和动物。要认识、研究和利用微生物,控制有害微生物,就必须对它们进行分类命名。目前对微生物进行分类命名有两种基本的、完全不同的原则:一种分类原则是根据表型特征的相似程度分群归类,这个原则不涉及生物进化或不以反映生物亲缘关系为目标,而重在应用方面,传统的微生物分类方法属于此类;另一种分类原则是根据生物系统发育相关性水平来分群归类,反映生物之间的亲缘关系。由于微生物分类存在着多种不同的分类系统,本着从实用性出发的原则,本书只对微生物分类的基本知识及与本专业有关的重要微生物的分类做概要介绍。

（一）原核微生物、真核微生物和病毒

在现代生物学观点中,将生物分为细胞生物和非细胞生物两大类。非细胞生物主要是病毒,细胞生物又分为原核生物(prokaryote)和真核生物(eukaryote)。

人们把无成形细胞核的生物称为原核生物。这类生物没有真正的细胞核,DNA 物质松散地堆积在细胞中心,没有细胞核膜包裹。真核生物指有真正细胞核的生物。这类生物的特征是有被膜包围的细胞核,以及线粒体、叶绿体等细胞器和复杂的内膜系统。这两类生物中DNA 复制、RNA 合成和蛋白质合成的基本机理是相同的,但在所包含的成分和酶上仍有差别。细菌和蓝藻类属于原核生物。其他植物以及动物都属于真核生物。

（二）微生物的分类和命名

1. 微生物的分类单位

微生物的分类单位,除病毒有部分不同以外,其他均与动植物的分类一样。其主要分类单位为:

界(kingdom)→门(phylum)→纲(class)→目(order)→科(family)→属(genus)→种(species)

在这些分类单位中,以种为基本单位。凡相似或相关的种归入一属,相似或相关的属归入一科,如此类推,构成一个完整的分类系统。有时在两个主要分类单位之间,也可以加入次要单位,如亚门、亚纲、亚目。种以下也可分出变种、株等,并把介于两个种之间的种类统称为群。

（1）种(species)　种是分类的最基本单位,同种微生物具有形态与生理性状的高度相似性及遗传的稳定性。但是在微生物的进化过程中,其品种易发生连续的变化,导致质变,最后产生新种。因此,微生物的一些种类是较易变化的。

① 变种(variety)　指一个微生物的某种特性已有明显的改变,而且这种改变了的特性已经稳定下来,即产生了变种。例如,我们从自然界分离到的纯种,某一特性与典型种不同(其余特性完全符合),而这一特性又是稳定的,那么,这个微生物就是典型种的变种。变种是种以下的细分。变种和原种的差别是种内的差别。

② 株(strain)　也称品系,是指同种微生物不同来源的纯培养。事实上,自然界不存在两个绝对相同的微生物个体,尽管它们可能同属于一个种,但由于来源不同,它们之间总会出现一些细微的差异。例如,从不同环境中分离出的栖土曲霉,其生产蛋白酶的能力就显示出差异。

(2)群(group)　自然界中的微生物不断发生变异,有些变异经过量变到质变的过程产生新种,因此在微生物的两个不同种之间,常出现介于两个种之间的中间类群,它们的特征彼此不易严格区分,通常把这两种微生物和它们的中间类群统称为群。例如大肠杆菌和产气肠杆菌是具有明显区别的两个不同的种,但肠道中还存在一些介于这两者之间的中间类型,它们在亲缘关系上都比较接近,因此把它们统称为大肠杆菌群。但要指出"群"不是分类上的一个单位。

2. 微生物的命名方法

为了避免造成微生物名称的混乱,需要有个统一的国际上通用的命名法则,以便做到每一种微生物都能有一个普遍公认的科学名称,即学名,便于交流科研成果。

微生物的命名和其他生物一样,采用"双名法"的命名方法。"双名法"是瑞典植物学家林奈(1707—1778年)所创立的,就是采用两个拉丁文或希腊文组成一个学名,属名在前,种名在后。属名第一个字母必须大写,是拉丁文名词或拉丁化的名词,它是描述微生物重要形态或生理特征的;种名则需小写,是拉丁文或拉丁化的形容词,它是说明微生物次要特征的。印刷时,学名用斜体字。学名后面常常附上命名人的姓及发表年份。为了表示区别,人名及发表年份用正体字印刷。例如,黄曲霉 *Aspergillus flavus* Link,第一个词是曲霉的属名,第二个词是种名,意为"黄色的",第三个词是命名人的姓。

(三)细菌和真菌的分类

1. 细菌的分类

(1)细菌的一般分类方法　细菌的分类目前比较通用的有三个:第一个是美国布瑞德(R. S. Breed)等人主持编写的《伯杰氏系统细菌学手册》,第二个是(前)苏联克拉西里尼科夫著的《细菌和放线菌的鉴定》,第三个是法国普雷沃著的《细菌分类学》。这三类分类方法中,最权威的典籍是《伯杰氏系统细菌学手册》。该手册尽可能地列出了所有原核生物种和鉴别的指征,已进行8次修订,现已发行第九版(1994年版)。第九版对细菌分类的总体安排进行了较大的调整。值得注意的是仍有许多未被分离和未被描述的细菌。

(2)细菌的系统发育树　在研究生物进化和分类系统中,常用一种树状分枝的图形来概括各种(类)生物之间的亲缘关系,这种树状分枝的图形被称为系统发育树(phylogenetic tree),简称系统树(图 0-7)。

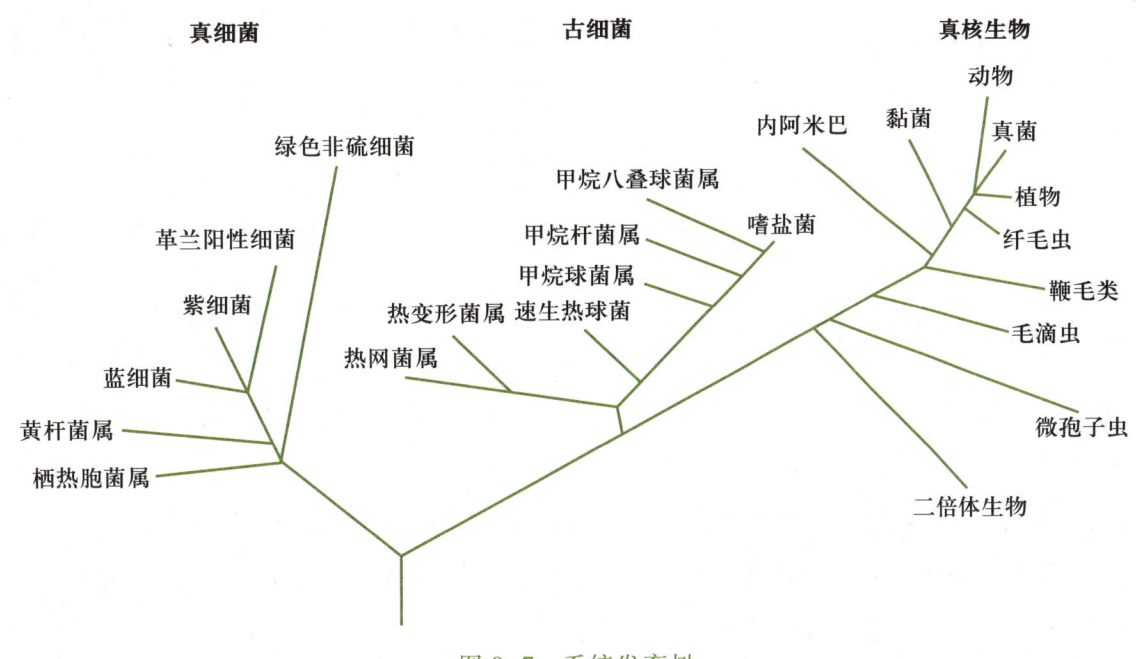

图 0-7　系统发育树

生物系统发育树是伍斯等根据某些代表生物 16S rRNA 寡核苷酸序列分析比较,首先提出的一个涵盖整个生命界的系统树。在该系统树中,分枝的末端和分枝的连接点称为结,代表生物类群,分枝的末端的结代表仍生存的种类。根部的结代表地球上最先出现的生命,它是现有生物的共同祖先,生物最初的进化就从这里开始。rRNA 序列分析显示生物主要分为三大类:真细菌、古细菌和真核生物。古细菌和真核生物为一个分枝,真核生物是古细菌进化过程中的进一步分叉。因此,从该系统反映出的进化关系,表明古细菌与真核生物属"姊妹群",它们之间的亲缘关系比与真细菌之间的亲缘关系更近。另外,从系统树与根部的距离反映出古细菌与根部距离最短,说明古细菌是现有生物中进化变化最小、最原始的一个类群,真核生物离根部最远,说明它们是进化程度最高的生物种群。

2. 真菌的分类

真菌的分类以酵母菌和霉菌为例,酵母菌和霉菌都不是分类学上的名词,在系统分类上它们分属于真菌的各大类。真菌的分类方法很多,各种分法很不相同,安斯沃思分类系统在目前被认为是对真菌分类较为全面的系统。该分类系统将真菌分为 2 个门(黏菌门和真菌门),真菌门又分为 5 个亚门,18 个纲和 68 个目。

霉菌分属于鞭毛菌亚门、接合菌亚门、子囊菌亚门、半知菌亚门。

酵母菌的分类是以罗德(Lodder)的系统最为全面和实用,罗德将酵母分为 39 属、370 多种。

例如,啤酒酵母的系统分类为:

界　真菌界

门　真菌门

纲　子囊菌纲

目　内孢霉目

科　内孢霉科

属　酵母属

种　啤酒酵母

六、 微生物学在现代生物学中的地位

微生物学是研究微生物及其生命活动规律的一门科学,它的研究对象主要包括细菌、霉菌、酵母菌、病毒等。它们同工业、农业、医学等有着密切的关系。

微生物研究的内容比较广泛,涉及微生物的形态、结构、分类鉴定、生理生化、生长繁殖、生态分布等生命活动规律,以及微生物在工业、农业、医疗、环保、生物工程等各方面的应用。因此,微生物学既是一门基础科学,又是一门应用科学。

现代生物的三原界学说对于生物究竟分几界的问题,在人类发展历史上存在着一个由浅入深、由简至繁、由低级至高级的认识过程。总的说来,在人类发现微生物并对它们进行深入研究之前,只能把一切生物分成截然不同的两大界——动物界和植物界;随着人们对微生物认识的逐步深化,近一百多年来,从两界系统经历过三界系统、四界系统、五界系统甚至六界系统,最后又出现了三原界(或三总界)系统。

20 世纪 70 年代以后,学者们对各大类生物进行了深入的分子生物学研究并累积了大量的研究资料,尤其是乌斯(1977 年)对它们的 16S rRNA 核苷酸顺序的同源性进行测定后,终于在 1978 年由 R. H. Whittaker 和 L. Margulis 提出了一个崭新的三原界学说。

在生物进化过程的早期,存在着一类各生物的共同祖先,由它分出三条进化路线,即形成了三个原界:① 古细菌原界,包括产甲烷菌、极端嗜盐菌和嗜热嗜酸菌;② 真细菌原界,包括蓝细菌和各种除古细菌以外的其他原核生物;③ 真核生物原界,包括原生生物、真菌、动物和植物。三原界学说还吸收了关于真核生物是起源于原核细胞间的内共生即"内共生学说"的精髓,并使其内容更加完善了。

从以上所介绍的各种生物界级分类系统的发展历史来看,不管哪个系统,除早已确立的动物界和植物界之外,其余各界都是随着人类对微生物的认识和深入研究后才出现和发展起来的。这就充分说明,微生物在生物界级分类中占据着特殊重要的地位,如果按内共生学说来分析问题,即使是表面上与微生物无关系的动物界和植物界,实际上在其身上还是有着微生物的"影子"。

七、 如何学习本课程

1. 学习本课程的必要性

在生物工程学中微生物学是一门基础学科。生物工程学是应用生物体或其他组成部分，在最适条件下来加工生物材料，以提供我们所需产品或提供社会服务的一门综合性科学技术。生物工程根据运用的情况可分为细胞工程、酶工程、基因工程和发酵工程几个分支。基因工程和细胞工程都是按照人类意愿有计划地改变细胞遗传特性的手段。酶工程是把酶或细胞某种特殊的催化化学反应应用到化学工业上的技术。基因工程和细胞工程的实现，酶工程系统的建立，往往要依据发酵工程。发酵工程的进行大多数都是以微生物学为基本模式的，这说明微生物学在生物工程中是非常重要的一门基础学科。

在食品工业中，食品微生物学又是一门应用科学。在这一科学领域中，人们要将数学、霉菌学、植物病理学、细菌学、化学和物理学的基本科学原理，应用到解决食品和微生物关系的问题上来。比如，在食品进行灭菌时，要控制肉毒梭状芽孢杆菌芽孢的生长，就要控制 pH 低于 4.8，这时要运用化学学科。

由此可见，微生物学这门科学与其他学科是相互交叉、相互渗透、相互促进的，能为生命科学的发展做出巨大的贡献，并在生命科学的发展中占有重要的地位。

2. 如何学好本课程？

（1）端正学习态度　学习态度决定着学习的质量和效率。学习需要学生有探索未知的精神。如何做到探索未知？最基本的要做到五个字："读、思、查、问、验"。"读"就是阅读大量相关的经典的文章，形成一定的知识背景；"思"就是思考，在读的过程中多问几个"为什么""如果"等；"查"就是查阅相关的权威资料，解决"思"的问题；"问"就是要多交流讨论，通过交流开阔自己的视野；"验"就是验证，实践是检验一切的标准。

（2）明确学习目标　目标是学习的指引，可以检验学习的效果，本课程的学习目标如下：

知识目标	技能目标	素质目标
1. 掌握四大类微生物的形态特征、繁殖特点等 2. 理解微生物的营养要求，掌握培养基配制和设计的原则 3. 理解微生物数量测定的意义和方法，掌握产品的微生物限量标准 4. 理解环境因素对微生物生长的影响 5. 掌握微生物筛选或诱变的基本原则，理解微生物衰退的原因及防止衰退的措施 6. 理解菌种保藏的基本原则 7. 理解发酵食品、药品生产和环境污染修复的微生物基础知识	1. 会操作显微镜 2. 会对微生物进行染色 3. 会判断微生物细胞的死活 4. 会测定微生物的营养需求 5. 会配制培养基 6. 会灭菌操作 7. 会分离微生物 8. 会测定微生物的数量 9. 会判断微生物的生长环境是否有利 10. 会筛选、复壮和保藏微生物 11. 会进行酸奶、啤酒等产品的实验室生产	1. 尊敬师长、爱护公物、热爱劳动 2. 热爱生活、勤俭节约、乐观积极 3. 善于交流、团结同学、认真负责 4. 自学能力强、探索欲强 5. 遵守法律法规，具有职业道德 6. 具有工匠精神 7. 践行社会主义核心价值观

（3）掌握本课程的特点　从内容的难易程度看,本课程可分为三部分:①容易的部分,这部分主要是以记忆为主,如项目 1 微生物的分类和项目 3 微生物的筛选和保藏;②较难的部分,这部分以理解为主,记忆为辅,如项目 2 微生物的培养;③难的部分,这部分以探索和实践为主,如项目 4 微生物的应用。学生在学习本课程的过程中,应根据课程的难易程度和自身的学习特点,选择适合自己的学习方法。

微生物的分类

项目导入

　　微生物在地球上已经存在了约 35 亿年,是地球上最早的生物种类。据估计,目前地球上微生物的总数量约 $4×10^{30}$ 个,且其总重要远大于地球上的植物和动物。人体中的微生物数量约 500 万亿以上,是人体细胞总数量的 10 倍以上。微生物群体数量庞大,不同类别的微生物布满地球的各个角落,是自然界物质循环的主要执行者。中国在微生物的各个领域都做出了杰出的贡献,如汤飞凡首次分离出沙眼衣原体,刘志恒推动了微生物系统学发展,等等。

　　思考:不同类别的微生物有不同的功能特点,它们都有什么样的特征?

　　本项目学习内容为:(1) 细菌;(2) 放线菌;(3) 真菌;(4) 病毒。

任务 1.1 　细　　菌

📓 任务目标 〉〉〉

　　知识目标:掌握细菌的形态、生长繁殖特点及影响因素。

　　技能目标:会对细菌进行相关染色操作。

🔍 任务准备 〉〉〉

一、 细菌的结构

细菌的细胞结构分为基本结构和特殊结构两类(图 1-1)。

(一)基本结构

基本结构是指任何细菌都具有的结构,主要是细胞壁、细胞质膜、核质体、细胞质和内含物等。

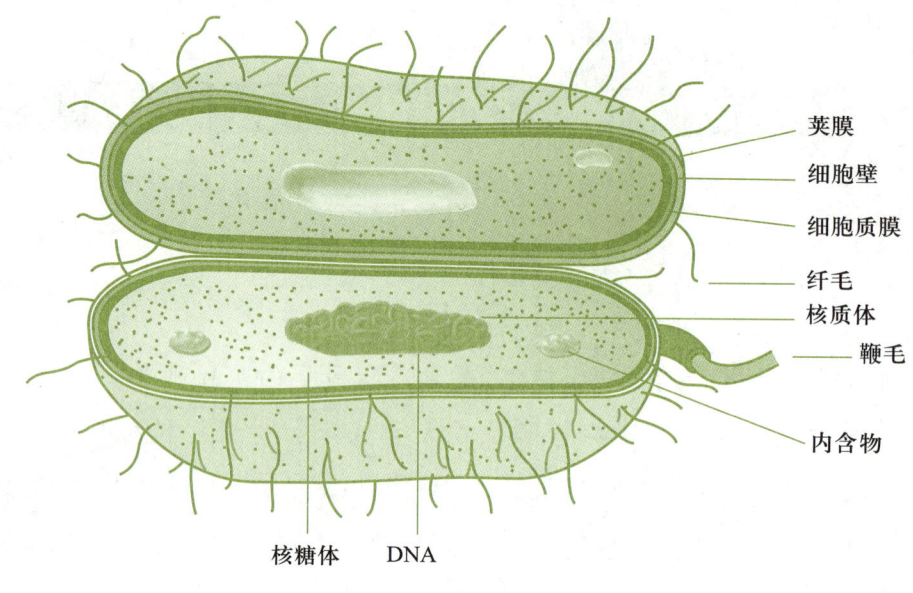

图 1-1　细菌细胞的结构

1. 细胞壁

细胞壁是由肽聚糖组成的无色透明而具有弹性的薄层。它位于细胞的最外层，其作用是保护细胞，使其免受渗透压等外力的损伤，维持细胞的形态，同时又是有鞭毛的细菌运动的必要条件。溶于水的物质可以透过细胞壁。细胞壁黏滞而具有膨胀性。

细菌细胞壁的化学成分主要是肽聚糖。肽聚糖是一类复杂的多聚体，由两种氨基糖构成，再和小肽互相连接，构成三维多层网状结构，细胞壁质网可以是单层的，也可以是多层的。肽聚糖是细胞壁的基本骨架，为细菌细胞壁所特有，是由 N-乙酰胞壁酸（NAM）和 N-乙酰葡萄糖胺（NAG）及少数氨基酸短肽链互相连接而构成的网状大分子化合物。肽聚糖使菌体细胞具有坚韧性。根据细胞壁的结构特点，通过革兰染色可以将细菌区分为革兰阳性菌（G^+）和革兰阴性菌（G^-）两大类（表 1-1）。

表 1-1　革兰阳性细菌与革兰阴性细菌细胞壁成分比较　　　　单位：%

成分	占细胞壁干重的比例	
	革兰阳性菌（G^+）	革兰阴性菌（G^-）
肽聚糖	含量很高（30~95）	含量很低（5~20）
磷壁酸	含量较高（<50）	无
类脂质	一般无（<2）	含量较高（~20）
蛋白质	无	含量较高

革兰染色法是细菌学中广泛使用的一种鉴别染色法，这种染色法是由丹麦医生汉斯·克里斯蒂安·革兰（Hans Christian Gram，1853—1938 年）于 1884 年发明的，其主要操作分为初染、媒染、脱色和复染四个步骤（图 1-2）。在细菌革兰染色过程中，所有的细胞壁在开始染色

时都能着色,即通过结晶紫初染和碘液媒染后,在细胞壁内形成了不溶于水的结晶紫与碘的复合物。革兰阳性菌(G⁺)由于其细胞壁较厚、肽聚糖网层较多且交联致密,故遇乙醇或丙酮脱色处理时,因失水反而使网孔缩小,再加上它不含类脂质,用乙醇处理不会出现缝隙,因此能把结晶紫与碘复合物牢牢留在壁内,使其仍呈紫色;而革兰阴性菌(G⁻)因其细胞壁薄、外壁层类脂质含量高、肽聚糖层薄且交联度差,在遇脱色剂后,以类脂质为主的外膜迅速溶解,薄而松散的肽聚糖网不能阻挡结晶紫与碘的大分子复合物的溶出,因此通过乙醇脱色后呈无色,再经番红等红色染料复染,就使革兰阴性菌呈红色。

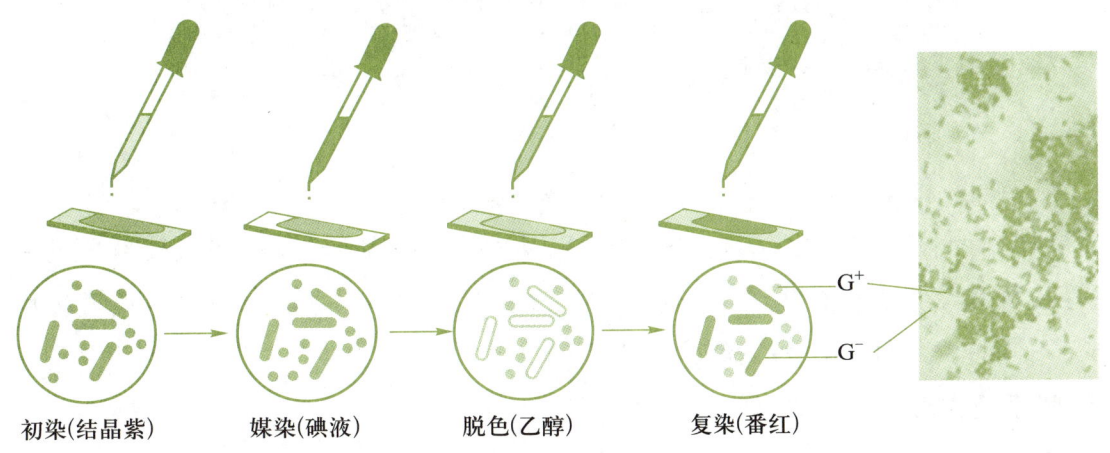

革兰染色
过程图解

初染(结晶紫)　　媒染(碘液)　　脱色(乙醇)　　复染(番红)

图 1-2　革兰染色过程图解

2. 细胞质膜

紧贴细胞壁的是薄薄的一层细胞质膜,又称原生质膜或细胞膜,厚度一般为 5~8 nm。它的主要任务是有选择地控制细胞内外营养物质和代谢产物的运送,外界的营养物质、气体和水通过细胞膜传输到细胞内部,并将代谢产物运出细胞体外。同时它具有调节细胞内外渗透压的作用。膜上还含有辅助能量代谢的酶系,是细胞的产能场所。

细胞质膜是一个磷脂双分子层,其中埋藏着与物质运输、能量代谢和信号接收有关的膜内蛋白质。脂类化合物是非极性、疏水性(亲脂肪)脂肪物质。磷脂化合物则是由具有亲水性的磷酸盐头部和疏水性尾部组成,所以它一方面有疏水性,另一方面有亲水性。通过静电吸引,磷脂(化合物)分子会排列成双分子层,其间疏水的那一端彼此相对排列,而亲水的一端则朝外(图 1-3)。

细胞膜内部充满着运动。蛋白质可以扩散到类脂层,反过来,类脂化合物也可以扩散到蛋白层内。但膜两侧的蛋白质不能交换。通过这种扩散方式,才能进行合理的物质传输。细胞膜控制着整个细胞的物质输入和运出。它起着一个渗透屏障的作用。

3. 核质体

细菌没有真正的、成形的细胞核,只是在细胞核区域有一个大型环状 DNA 分子,称为核质体,又称核区、拟核。核质体主要成分是脱氧核糖核酸(DNA),其主要功能是记录和传递遗传

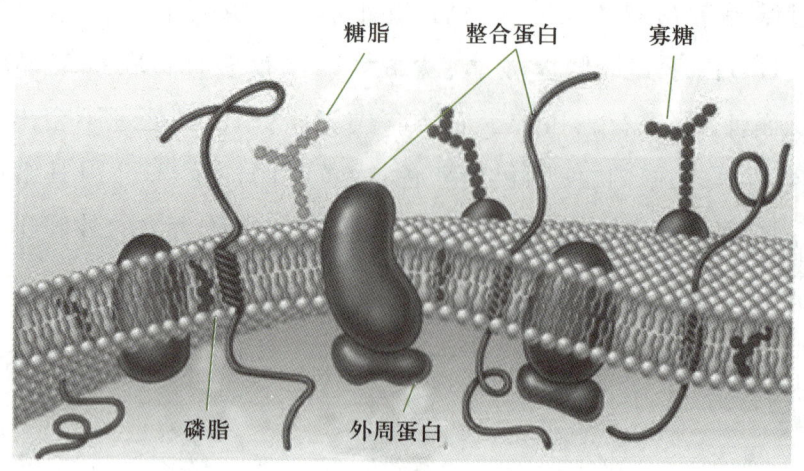

图 1-3   细菌细胞质膜结构模式

信息。核质体是原核生物所特有的一种无核膜、无核仁、无固定形态、结构较简单的原始细胞核,而高等植物和动物等真核生物的细胞核有一层细胞核膜包裹着。细菌的核质体由一个染色体构成,不同种类的细菌之间染色体大小不同。

4. 细胞质及内含物

细菌细胞质指细胞膜内除核区以外的所有细胞物质,包括细胞功能所需的大多数酶,以及RNA、蛋白质、水。细胞质是营养物质合成、转化、代谢的场所,是细胞赖以生存的物质基础。细胞质中比较明显的结构体是核糖体。

细菌细胞质不含线粒体,而可能含间体。间体是在电子显微镜下观察到的一种原生质膜的内陷结构。细菌是否真有间体存在或是否只是电子显微镜固定过程的一种假象,仍有争论。间体的功能被认为与细胞分裂有关,可能是促进新的细胞壁的形成,或许与染色体复制及继而相互分离分配至两个子细胞有关。

(二)特殊结构

在细菌中,有许多细菌除了含有上述一般结构外,还含有特殊的结构,如鞭毛、芽孢和荚膜。这些都是细菌鉴定的重要依据。

1. 鞭毛

细菌有静止型和运动型之分。运动型细菌是由鞭毛游动产生运动。许多运动型细菌随着年龄增长而逐渐静止。

细菌的鞭毛是细菌的运动器官,由鞭毛蛋白组成。鞭毛是一端游离而另一端连于细胞的细长结构,直径一般为 10~20 nm。

鞭毛着生的位置和数目是细菌分类的重要依据。根据鞭毛着生的情况可以分为以下三种(图 1-4)。

(1)极端鞭毛菌   一根鞭毛着生在细胞一端或两端,如霍乱弧菌。鞭毛着生在一端的为

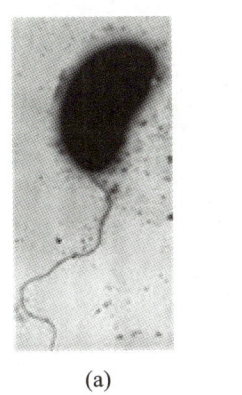
(a)

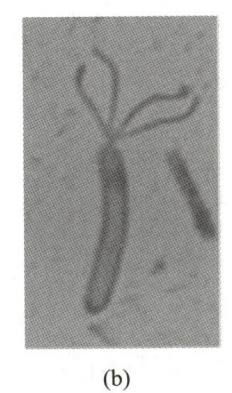
(b)

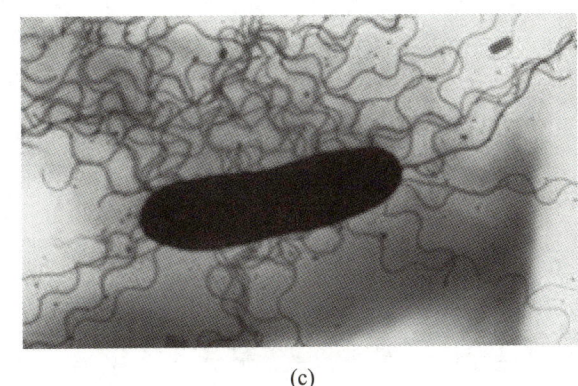
(c)

图 1-4　鞭毛的形态

（a）极端鞭毛菌　（b）端丛毛菌　（c）周身鞭毛菌

单极鞭毛菌;鞭毛着生在两端的为两极鞭毛菌。

（2）端丛毛菌　一丛鞭毛位于细胞的一端或两端,如假单胞杆菌。

一端有一丛鞭毛的为单端丛毛菌;两端各有一丛鞭毛的为两端丛毛菌。

（3）周身鞭毛菌　细胞周围有许多鞭毛着生位点,如大肠杆菌。

鞭毛由于细小,在光学显微镜下一般看不到,人们只能用特殊的染色法或通过细菌的运动猜测它的存在。一般来说,极端鞭毛菌做直线运动,周身鞭毛菌作不规则运动和活跃的滚动。鞭毛像船的螺旋桨或木桨一样运动,其旋转速度平均每分钟 3 000 转,细菌体则以 1/3 这样的速度旋转。细菌的直线速度是每秒自体长度的 5～10 倍。鞭毛旋转的方向决定细菌的运动类型。单根鞭毛的细菌,当鞭毛逆时针旋转时向前运动,当鞭毛顺时针旋转时则翻滚转向。周身鞭毛菌的鞭毛行为像单束鞭毛,当鞭毛逆时针旋转时,细菌向前运动,而当鞭毛顺时针旋转时,细菌翻滚转向(图 1-5)。一般把依靠鞭毛的运动称为真性运动。不具有鞭毛的细菌常借助细胞的收缩或原生质的流动作左右摆动,或因悬液中液体分子的撞击而作布朗运动,这是非真性运动。可用悬滴标本法来观察细菌是否能作真性运动,从而判断其是否有鞭毛。

2. 芽孢

一些属包括芽孢菌属和梭菌属中的细菌,当生长到一定阶段时,细胞内部即形成圆形或椭圆形的特化休眠体,称为芽孢(spore)。芽孢是细菌的休眠体,菌体在未形成芽孢之前称为繁殖体或营养体,形成芽孢后称为芽孢体。由于每一细胞只能形成一个芽孢,一个芽孢萌发也只产生一个营养体,所以芽孢无繁殖功能。芽孢成熟后可自菌体脱落出来。能否形成芽孢是细菌种的特征,受其遗传性的制约,在杆菌中能形成芽孢的菌种较多,在球菌和螺旋菌中只有少数菌种可形成芽孢。

芽孢由细菌 DNA 和外部多层蛋白质及肽聚糖包围而成,对干燥和热具有高度抗性。在光学显微镜下,用特殊的芽孢染色(如孔雀绿染色)或通过相差显微镜能够观察到芽孢。各种细菌芽孢形成的位置、形状与大小是一定的,因而是细菌鉴定的重要依据。有的可位于细胞的中

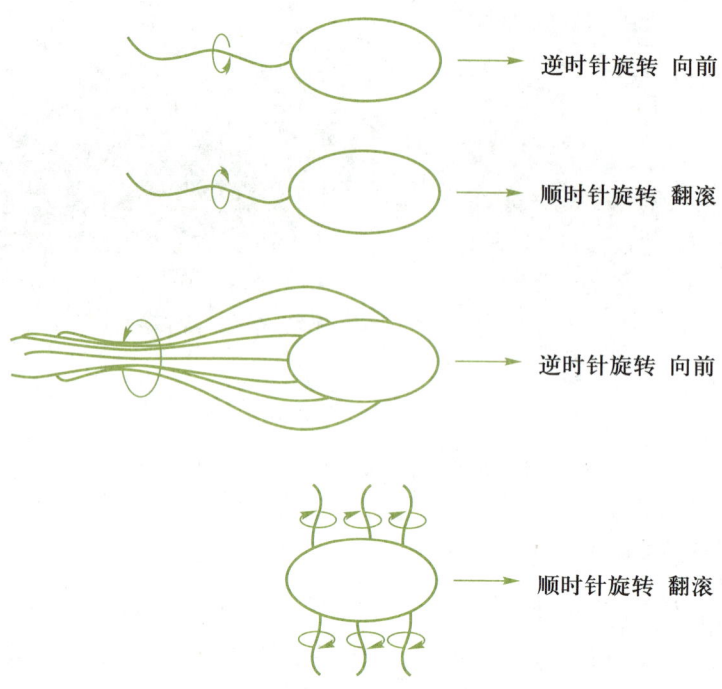

图 1-5　鞭毛旋转对细菌运动方向的影响

央,有的位于顶端或中央与顶端之间。芽孢在细菌细胞中央,如果其直径大于细菌的宽度,则细胞呈梭状,如丙酮丁酸芽孢杆菌;芽孢在细菌细胞顶端,如果其直径大于细菌的宽度,则细胞呈鼓槌状,如破伤风杆菌;芽孢直径如小于细菌细胞宽度,则细胞不变形,如常见的枯草芽孢杆菌、蜡状芽孢杆菌(图 1-6,表 1-2)。

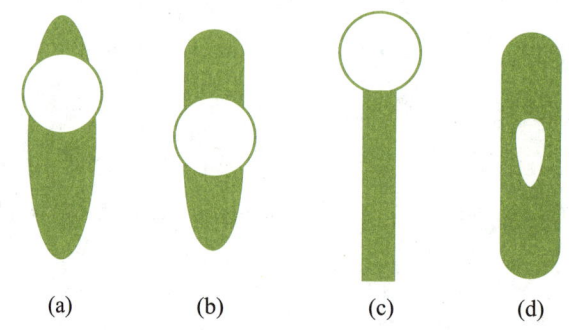

图 1-6　细菌芽孢的位置

(a)近端,膨大　(b)中央,膨大　(c)一端,膨大　(d)中央,小

表 1-2　不同细菌芽孢的位置和大小

名称	位置	大小	其他
枯草芽孢杆菌	细胞中央	<细胞宽度	细胞不变形
丙酮丁酸芽孢杆菌	细胞中央	>细胞宽度	细胞呈梭状
破伤风杆菌	细胞顶端	较大	细胞呈鼓槌状

芽孢有许多层包围细菌遗传物质的结构(图 1-7)。这使得芽孢具有惊人的、针对极端环境的抗性,例如抗热、紫外线、辐射、化学消毒剂和干燥。防腐剂一般也杀不死芽孢。芽孢含水量很低,呈脱水状态,而蛋白质一般在脱水状态下不易凝结,受热不易变性,芽孢经过数小时煮沸之后仍然生存的原因就在这里。由于许多重要的病原体可产生芽孢,因此对其必须利用灭菌措施而不是消毒。

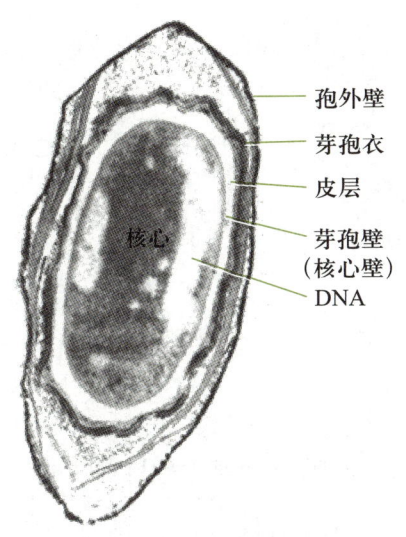

孢外壁
芽孢衣
皮层
核心
芽孢壁
(核心壁)
DNA

图 1-7　芽孢模式图

关于芽孢的形成,一般认为细菌在生长环境恶劣的情况下,如在陈旧培养基中生长容易形成芽孢。因此可理解为细菌芽孢的出现是为抵抗不良环境、延续生存。但也有倾向认为芽孢是细菌生活中的一个阶段,因为在良好环境中,细菌也会形成芽孢。

芽孢最重要的特性为:① 耐热;② 没有繁殖功能;③ 没有湿度要求;④ 很难杀死。

芽孢能多年保持休眠状态,实验证明,如果用液氮将芽孢封冷,保持在 -196 ℃ 以下,那么芽孢有可能生存几百万年。

芽孢在休眠一段时间之后又可以重新出芽,并和一般细菌细胞一样继续生存,但终止休眠、重新出芽须达到 60 ℃ 以上,整个过程只有两步:① 终止休眠,是由某些环境变化触发引起,如加热 60~70 ℃ 处理数分钟可引起休眠终止;② 开始生长,芽孢明显膨大,外壳破裂,新的营养细胞推开皮层,然后开始分裂。

3. 荚膜

有些细菌的细胞常常被黏稠的透明层所包围,该黏液层称为荚膜(图 1-8)。荚膜的主要成分是水分(占 90%)及多糖和多肽。通常在每一个菌体外包围一层荚膜,但有时有多个菌体生存在同一个荚膜内,形成菌胶团(图 1-9)。

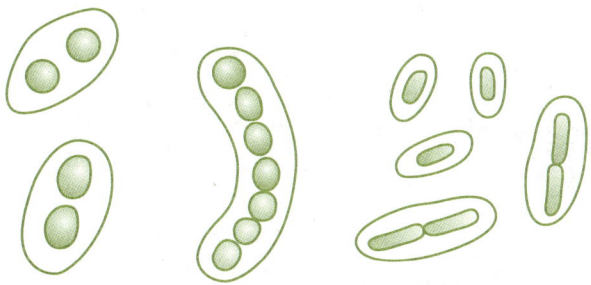

图 1-8　细菌的荚膜

荚膜能使液体培养基变稠而有弹性,产生荚膜的菌落常是光滑透明的,称为光滑型(S型),无荚膜的菌落往往表面粗糙,称为粗糙型(R型)。荚膜不易被染色,所以主要采用负染色。

图 1-9　细菌的菌胶团

莢膜的主要作用：

（1）对外界干扰具有增强抗性作用，使细菌对外界其他生物的毒力抵抗作用增强，如在动物体内莢膜能使菌体免受白细胞吞噬。

（2）是细胞代谢物的废物库。

（3）是养料的贮藏库，当营养缺乏时，细菌可利用莢膜中含有的多糖和多肽，作为碳源和能量来源。

（4）对干燥有抵抗作用。

（5）帮助细菌附着到物体表面，如牙斑源于变异链球菌产生的黏着物。

二、 细菌的基本形态和大小

（一）细菌的基本形态

细菌的基本形态主要有球状、杆状和螺旋状，分别称为球菌、杆菌和螺旋菌。

1. 球菌

球菌的细胞为圆球形，不能运动。球菌大小约为 1 μm，也有较大的，其菌体形态如图 1-10 所示。球菌分裂后，产生的新细胞常保持一定的排列方式，按照其排列一般分为：

单球菌——单细胞；

双球菌——两细胞呈平行状排列；

链球菌——多细胞呈链状排列；

四联球菌——四个细胞排列；

八叠球菌——八个细胞排列；

葡萄球菌——多个细胞无规则堆积。

2. 杆菌

杆菌是细菌中菌种最多的类型，有运动型和静止型之分。杆菌细胞呈杆状，其长度大于宽度，由于比例不同，杆菌的长短往往差别很大；其直径大部分为 1 μm，最小约为 0.4 μm。根据长度，人们将杆菌分为长杆菌和短杆菌。短杆菌的长度不超过 3 μm，长杆菌可长至 8 μm。同

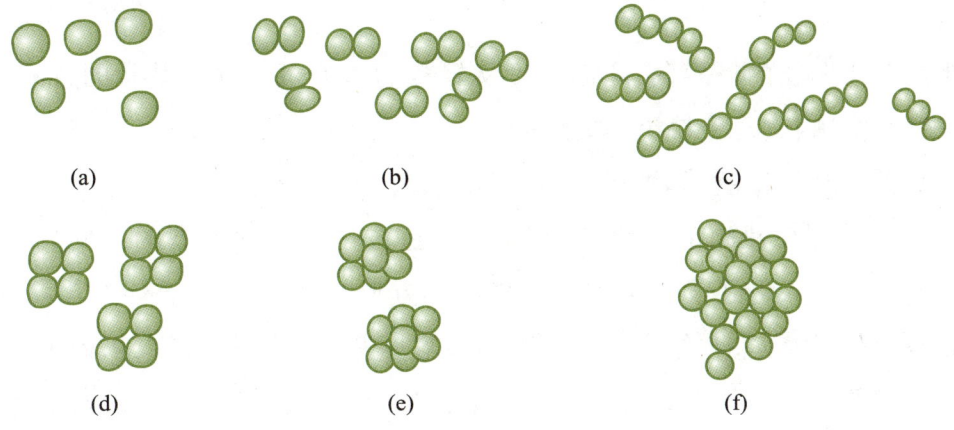

图 1-10　各种球菌的形态

（a）单球菌　（b）双球菌　（c）链球菌　（d）四联球菌　（e）八叠球菌　（f）葡萄球菌

一长度的杆菌,较肥胖的称为短杆菌,较瘦的则称为长杆菌,极短的杆菌则称为卵形杆菌,接近球菌的杆菌即为球形杆菌。

一般长度为:

长杆菌——4~8 μm;

短杆菌——2~8 μm;

卵形杆菌——2 μm;

球形杆菌——1~2 μm。

杆菌细胞的排列方式是可以转化的,可以以单独、平行状或链状出现,链状杆菌还可以以多链式相互排列。杆菌的形态与排列有一定的分类鉴定意义(图 1-11)

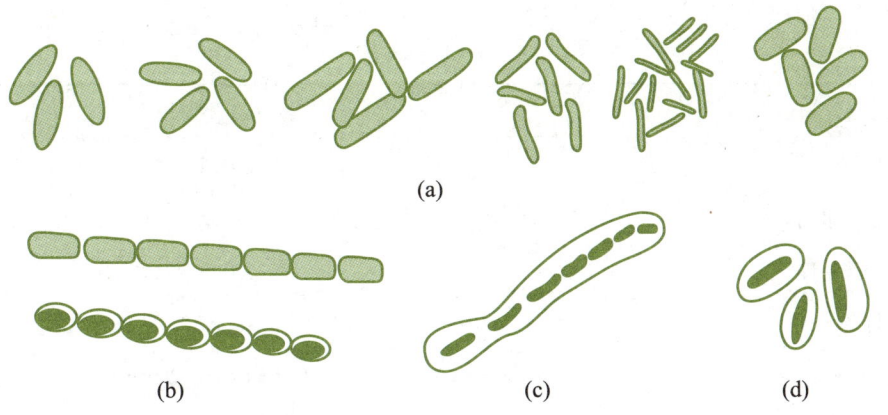

图 1-11　杆菌的形态和排列形式

（a）单杆菌　（b）链杆菌　（c）荚膜杆菌　（d）荚膜单杆菌

工农业生产中用到的细菌大多数是杆菌。例如用来生产淀粉酶与蛋白酶的枯草芽孢杆菌(*Bacillus subtilis*),生产谷氨酸的北京棒状杆菌(*Corynebacterium pekinense*),乳品工业中的保加利亚乳杆菌(*Lactobacillus bulgaricus*)。

3. 螺旋菌

这里只涉及弯曲形状的螺旋菌,弯曲程度从轻微的弯曲至呈开塞钻状的弯曲。

螺旋菌——开塞钻状,双极鞭毛,如翻螺菌;

弧菌——稍微弯曲的杆菌,单极鞭毛,如霍乱弧菌。

细菌除了球菌、杆菌、螺旋菌三种基本形态外,还有许多其他形态的。例如柄杆菌细胞上有特征性的细柄;另外,人们还发现了细胞呈星形和方形的细菌。

细菌的形态与生长环境有关,例如培养温度、培养基的成分与浓度、培养的时间。各种细菌在幼龄时和适宜的环境条件下,细菌形态比较正常、整齐;在不利环境或菌龄老时常出现梨形、气球状和丝状等不规则的形态,尤其是杆菌。若再将它们转移到新鲜培养基上,并在合适的条件下生长,它们又将恢复原来的形状。因此,在观察比较细菌形态时,必须注意因培养条件的变化而引起的细胞形态的改变。

（二）细菌个体的大小

衡量细菌大小的单位是微米(μm),细菌的个体大小与种类有关,不同的种类相差很大。小的细菌要在光学显微镜下才能看到,大的细菌几乎用肉眼就能看到,但大多数细菌必须依赖显微镜才能识别。常见细菌的大小见表1-3。

球菌的大小以其直径来表示,一般为 $0.2 \sim 2.0$ μm。杆菌以菌体直径(宽)和菌体长度(长)来表示,之间用"×"相连接。杆菌的大小差异较大,一般为长 $1 \sim 7$ μm,宽 $0.3 \sim 2.0$ μm。螺旋菌的弧度受环境影响较大,不易进行大小描述,一般按弯曲的杆菌进行大小描述,长度系指菌体的空间长度而不是实际长度,宽度与杆菌同。一般弧菌为 $(0.3 \sim 0.5)$ μm×$(1 \sim 5)$ μm,螺旋菌为 $(0.3 \sim 1.0)$ μm×$(1.0 \sim 5.0)$ μm。

表1-3　常见细菌的大小　　　　　　　　　　　　　　　单位:μm

菌名	大小(宽×长)
球菌	直径 0.2~1.2
乳酸链球菌	直径 0.5~0.6
金黄色葡萄球菌	直径 0.8~1.0
杆菌	(0.5~1.0)×(2.0~3.0)
大肠杆菌	0.5×(1.0~2.0)
枯草芽孢杆菌	(0.8~1.2)×(1.2~3.0)
德氏乳酸杆菌	(0.4~0.7)×(2.8~7.0)
弧菌	(0.3~0.5)×(1.0~5.0)
霍乱弧菌	(0.3~0.6)×(1.0~5.0)

三、 细菌的生长环境

每一种细菌都有适合生长的条件,并且在最适条件周围的范围内细菌都能生存。细菌生长条件包括营养物质、氧、温度、pH、水等因素。

(一) 营养物质

不同种类细菌的营养需求不同,各自都有自己的营养喜好,这也赋予了细菌不同的代谢特点。细菌最重要的营养物质是氮和碳类化合物,另外还有矿物质和微量元素等。有些细菌还需要二氧化碳促进它的新陈代谢。细菌对维生素的要求也有较大的差别,有些依赖外界的供给,有些则靠自身合成。

(二) 氧

细菌对氧的反应各不相同,需求变化很大。有些细菌只能在含氧环境里生存,有些则存在于不含氧的环境里,其在生存或代谢过程中又有不同的转变。

根据它们的代谢类型可分为:

好氧菌(aerobes):有氧才能生存。

厌氧菌(anaerobes):没有氧能更好地生存,可分为专性厌氧菌和兼性厌氧菌。

● 专性厌氧菌(obligate anaerobes):在有氧的条件下,不能生存。

● 兼性厌氧菌(facultative anaerobes):在有氧的条件下,同好氧菌一样生长,但在没有氧的情况下仍然能够生存,如大肠杆菌。兼性厌氧型细菌中还有区别,有一部分细菌在有氧和无氧的情况下有两种不同的新陈代谢方式,而另一部分细菌在两种情况下新陈代谢方式完全一样。

微好氧菌(microaerobes):在正常大气氧浓度 20% 的情况下会受损伤,只有在更低的氧浓度下才能存活。

厌氧型细菌的代谢过程或生长周期普遍较需氧型长。

(三) 温度

细菌的生长都有一定的温度适应范围,如最高温度、最适温度、最低温度和致死温度。

随着环境温度的上升,细菌的新陈代谢活力逐渐增加,直至最适温度之后迅速下降。根据温度适应范围可以将细菌分为下列四种:

(1) 嗜冷菌(psychrophiles)　　适于-10 ℃以上生活的细菌,最适生长温度在 20 ℃左右,如嗜冷芽孢杆菌。

(2) 嗜温菌(mesophiles)　　适于在 15 ~ 45 ℃生活,最适生长温度在 37 ℃左右的细菌,如大肠杆菌。

(3) 嗜热菌(thermophiles)　　适于在 30 ~ 75 ℃生活,最适生长温度在 55 ℃,如嗜热脂肪芽孢杆菌。

（4）嗜高热菌（hyperthermophiles）　能在 100 ℃ 以上温度生活，是一类从海底、火山口分离的古细菌。

（四）pH

在生活环境的酸碱性方面，细菌生长也有最适值和限度范围。大部分细菌生长的最适 pH 为 7。只有少数细菌耐酸，为耐酸型细菌。

另外，还有嗜酸型和嗜碱型的细菌，其 pH 生长范围如下：

嗜酸菌（acidophiles）：pH 0～5.5

嗜碱菌（alkaliphiles）：pH 8.5～11.5

在一般条件下，细菌能够适应不利的 pH 环境，常见细菌的最适 pH 及限度见表 1-4。

表 1-4　常见细菌的最适酸碱度及限度

菌种	最适酸碱度（pH）	限度（pH）
大肠杆菌	6.0～7.0	4.4～9.0
乳杆菌	—	3.0～6.5
单胞球菌	—	3.0～11.0
杆菌	—	4.5～8.5
沙门菌	6.5～7.2	4.5～8.0

（五）渗透压

像所有生物一样，微生物对周围环境的渗透压是敏感的。在低渗透压溶液中，水向细胞内渗透，细胞易吸水膨胀；在高渗透压溶液中，水渗出细胞外，细胞易失水皱缩。如果将细菌放到蒸馏水中，细胞将会吸水膨胀。相反，如果将细菌放入较浓的盐或糖液中，细胞将脱水收缩，最后可能会完全干燥。有部分细菌承受不了较大的压力，所以人们总是利用生理盐水（等渗溶液）将细胞进行悬浮。

另外，有几种细菌能够在浓盐溶液中生存，它们是嗜盐细菌。这类细菌出现在海洋和盐矿区，并且只能在盐溶液浓度超过 3.5 mol/L 的条件下生长，如盐杆菌属。

（六）代谢物抑制

细菌的生长受其他微生物代谢物的抑制，这类代谢物有酸、酒精、二氧化碳、抗生素等。细菌自生的代谢物有时也产生抑制作用。一种细菌群落生长越快，其产生的酸就越多，它的抵抗能力越强，则其他群落所受的抑制作用越大。

四、细菌的繁殖

细菌以二分裂方式繁殖，即 1 个细胞经过分裂成为 2 个细胞，2 个细胞变成 4 个，细菌的这种成倍生长称为指数生长。细菌的分裂是一个无性繁殖过程，相当于有丝分裂的初级阶段，这样的无性繁殖称为裂殖。

裂殖的过程为:当一个细菌的细胞接种于含有其生长所需基本成分的培养基时,细菌的细胞开始积累营养物质,合成新的细胞结构成分,这些成分逐渐分开并分向细胞两极,最后在细胞中心形成中间壁。即从一个分裂的细胞中形成两个完全相同的子细胞,而没有母细胞和子细胞之分。这种分裂也有一定的时间过程,即世代时间。细菌生长和分裂的速度视菌种类型、生长培养基的成分和环境条件而定。例如,大肠杆菌在营养丰富的培养基、充足的空气和37 ℃的条件下生长,每 20 min 分裂一次。

如果营养源供应不足或温度太低,细胞分裂的速度就会降低,世代时间则延长。

细菌不存在有性繁殖,但在变化过程中还是有一种类似有性繁殖的简单阶段。在这一过程中,两个细菌会借助菌毛进行结合,有些还互相交换 DNA,这种方式有可能形成一种遗传物的新组合体。

五、 细菌的菌落特征

如果把一个细菌细胞接种到固体培养基上,在适合的环境条件下细胞就能迅速生长繁殖,繁殖的结果是形成一个个肉眼可见的细菌细胞群体,我们把这个微生物细胞群体称为菌落(colony)。所以,菌落就是在固体培养基上以母细胞为中心的、一堆肉眼可见的、有一定形态结构等特征的子代细胞的聚集体。如果菌落是由单个细胞繁殖形成的,那么它就是一个纯种细胞群。如果将某一菌种的大量细胞在固体培养基表面密集地接种,结果长成的各"菌落"会相互连接成一片,这就形成了菌苔。

菌落的物理特性包括菌落的大小、形态(点状、圆形、丝状、不规则状、假根状等)(图 1-12)。一般可从侧面观察菌落隆起程度(平坦、凸起、凸面体、枕状等),菌落表面状态(光滑、皱褶、颗粒状、龟裂、同心圆状等),表面光泽(闪光、不闪光、金属光泽等),质地(油脂状、膜状、黏、脆等),颜色与透明度(红、黄、白、褐等各色,透明、半透明、不透明等)。

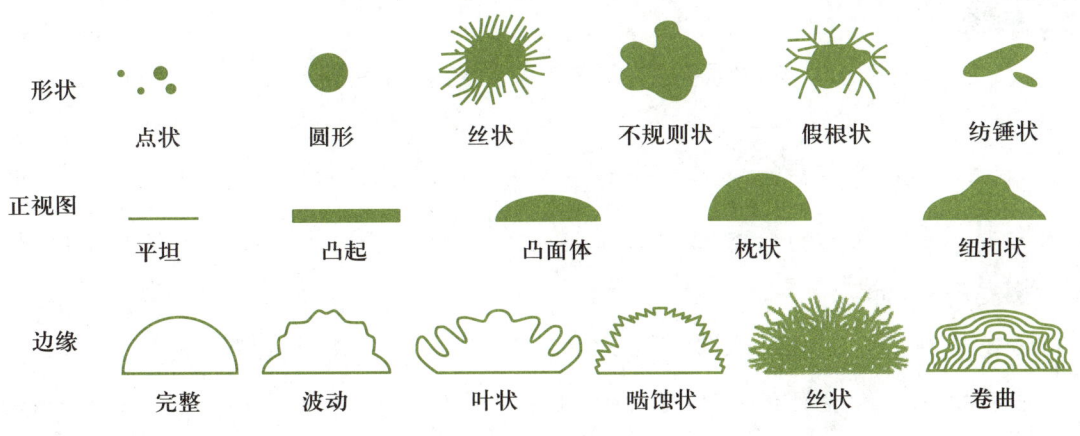

图 1-12　细菌菌落的形态

不同菌种其菌落特征不同,同一菌种在不同生活条件下其菌落形态也不尽相同,但是同一菌种在相同培养条件下所形成的菌落形态是一致的,所以菌落形态特征对菌种鉴定有一定的意义。

 任务实施 〉〉〉

一、 光学显微镜的操作和维护

普通光学显微镜主要由机械装置和光学系统两部分构成(图 1-13)。

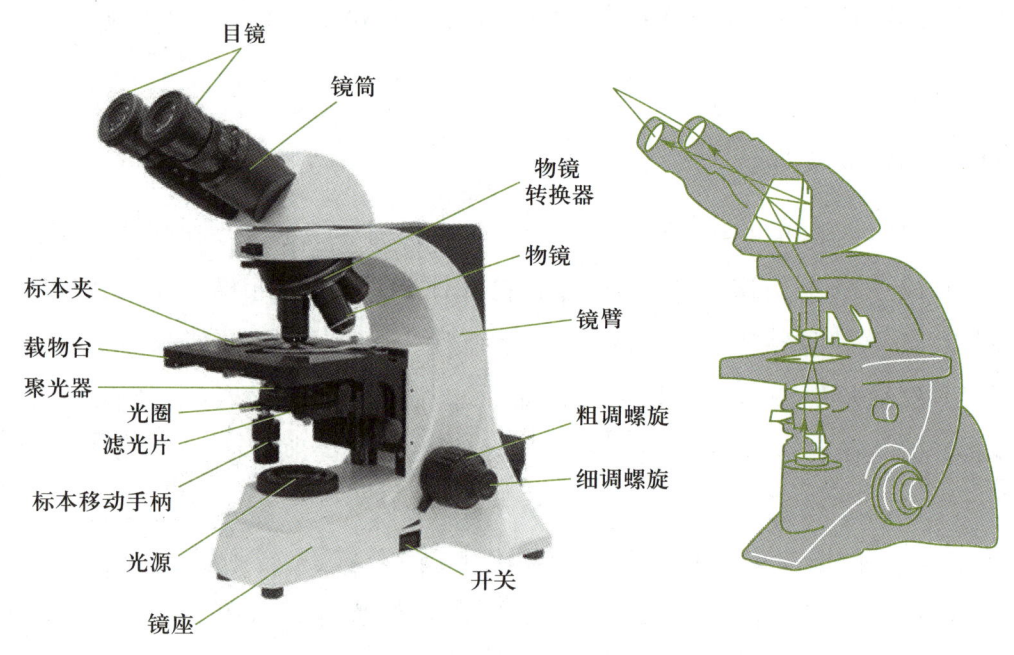

图 1-13   光学显微镜的构造

【知识链接】 📎

光学显微镜机械装置和光学系统简介

1. 机械装置

(1) 镜座和镜臂   它们是显微镜的基本骨架,起稳固和支撑的作用。

(2) 镜筒   是由金属制成的空心圆筒,其上端插入目镜,下端与物镜转换器相连。镜筒的长度一般为 160 mm。

(3) 物镜转换器   是安装在镜筒下方的一圆盘状构造,其上可装 3~4 个不同放大倍数的物镜。转动物镜转换盘可使不同的物镜到达工作位置。转换物镜时,必须用手按住圆盘旋转,勿用手指直接推动物镜。

（4）载物台　也称镜台,是位于物镜转换器下方的方形或圆形的平台,用于放置被观察的玻片标本。在载物台上装有标本夹或标本推动器,调节推动器上的螺旋可使标本前后左右移动。有的推动器上还有刻度,能确定标本的位置,便于找到变换的视野。

（5）调焦螺旋　也称调焦器,即安装在镜筒后方两侧的粗调螺旋和细调螺旋,用于调节物镜与标本间的距离,使物像更清晰。

2. 光学系统

（1）目镜　安装在镜筒的上端,起着将物镜所放大的物像进一步放大的作用。每台显微镜通常配置 2~3 个不同放大倍率的目镜,常见的有 5×、10× 和 15×(×表示放大倍数)的目镜,可根据不同的需要选择使用,最常使用的是 10× 目镜。

（2）物镜　安装在物镜转换器上。每台光学显微镜一般有 3~4 个不同放大倍率的物镜,每个物镜由数片凸透镜和凹透镜组合而成,是显微镜最主要的光学部件,决定着光学显微镜分辨率的高低。常用物镜的放大倍数有 10×、40× 和 100× 等多种。一般将 5× 或 10× 的物镜称为低倍镜;将 40× 或 45× 的称为高倍镜;将 100× 的称为油镜(这种镜头在使用时需浸在香柏油中)。各物镜的放大率可由其外形辨认,镜头长度越长,镜片直径越小,放大倍数越大;反之,放大倍数小。油镜头长度大于低、高倍镜,镜头下缘一般刻有一圈黑线或白线,并刻有 100×、1.25 或 oil 等字样。

（3）聚光器　位于镜台下方的集光器架上,由聚光镜和光圈组成,可把光线集中到所要观察的标本上。

聚光镜:由一片或数片透镜组成,起汇聚光线的作用,加强对标本的照明,并使光线射入物镜内,镜柱旁有一调节螺旋,转动它可升降聚光器,以调节视野中光亮度的强弱。

光圈(虹彩光圈):在聚光镜下方,由十几张金属薄片组成,其外侧伸出一柄,推动柄可调节其开孔的大小,以调节光量。

1. 材料准备

光学显微镜、擦镜纸、酵母菌、青霉菌标本装片等。

2. 人员组织

1~2 人成一组,每组一套材料。

3. 操作步骤

（1）低倍镜观察青霉菌

| ① 调节光源 | 旋动物镜转换器,将低倍镜转到工作位置。打开光源、光圈,上升聚光器,双眼在目镜上观察,调节光源光强,直至视野中光线均匀明亮为止 |

② 放置标本　下降载物台,将标本装片放在载物台上,用玻片夹夹住,用标本移动手柄将标本片上染成绿色的待观察部位移动至低倍物镜的正下方

③ 调焦　将载物台升到最高位置,先向下缓慢调节粗调螺旋至看见物像,再转动细调螺旋,调节至物像清晰为止

④ 观察　观察并绘制出青霉菌的形态,如要精细观察可转换高倍镜

（2）高倍镜观察青霉菌菌丝

⑤ 寻找视野　使用高倍镜之前先用低倍镜观察,将在低倍镜下找到的合适部位移至视野当中

⑥ 转换高倍镜　旋动物镜转换器换成高倍镜,调节细调螺旋直至物像清晰。如果高倍镜头触及载玻片应立即停止旋动,说明原来低倍镜观察时没有调准焦距,应重调低倍镜,找到清晰的物像

⑦ 镜检　仔细观察高倍镜下的菌的形态

（3）显微镜用毕后的处理

⑧ 取下载玻片　上升载物台,取下载玻片

⑨ 清洁显微镜　用干净擦镜纸清洁目镜和物镜,用柔软的绸布擦净机械部分的灰尘

⑩ 搁置物镜　将物镜转成“八”字式,将聚光器降至最低位置

⑪ 写报告　报告主要内容有:实验目的、实验材料、实验步骤、实验结果观察及分析,观察结果尽量列表表示,并在规定的时间内完成

4. 注意事项

（1）搬动显微镜时应一只手握住镜臂，另一只手托住镜座，镜身保持直立，切忌单手拎提。

（2）固定显微镜时，各个镜面切忌用手涂抹，以防手上的油、汗沾于镜面，导致日后易发霉、腐蚀。

（3）展示记录的原始数据或如实描述实验结果，不带有任何个人观点。

5. 技能评价

技能评价以过程评价为主，具体见表 1-5。

表 1-5　光学显微镜的操作和维护技能评价表

考核项目		技能要求	分值	评分标准	得分
关键考核点	调节光源	视野亮度均匀	10分	打开光圈，上升聚光器（5分） 调节光强（5分）	
	放置标本	标本固定，勿使物镜和标本片相碰	20分	用标本夹固定（10分） 眼睛从侧面注视物镜（10分）	
	低倍镜调焦，高倍镜调焦	操作规范，物像清晰	20分	低倍调焦：先转动粗调螺旋再转动细调螺旋（10分） 高倍调焦：先调节低倍，清晰后再换高倍物镜并调细调螺旋（10分）	
	镜检结果	视野中青霉菌菌丝整体形态可见，细部特征清晰	20分	低倍镜下菌丝整体清晰（10分） 高倍镜下特征孢子丝清晰（10分）	
	用后处理	标本取下，物镜搁置正确	10分	上升载物台，取下玻片（5分） 物镜呈"八"字搁置（5分）	
	实验桌面整洁情况	物品摆放有序，卫生良好	10分	物品摆放有序（5分） 卫生较好（5分）	
	卫生值日	干净整洁，物品还原	10分	干净整洁（5分） 物品还原（5分）	
合计			100分		

二、细菌的形态观察

细菌的形态微小，以微米为单位，显微镜下需要用油镜才能观察到。普通光学显微镜配置的几种物镜中，油镜的放大倍数最大，对微生物学研究最为重要。与其他物镜相比，油镜的使用比较特殊,需在载玻片和镜头之间加滴香柏油。加油可以提高放大倍数,还可以提高照明度和分辨率,会使观察的标本更清晰。

1. 材料准备

枯草芽孢杆菌、四联球菌、大肠杆菌、八叠球菌、细菌三型等细菌永久染色装片,光学显微镜,香柏油,擦镜纸,二甲苯等。

2. 人员组织

1~2 人成一组,每组一套材料。

3. 操作步骤

① 观察前的准备	置显微镜于平稳试验台上,将低倍物镜转到工作位置,打开电源或转动聚光镜采光
② 低倍镜观察	将细菌装片置于载物台上,将观察位置移至物镜正下方,上调载物台至最高,先用粗调螺旋发现物像,再用细调螺旋调节到物像清楚。移动载物台,将装片合适的观察部位移至视野中心
③ 高倍镜观察	将高倍镜转至正下方,用细调螺旋校正焦距使物像清晰,将最适宜观察部位移至视野中心,准备用油镜观察
④ 油镜观察	将油镜转到工作位置,从双层瓶的内层小管中取香柏油滴1~2 滴到装片的欲观察部位 从侧面注视,使油镜浸入香柏油,并使镜头降至几乎与装片接触,但又不压及装片的合适位置 调焦:从目镜中观察,同时转动粗调螺旋,缓慢提升油镜,至出现模糊的物像时,再用细调螺旋调节至物像清晰 观察:仔细观察并绘图
⑤ 再次观察	分别换上其他装片,依次用低倍镜、高倍镜、油镜观察和绘图。重复观察时,可比第一次少加香柏油
⑥ 显微镜的用后处理	移开油镜镜头,取出装片。先用擦镜纸擦去镜头上的香柏油,再用擦镜纸沾少许二甲苯擦掉残留的香柏油,最后用干净的擦镜纸擦干残留的二甲苯

⑦ 细菌装片的处理　　加 2~3 滴二甲苯于装片上，使香柏油溶解，再用吸水纸轻轻在装片上吸掉二甲苯和香柏油

⑧ 写报告　　按教师要求撰写实验报告，并在规定的时间内完成

4. 注意事项

（1）使用油镜必须按先低倍镜后高倍镜观察，再用油镜观察的顺序进行。

（2）使用二甲苯时不能加入过多，以防溶解固定透镜的树脂。

5. 技能评价

技能评价以过程评价为主，具体见表 1-6。

表 1-6　细菌的形态观察技能评价表

考核项目		技能要求	分值	评分标准	得分
关键考核点	观察前的准备	显微镜放置距实验台边约 4 cm，视野光线均匀	10分	显微镜安放符合要求（5分） 采光均匀（5分）	
	低倍镜观察	先粗调后细调，低倍镜下物像清晰	10分	操作规范（5分） 物像清晰（5分）	
	高倍镜观察	视野明亮度适宜，最佳观察部位位于视野中心	10分	视野亮度适宜（5分） 最佳观察部位位于视野中心（5分）	
	油镜观察	香柏油滴加 1~2 滴，镜头几乎与装片接触，先粗调再细调校正焦距，镜检各类细菌形态绘图正确	40分	装片上香柏油滴加得适量（10分） 镜头几乎接触但不压及装片（10分） 粗调出现物像时，再细调至清晰（10分） 细菌三种形状镜检绘图正确（10分）	
	用后处理	油镜镜头及装片干净无残留的二甲苯	10分	用二甲苯擦去残留的香柏油（10分）	
	实验桌面整洁情况	物品摆放有序，卫生良好	10分	物品摆放有序（5分） 卫生较好（5分）	
	卫生值日	干净整洁，物品还原	10分	干净整洁（5分） 物品还原（5分）	
合计			100分		

三、 细菌的简单染色

微生物细胞是无色透明的,即使在显微镜下也很难被发现。如果把微生物样品染色后制成标本片,在光学显微镜下就很容易观察。

1. 材料准备

光学显微镜、载玻片、菌液(枯草芽孢杆菌)、染料(美兰)、酒精灯、接种环、打火机等。

2. 人员组织

1~2 人成 1 组,每组 1 套材料。

3. 操作步骤

① 清洗载玻片

清洗目标物:油污。油污影响涂片效果,可导致涂片不均匀,无法将成群的细胞分开

清洗的方法:先用洗衣粉水清洗,再用流水充分冲洗,最后烘干备用。新玻片可用1%的盐酸浸泡1 h,再用水冲洗,也可以用其他的洗涤剂清洗。清洗干净的玻片可存放在95%的乙醇(可滴入少量浓盐酸)中,临用时用洁净软布擦拭干净或者将乙醇烧干挥发

② 涂片

用灭菌接种环取培养液1环,均匀涂布在玻片中央,涂抹的范围尽可能大,这样有利于得到更多的单细胞

③ 固定

固定的作用:主要是杀死细菌,同时使菌体蛋白质凝固,使菌体更易牢固地黏附于载玻片上,也可增强菌体对染料的结合力,使菌体容易着色

固定的方法:标本片涂布均匀后,置于载物台上待其自然干燥或在酒精灯上缓慢加热(涂片的部位不能直接接触火焰,否则细胞会被烧焦)。将已干燥的涂片在酒精灯上微微加热(以不烫手为准),通过3~4次反复即可

④ 染色

在涂片处滴加一滴染色液,使其布满涂菌部位,染色时间一般为1 min

⑤ 水洗 — 斜置载玻片,倾出染色液。用清水从涂菌部上端轻轻冲去染色液,直至冲洗液变清为止,水流要细且不得直接冲淋在涂菌处,以免将菌体冲掉

⑥ 干燥 — 将载玻片置于载物台上待其自然干燥或在酒精灯上缓慢加热(涂片的部位不能直接接触火焰,否则细胞会被烧焦)

⑦ 镜检 — 先用低倍物镜找到染色标本物像,再用高倍物镜观察,较小的微生物需用油镜观察

将高倍物镜转开,用棉签(无棉花端)蘸一滴香柏油于涂片处,将油镜下端接触香柏油进行观察。完毕后用擦镜纸蘸少许二甲苯将镜头上的香柏油擦净(香柏油也可用液体石蜡代替)

⑧ 写报告 — 报告形式参照上一实验,并在规定的时间内完成

4. 注意事项

(1)清洗载玻片　一定要清洗干净,否则很难将菌液完全涂开,不易得到单个细胞。

(2)固定　固定时用火要注意,温度不能太高,否则细胞会烧成灰;温度也不能太低,否则细胞杀不死。温度以不烫手为准。

(3)水洗　水流不能急,否则会将细胞冲走。以水流上部为线,下部为滴为准。水洗时,涂片要倾斜,且水流要由涂片的上端流向下端。

(4)镜检　镜头上的香柏油需要用二甲苯清洗,二甲苯是极易挥发的有机溶剂,对人体有一定的伤害,要做好个人防护。

5. 技能评价

技能评价以过程评价为主,具体见表1-7。

表 1-7　细菌的简单染色技能评价表

考核项目		技能要求	分值	评分标准	得分
关键考核点	清洗载玻片	10 倍物镜下显微镜观察	10分	无油污(5分) 无颗粒物(5分)	
	固定	固定的温度在 60~70 ℃,重复 3~4 次	20分	温度适宜(10分) 重复次数符合要求(10分)	

续表

考核项目		技能要求	分值	评分标准	得分
关键考核点	水洗	水流形态上部为线,下部为滴,且水流流过染色部位	20分	水流形态符合要求(10分) 水流接触部位符合要求(10分)	
	镜检结果	视野中1/3以上的细胞为单细胞存在形式,且染色效果明显	20分	视野中的单细胞数量符合要求(10分) 细胞染色效果明显(10分)	
	实验桌面整洁情况	物品摆放有序,卫生良好	10分	物品摆放有序(5分) 卫生较好(5分)	
其他考核点	显微镜操作	操作规范,熟练	10分	操作规范(5分) 操作熟练(5分)	
	卫生值日	干净整洁,物品还原	10分	干净整洁(5分) 物品还原(5分)	
合计			100分		

四、 细菌的革兰染色

细菌革兰染色法不仅用来观察细菌的形态,而且是细菌中最重要的一种鉴别染色法,是细菌分类鉴定中的重要指标。它可将全部细菌区分为革兰阳性菌和革兰阴性菌两大类。

革兰染色用到了四种不同性质的试剂,先用结晶紫染色剂对已固定的标本染色,以碘液媒染,再用酒精脱色,最后用番红染液复染。细菌经此法染色后,细胞保留初染剂蓝紫色的细菌为革兰阳性菌(G^+);细胞中初染剂被脱色剂洗脱而染上复染剂的颜色(红色)的细菌为革兰阴性菌(G^-)。

1. 材料准备

枯草芽孢杆菌及大肠杆菌(培养约 24 h)、营养琼脂斜面培养物、草酸铵结晶紫染液、碘液、番红染液、95%乙醇、显微镜、酒精灯、载玻片、接种环、双层瓶(内装香柏油和二甲苯)、吸水纸、擦镜纸、生理盐水、试管架、镊子等。

2. 人员组织

1~2 人成一组,每组一套材料。

3. 操作步骤

① 涂片	取一块干净的载玻片,平放,在载玻片中央滴一小滴生理盐水将接种环在酒精灯上灼烧灭菌,冷却后,从琼脂斜面上挑取少许菌苔。将挑取的菌苔沾入载玻片中央生理盐水中混匀,并涂成极薄的菌膜
② 干燥	将涂好菌膜的载玻片平放在室温下自然干燥,或可将涂片膜面向上,小心间断地在弱火高处略烘,以助水分蒸发,但切勿紧靠火焰,以免涂膜烤枯,菌体变形
③ 固定	固定的方法有火焰固定法和化学固定法,此处选用火焰固定法。火焰固定法的操作:手持已干燥的涂有菌膜的载玻片,涂面朝上,在酒精灯火焰上通过 3~4 次,要求玻片温度不超过 60 ℃,以玻片背面不烫手为宜
④ 结晶紫初染	在涂好的菌膜上滴加草酸铵结晶紫染液(以染液将菌膜覆盖为宜),染色 1~2 min,时间到后,将细菌涂片上的染液倒入废液缸中,手持细菌染色涂片一端,将涂片斜置于废液缸上方,用细小的缓水流冲洗掉多余染料,直至流下的水呈无色为止
⑤ 碘液媒染	滴加碘液冲去玻片上残余的水分,并用碘液覆盖约 1 min,以流动水冲洗多余碘液
⑥ 乙醇脱色	用吸水纸吸去玻片上残余的水分,将玻片倾斜,用滴管流加95%乙醇脱色,直至流下的乙醇不出现紫色时即停止,时间 30~40 s,之后立即用水冲洗
⑦ 番红复染	用番红复染覆盖 1~2 min,然后以流动水冲洗
⑧ 镜检	先将高倍物镜转开,用棉签(无棉花端)蘸一滴香柏油于涂片处,将油镜下端接触香柏油进行观察。完毕后用擦镜纸蘸少许二甲苯将镜头上的香柏油擦净(香柏油也可用液体石蜡代替)

⑨ 写报告 ----- 报告形式参照上一实验,并在规定的时间内完成

4. 注意事项

(1)涂片要涂抹均匀,切忌过厚。

(2)染色过程中,不可使染液干涸。

(3)乙醇脱色的时间十分重要,脱色时间过长,则脱色会使阳性菌被染成阴性菌;脱色不够,则会使阴性菌被染成阳性菌。

(4)以培养 18~24 h 的菌种作为染色用菌种,老龄菌因体内核酸减少,会使阳性菌被染成阴性菌。

(5)涂片完全干燥后才能用油镜观察。

5. 技能评价

技能评价以过程评价为主,具体见表 1-8。

表 1-8　细菌的革兰染色技能评价表

考核项目		技能要求	分值	评分标准	得分
关键考核点	涂片	载玻片干净、无菌操作规范、涂片均匀	10分	玻片无油污、无颗粒物(5分) 取菌量适当,菌膜均匀(5分)	
	固定	固定的温度不超过 60 ℃,重复 3~4 次	10分	涂片朝上,温度适宜(5分) 重复次数符合要求(5分)	
	结晶紫初染	染液充分覆盖菌膜,染色 1~2 min	10分	染液将菌膜覆盖(5分) 染色时间充分(5分)	
	乙醇脱色	脱色时流加的 95%乙醇不出现紫色,时间不超过 1min,立即用水冲洗	20分	流加的 95%乙醇无色(10分) 脱色时间符合要求(5分) 脱色后立即用水冲洗(5分)	
	番红复染	番红充分覆盖,时间 1~2 min	10分	染液覆盖充分(5分) 染色时间充分(5分)	
	镜检结果	视野中 1/3 以上的细胞为单细胞存在形式,且阳性菌、阴性菌染色结果正确	20分	视野中的单细胞数量符合要求(10分) 阳性菌呈蓝紫色,阴性菌呈红色(10分)	
	实验桌面整洁情况	物品摆放有序,卫生良好	5分	物品摆放有序、卫生较好(5分)	

考核项目		技能要求	分值	评分标准	得分
其他考核点	显微镜操作	操作规范,熟练	10 分	操作规范(5 分) 操作熟练(5 分)	
	卫生值日	干净整洁,物品还原	5 分	干净整洁、物品还原(5 分)	
	合计		100 分		

 任务反思 〉〉〉

1. 当物镜由低倍转到高倍时,随着放大倍数的增加,视野的亮度是增强还是减弱? 应如何调节?

2. 用油镜便于观察细菌的依据是什么?

3. 革兰染色时,初染前能加碘液吗? 乙醇脱色后复染之前,革兰阳性菌和革兰阴性菌分别是什么颜色?

任务 1.2　放　线　菌

任务目标 〉〉〉

知识目标:掌握放线菌的形态、生长繁殖特点及影响因素。
技能目标:会制作放线菌水浸片。

 任务准备 〉〉〉

一、放线菌的结构

放线菌是一类菌落呈放射状的原核微生物,由分支状的菌丝体和孢子组成。放线菌菌落中的菌丝常从一个中心向四周呈辐射状生长,因此称为放线菌。

放线菌是一类介于细菌和真菌之间、与细菌更为接近的单细胞生物。一方面,放线菌菌丝呈分支状,菌丝直径与细菌相仿,且大都无隔膜,是单细胞微生物。放线菌的细胞结构和细胞壁的化学组成与细菌相似,含有原核生物所特有的胞壁酸和二氨基庚二酸,而不含真菌细胞壁的几丁质或纤维素;放线菌和细菌一样不具有完整的核,没有核膜、核仁、线粒体等。其最适生长 pH 为微碱性,与多数细菌的生长 pH 相近;与细菌一样对溶菌酶敏感;凡细菌所敏感的抗生素,放线菌也同样敏感。大多数放线菌的革兰染色呈阳性。另一方面,放线菌菌体呈纤细的分支状,以外生孢子的形式繁殖,这些特征与霉菌相似。

二、 放线菌的基本形态

放线菌的形态较细菌复杂,其菌丝大多由分支菌丝组成,菌丝无隔膜。放线菌孢子在合适的环境下吸收水分出芽,芽管伸长形成放射状、分支状的菌丝。菌丝和孢子内不具有完整的核,由一团脱氧核糖核酸的纤维状物质构成,无核膜、核仁、线粒体等,因此放线菌同细菌一样,同属于原核微生物。

根据菌丝着生部位和功能的不同,放线菌菌丝可分为基内菌丝、气生菌丝和孢子丝三种(图 1-14)。链霉菌属是放线菌中种类最多、分布最广、形态特征最典型的类群(图 1-15)。

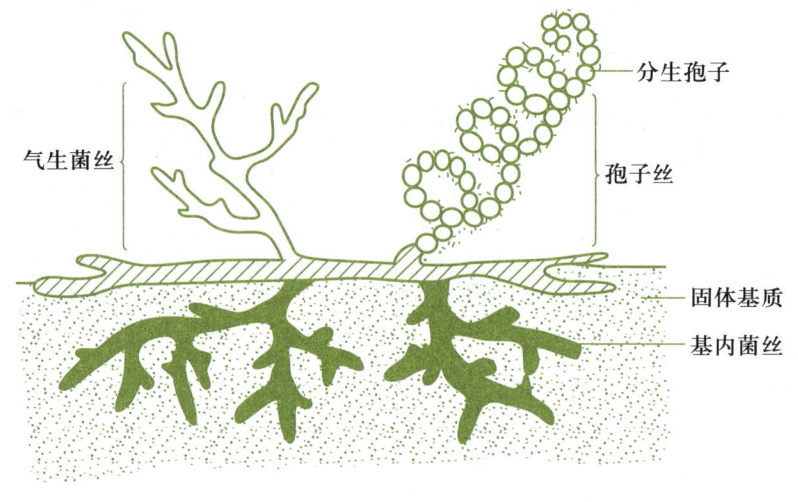

图 1-14   放线菌的各种菌丝及孢子

图 1-15   链霉菌菌丝

1. 基内菌丝

基内菌丝是营养型菌丝,匍匐生长于营养基质表面或伸向基质内部,它们像植物的根一样,具有吸收水分和养分的功能。菌丝直径 $0.2 \sim 1.2 \ \mu m$,分支繁茂,有些还能产生各种色素,把培养基染成各种美丽的颜色。放线菌中多数种类的基内菌丝无隔膜,不断裂,如链霉菌属和小单孢菌属;但有一类放线菌,如诺卡氏菌的基内菌丝生长一定时间后形成横隔膜,继而断裂成球状或杆状小体。基内菌丝的主要功能是吸收营养物质,所以又称营养菌丝。

2. 气生菌丝

气生菌丝是基内菌丝长出培养基外并伸向空间的菌丝。在显微镜下观察,一般气生菌丝颜色较深,而基内菌丝颜色浅、发亮。气生菌丝比基内菌丝粗,直径为 $1.0 \sim 1.4 \ \mu m$,呈直形或弯曲状,有分支,有的产生色素。有些放线菌气生菌丝发达,有些则稀疏,还有的种类无气生菌丝。

3. 孢子丝及孢子

孢子丝是气生菌丝发育到一定阶段,其上分化出的能够形成孢子的繁殖菌丝。放线菌孢子丝的形态多样,有直形、波曲形、钩状、螺旋状、一级轮生和二级轮生等,是放线菌定种的重要标志之一。常见放线菌孢子丝的形态如图 1-16 所示。

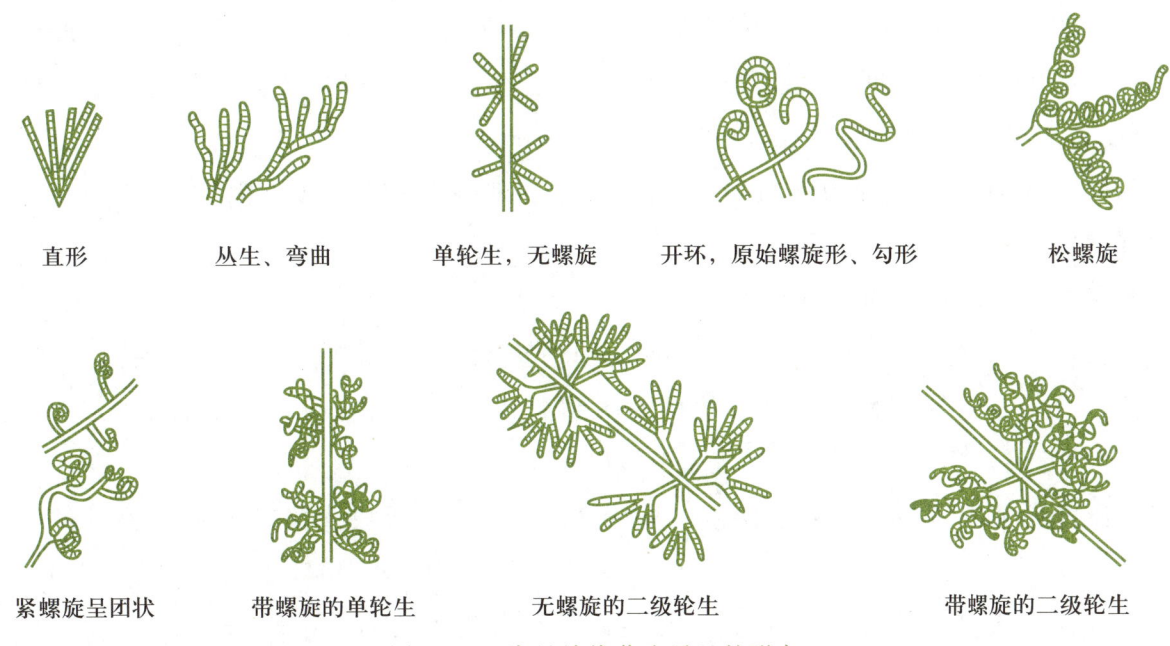

| 直形 | 丛生、弯曲 | 单轮生,无螺旋 | 开环,原始螺旋形、勾形 | 松螺旋 |

| 紧螺旋呈团状 | 带螺旋的单轮生 | 无螺旋的二级轮生 | 带螺旋的二级轮生 |

图 1-16　常见放线菌孢子丝的形态

孢子丝发育到一定阶段就分化形成孢子,为无性孢子,是放线菌的繁殖器官。孢子的形状多样,在光学显微镜下,孢子呈圆形、椭圆形、杆状、圆柱状、瓜子状、梭状和半月状等。孢子表面的纹饰因种而异,在电子显微镜下清晰可见,有的光滑,有的呈褶皱状、疣状、刺状、毛发状或鳞片状,刺又有粗细、大小、长短和疏密之分(图 1-17)。孢子表面结构也是鉴定放线菌菌种的依据。

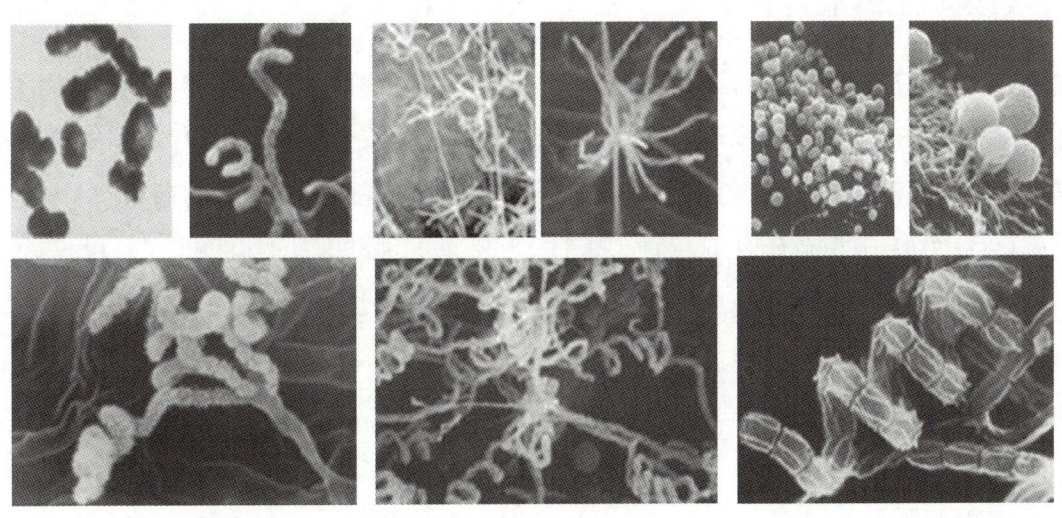

图 1-17　各种放线菌孢子丝及孢子的电镜图片

放线菌的孢子常带色素,呈白、灰、黄、红、蓝、绿等色,成熟孢子堆的颜色在一定培养基和培养条件下较稳定。所以,这也可作为菌种鉴定的重要依据。

三、 放线菌的生长环境

放线菌是陆生性强的原核生物,广泛分布于自然界,尤其在含水量较低、有机物丰富和呈微碱性的土壤环境中数量最多。每克土壤中含有数万乃至数百万个放线菌的孢子,泥土所特有的"泥腥味"就是由放线菌所产生的代谢产物引起的。放线菌在空气、淡水和海水等处也有一定的分布。

大部分放线菌是腐生菌,少数是寄生菌。腐生型放线菌在自然界的物质循环中起着一定作用,有的种类可在高温下分解纤维素等复杂的有机质。

放线菌的生长环境特点表现如下:

(1)营养 营养要求不高,在普通培养基上即能生长。由于放线菌分解淀粉能力强,故培养基中常含有一定量的淀粉。同时放线菌对无机盐的要求较高,培养基中需加入钾、钠、硫、磷、铁等多种元素。实验室常用的是高氏1号培养基。

(2)温度 放线菌的最适生长温度一般为28~32 ℃,高温放线菌在50~60 ℃条件下也能生长。

(3)气体 大多数放线菌为好氧菌,故在以放线菌为生长菌种生产抗生素的过程中,一般需要通气搅拌,增加发酵液中的溶氧含量,以提高产量。

(4)pH 最适pH为中性偏碱,pH 7.2~7.6时生长良好。放线菌对酸敏感,故在酸性条件下生长不良。

放线菌生长缓慢,需3~7 d才能形成典型的菌落。放线菌菌种保藏时,可将其孢子混入沙土管内,4 ℃条件下可保存1~5年。

四、 放线菌的繁殖

放线菌通过形成无性孢子的方式进行无性繁殖,其中主要是以形成分生孢子的方式繁殖,也可通过菌丝断片繁殖。在液体培养基中,放线菌主要靠菌丝断裂的断片进行繁殖,即在液体振荡培养中,放线菌每一个脱落的菌丝断片,在适宜条件下都能长成新的菌丝体。

放线菌的无性孢子主要有以下三种(图1-18):

(1)分生孢子 在气生菌丝顶端形成成串或单个孢子,菌丝分裂形成。

(2)孢囊孢子 菌丝顶端膨大或盘卷缠绕形成孢子囊,在孢子囊内形成孢囊孢子。孢囊成熟后释放出大量孢囊孢子。

(3)横隔孢子 由基内菌丝或气生菌丝横隔分裂形成,孢子常为球杆状,体积大小相似,又称节孢子或粉孢子。

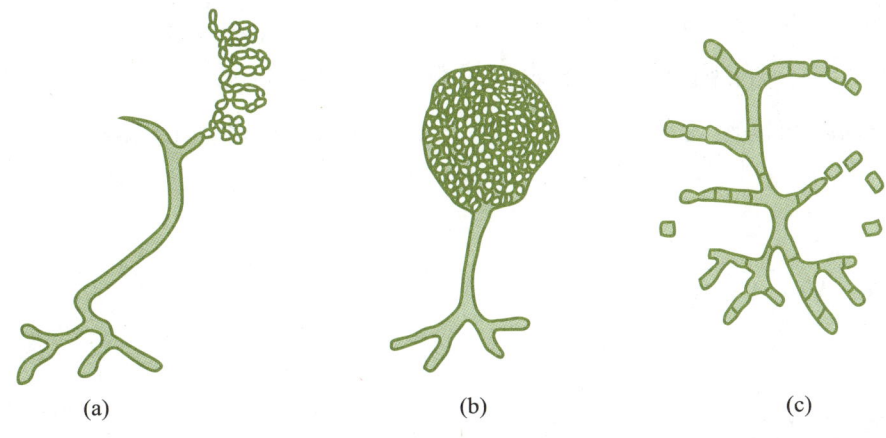

(a)　　　　　　　　　　(b)　　　　　　　　　　(c)

图 1-18　放线菌的无性孢子

（a）分生孢子　（b）孢囊孢子　（c）横隔孢子

五、 放线菌的菌落特征

放线菌的菌落由菌丝体组成,菌丝体就是由菌丝相互缠绕而形成的形态结构。放线菌的菌落特征介于细菌和霉菌之间。菌落一般为圆形,略大于或接近普通细菌菌落,但比真菌菌落小,秃平或有许多皱褶,呈地衣状。由于放线菌的气生菌丝较细,生长缓慢,菌丝分支相互交错缠绕,所以形成的菌落较小而且质地致密,表面呈较紧密的绒状,坚实、干燥、多皱,菌落不延伸。

菌落的形成随菌种不同而不同。一类是基内菌丝和气生菌丝产生大量分支的菌种,如链霉菌,基内菌丝伸入基质内,菌落紧贴培养基表面,极坚硬,若用接种铲来挑取,可将整个菌落自表面挑起而不破裂。菌落表面起初光滑或如发状缠结,之后在上面产生孢子,表面呈粉状、颗粒状或絮状。

另一类是不产生大量菌丝的菌种,如诺卡氏菌所形成的菌落（图 1-19）。这类菌落的黏着力不如上述的强,呈粉质,用针挑取则粉碎。

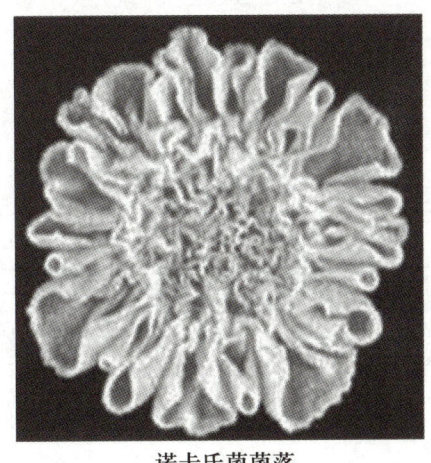

诺卡氏菌菌落

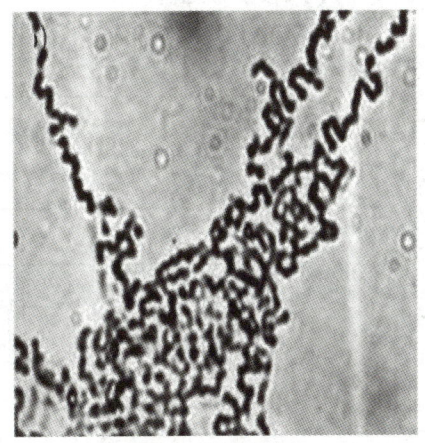

诺卡氏菌基内菌丝

图 1-19　某种诺卡氏菌菌落与基内菌丝

放线菌幼龄时因为气生菌丝初生,还未分化成孢子丝,其菌落表面光滑或有皱褶,与细菌难以区分。当成熟时散落的孢子使菌落表面呈粉末状、颗粒状或短绒状,呈现典型放线菌菌落的特征。由于放线菌的菌丝与孢子常产色素,且有不同颜色,故其菌落正面、背面常呈现不同色泽。

任务实施 〉〉〉

一、 放线菌的形态观察

放线菌的基内菌丝潜入培养基中生长,气生菌丝则生长在培养基的表面,并向空中延展。因此用普通的涂片方法,很难观察到放线菌的整体形态,只能看到气生菌丝的断片和分散的单个孢子。放线菌孢子丝的形状和孢子排列情况是分类的主要依据,应仔细观察,所以,观察放线菌要采用一些特定的方法。

为此,人们设计了插片法、印片法和玻璃纸法等各种培养和观察方法,这些方法的主要目的是尽可能地保持放线菌自然生长状态下的形态特征。本实验介绍插片法。

插片法:将放线菌接种在琼脂平板上,插上灭菌盖玻片后培养,使放线菌菌丝沿着培养基表面与盖玻片的交接处生长而附着在盖玻片上。观察时,轻轻取出盖玻片,置于载玻片上直接镜检。这种方法可观察到放线菌自然生长状态下的特征,而且便于观察不同生长期的形态。

1. 材料准备

细黄链霉菌(5406放线菌)、高氏1号培养基、无菌吸管、培养皿(直径9 cm)、载玻片、盖玻片、镊子、接种工具、恒温培养箱、超净工作台。

2. 人员组织

1~2人组成1组,每组1套材料。

3. 操作步骤

① 倒平板	将高氏1号培养基熔化后,冷却,倒15 mL左右于灭菌培养皿内,平板宜厚些,易于插盖玻片,凝固后待用
②a 先接种后插片	用接种环以无菌操作法从斜面菌种上挑取少量放线菌孢子,在平板培养基的一侧(约一半面积)作来回划线接种。然后用无菌操作法在接种线处插入无菌盖玻片(常以44°~50°角插入),插入深度约为盖玻片的1/3即可

接种插片
演示

②b 先插片后接种　　用无菌镊子取无菌盖玻片,在平板培养基的另一侧先插上无菌盖玻片(插入方法同上),然后在玻片与培养基交接处接种(接种线长约为盖玻片的一半,即在盖玻片两端留有空白,因为放线菌的菌丝会向两边蔓延生长)。以此法制备的片子,可省略镜检时先要擦去盖玻片另一面菌丝体的操作步骤

③ 培养　　将插片平板倒置于 25 ℃培养箱中培养 3~7 d

④ 镜检观察　　培养后菌丝体生长在培养基及盖玻片上,小心地用镊子将盖玻片抽出,轻轻擦去生长较差一面的菌丝体(先插片后接种的可省去),将菌丝体生长良好的一面朝上放于洁净的载玻片上,用显微镜直接镜检,观察放线菌基内菌丝、气生菌丝的粗细和色泽差异,以及分生孢子,并绘图

⑤ 写报告　　报告形式参见任务 1.1"任务实施",并在规定时间内完成

4. 注意事项

(1)镜检时需特别注意放线菌的基内菌丝、气生菌丝的粗细和色泽差异。

(2)放线菌的生长速度较慢,培养周期较长,在操作中应特别注意无菌操作,严防杂菌污染。

5. 技能评价

技能评价以过程评价为主,具体见表 1-9。

表 1-9　放线菌的形态观察技能评价表

	考核项目	技能要求	分值	评分标准	得分
关键考核点	倒平板	倒培养基约 15 mL;无菌倒平板	10分	平板厚度均匀(5分) 无菌操作动作规范(5分)	
	插片	划线接种于平板的一侧,以 44°~50°角插入盖玻片,插入深度为 1/3,无菌操作取菌、接种	30分	接种位置到位(10分) 盖玻片插入角度、深度适宜(10分) 无菌操作动作规范(10分)	
	培养	倒置培养 25 ℃培养 3~7 d	10分	培养基、盖玻片上菌体长势良好(10分)	

续表

考核项目		技能要求	分值	评分标准	得分
关键考核点	镜检观察	视野中放线菌基内菌丝、气生菌丝及孢子丝形态正确、清晰	20分	菌丝形态正确(10分) 清晰(10分)	
	实验桌面整洁情况	物品摆放有序,卫生良好	10分	物品摆放有序(5分) 卫生较好(5分)	
其他考核点	显微镜操作	操作规范,熟练	10分	操作规范(5分) 操作熟练(5分)	
	卫生值日	干净整洁,物品还原	10分	干净整洁(5分) 物品还原(5分)	
合计			100分		

二、 放线菌水浸片的制作

1. 材料准备

显微镜、载玻片、酒精灯、接种环、盖玻片、培养皿、链霉菌平板培养物、无菌生理盐水等。

2. 人员组织

2人组成一组,每组一套材料。

3. 操作步骤

① 取载玻片 —— 用镊子从存放于95%乙醇的容器中取出清洗干净的载玻片,用洁净软布将其擦拭干净或者将乙醇烧去待用

② 滴加无菌生理盐水 —— 在载玻片中央滴加一滴无菌生理盐水

③ 取菌置于无菌生理盐水中 —— 采用无菌操作的方法,用接种环挑取经过25~30 ℃培养4~5 d的链霉菌菌落少许,置于载玻片的无菌生理盐水滴内

④ 盖盖玻片 —— 用镊子取洁净盖玻片一块,先将盖玻片一端与液滴接触,然后将整个盖玻片慢慢放下,避免产生气泡

⑤ 镜检观察 —— 将水浸片置于显微镜下,先用低倍镜然后再用高倍镜观察链霉菌的菌丝及孢子丝形态

⑥ 写报告 — 报告形式参见任务 1.1"任务实施",并在规定的时间内完成

4. 注意事项

（1）由于放线菌培养周期较长,实验前 4~5 d 需进行链霉菌菌种的活化移接。

（2）用镊子盖盖玻片时要小心,先将一边与菌液接触,再慢慢放下,避免产生气泡而影响镜检观察。

5. 技能评价

技能评价以过程评价为主,具体见表 1-10。

表 1-10　放线菌水浸片的制作技能评价表

考核项目		技能要求	分值	评分标准	得分
关键考核点	取载玻片	用镊子夹取玻片,用软布擦拭或将乙醇烧去	10分	用镊子夹取(5分) 擦拭或烧去乙醇(5分)	
	滴加无菌生理盐水	在载玻片中央滴加一滴无菌生理盐水	10分	滴于中央(5分) 滴一满滴(5分)	
	取菌置于无菌生理盐水中	采用无菌操作法取菌,将菌置于无菌生理盐水中,打散	20分	无菌操作细节规范、熟练(10分) 菌体在液滴中分散均匀(10分)	
	盖盖玻片	镜检时视野中无气泡	10分	先将盖玻片一端与液滴接触,再慢慢放下(10分)	
	镜检观察	视野中放线菌菌丝清晰可见,形态未变	20分	放线菌菌丝清晰可见(10分) 形态未变(10分)	
	实验桌面整洁情况	物品摆放有序,卫生良好	10分	物品摆放有序(5分) 卫生较好(5分)	
其他考核点	显微镜操作	操作规范,熟练	10分	操作规范(5分) 操作熟练(5分)	
	卫生值日	干净整洁,物品还原	10分	干净整洁(5分) 物品还原(5分)	
合计			100分		

任务反思 >>>

1. 放线菌的结构特点与细菌相比,有哪些异同?

2. 放线菌的形态观察与细菌相比，有哪些异同？

3. 放线菌菌落颜色丰富多彩，其展示的颜色特点是否预示了放线菌的某些特性？为什么？

任务 1.3　真　　菌

 任务目标 〉〉〉

知识目标：掌握酵母、霉菌的形态、生长繁殖特点及影响因素。

技能目标：会霉菌孢子染色法；能判断酵母的死活。

 任务准备 〉〉〉

一、酵母菌

1. 酵母菌的结构

酵母菌是俗名，通常是指以出芽繁殖为主的一类单细胞真菌，以与霉菌区分开。

一般认为酵母菌具有以下五个特点：① 个体一般以单细胞状态存在；② 多数为芽殖，也有的为裂殖；③ 能发酵糖类产能；④ 细胞壁常含有甘露聚糖；⑤ 喜在含糖量较高、偏酸性的环境中生长。

酵母菌是真核微生物，具有典型的细胞结构（图 1-20）。一般具有细胞壁、细胞质膜、细胞核、细胞质、液泡、线粒体、内质网、核糖体、内含物等，有的菌体还有出芽痕、诞生痕。

（1）细胞壁　酵母菌细胞壁厚度 0.1~0.3 μm，质量占细胞干重的 18%~25%。化学组成包括葡聚糖、甘露聚糖、蛋白质及少量的几丁质、脂类、无机盐等。在电子显微镜下，酵母菌细胞壁呈"三明治"结构（图 1-21）：外层是甘露聚糖，内层是葡聚糖，中间夹着一层蛋白质。葡聚糖和甘露聚糖都是复杂的分支状聚合物，维持细胞壁强度的物质主要是位于内层的葡聚糖。此外，细胞壁上还含有少量的几丁质、脂类和无机盐等。

（2）细胞质膜　又称细胞膜。酵母菌的细胞膜与细菌的基本相同，主要成分是蛋白质（约占干重的 50%）、类脂（约占干重的 40%）和少量糖类。酵母菌细胞膜也是由磷脂双分子层构成，其间镶嵌着甾醇和蛋白质（图 1-22），也是选择透过性膜，可以选择性地从环境中吸收维持生命活动所必需的营养物质，并将一些代谢产物排出体外。但有的酵母菌如酿酒酵母的细胞膜中含有固醇类（甾醇），这在原核生物中是罕见的。酵母菌细胞中已有由膜分化的细胞器。它的膜功能不及细菌细胞膜具有多样性，主要用于调节渗透压、吸收营养和分泌物质，并与细胞的合成作用有关。

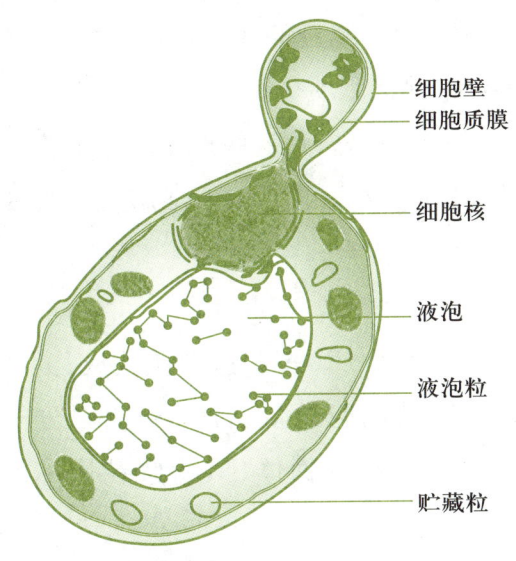

图 1-20 酿酒酵母细胞(正在出芽)结构

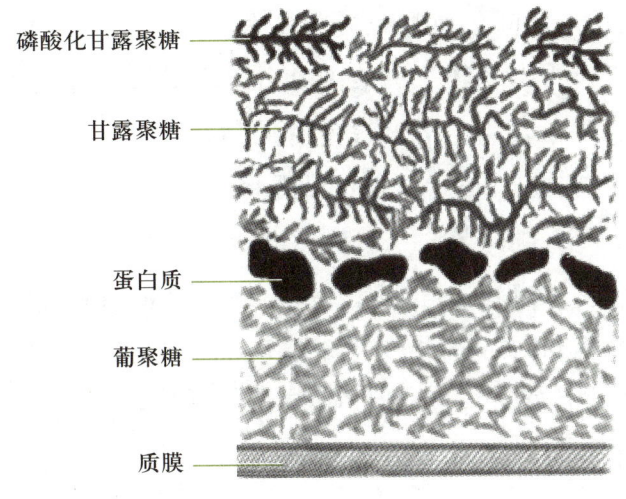

图 1-21 酵母菌细胞壁结构

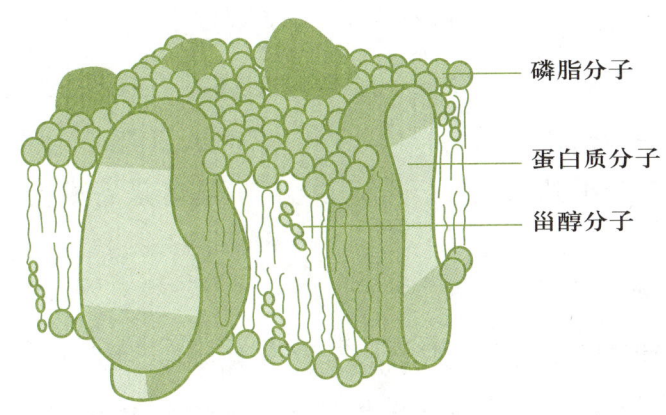

图 1-22 酵母菌细胞膜结构

（3）细胞核 酵母菌具有由多孔核膜包裹着的细胞核(图 1-23)，幼年细胞核呈圆形，位于细胞中央，成年后由于液泡的出现和扩大，细胞核被挤到一边。细胞核较小，呈直径 2 μm 左右的球状。核外包裹着核膜，这是一种将细胞质与核质分开的双层单位膜，其上存在着大量直径为 40~70 nm 的核孔。核孔是细胞质与核质交换物质的选择性通道，用以进行核内外的物质交换。酵母菌的细胞核是其遗传信息的主要储存库，控制细胞的增殖和代谢。在酿酒酵母的细胞核中存在着 17 条染色体，有 6 500 个基因，是被第一个测出的真核生物基因组序列。

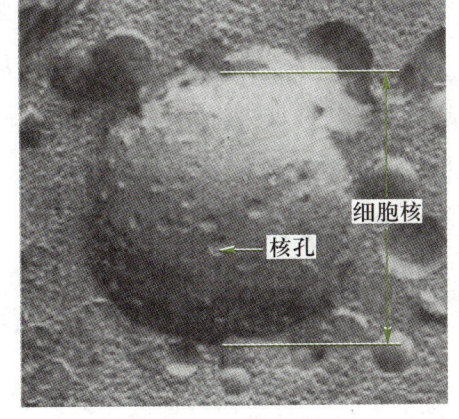

图 1-23 电子显微镜下的酵母菌细胞核

（4）细胞质　细胞质中含有线粒体、核糖体、内质网等重要的细胞器。细胞质主要是溶胶状物质,其中含有丰富的酶、各种内含物及中间代谢产物等,所以细胞质是细胞代谢活动的重要场所;同时细胞质还赋予细胞一定的机械强度。幼龄细胞的细胞质较稠密且均匀,老龄细胞的细胞质出现较大的液泡和各种贮藏物。液泡内含有一些水解酶,以及聚磷酸、类脂、中间代谢物和金属离子等。液泡有贮藏营养物质和水解酶类及调节渗透压的作用。细胞质的贮藏物包括脂肪粒、肝糖粒和异染颗粒等。

（5）细胞器

① 核糖体:是细胞内一种核糖核蛋白颗粒,无膜结构,主要由 rRNA 和蛋白质构成,其功能是按照 mRNA 的指令将氨基酸合成蛋白质多肽链。核糖体是细胞内蛋白质合成的"分子机器"。一般而言,原核细胞只有一种核糖体,而真核细胞具有两种核糖体(其中线粒体中的核糖体与细胞质核糖体不相同)。

② 内质网:是由生物膜构成的互相通连的片层隙状或小管状系统。根据其表面是否附着核糖体,分为粗面内质网和光滑内质网。粗面内质网主要是对蛋白质进行加工和修饰,光滑内质网主要是参与类固醇、脂类的合成与运输,以及糖代谢等。

③ 高尔基体:是由数个扁平囊泡堆在一起形成的高度有极性的细胞器,常分布于内质网与细胞膜之间。高尔基体的主要功能是将内质网合成的蛋白质进行加工、分拣,然后分门别类地送到细胞特定的部位或分泌到细胞外。可以说,高尔基体是完成蛋白质的最后加工和包装的场所。

2. 酵母菌的基本形态

酵母菌是单细胞真核微生物,其细胞的形态通常有球形、卵圆形、腊肠形、椭圆形、柠檬形或假丝状等。酵母菌单细胞的大小比细菌的单细胞个体要大得多,约为细菌的 10 倍。其直径一般为 $1\sim5\ \mu m$,长度为 $5\sim30\ \mu m$。酵母菌无鞭毛,不能游动。各种酵母菌有其一定的大小和形态(图 1-24),但也随菌龄及环境条件而异。一般成熟细胞大于幼龄细胞,液体培养的细胞大于固体培养的细胞。有些菌种的细胞大小、形态极不均匀,而有些菌种的细胞则较为均匀。

有的酵母菌进行一连串的芽殖后,长大的子细胞和母细胞并不立即分离,其间仅以极狭小的接触面相连,形成藕节状的细胞串,形似霉菌菌丝,为了区别于霉菌的菌丝,称之为假菌丝(图 1-25)。

3. 酵母菌的生长环境

酵母菌在自然界中分布很广,主要分布在含糖量较高的偏酸性环境,诸如果品、蔬菜、花蜜和植物叶子上,特别是葡萄园和果园的土壤中,因而有人称其为"糖菌"。在油田和炼油厂附近的土层中也较易分离到能利用烃类的酵母菌。

（1）营养　酵母菌同其他活的有机体一样,需要类似的营养物质;它像细菌一样,有一套胞内和胞外酶系统,将大分子物质分解成细胞新陈代谢易利用的小分子物质。

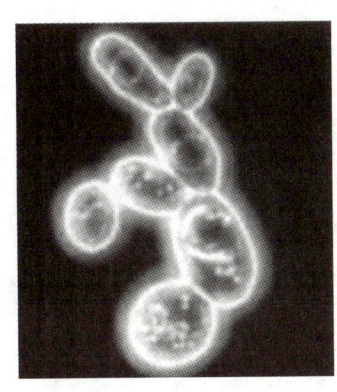
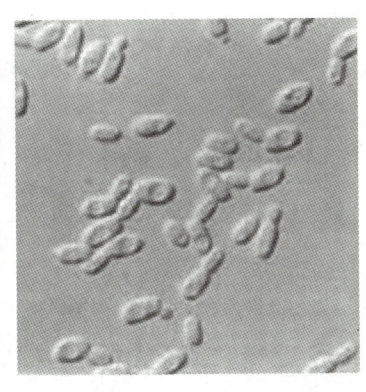

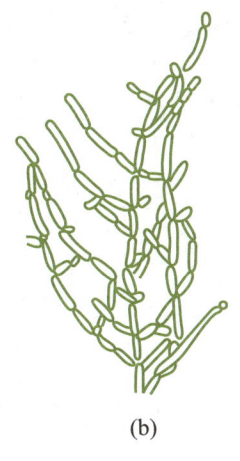

图1-25　产朊假丝酵母

图1-24　酵母菌在光学显微镜下的形态　　　　（a）营养细胞　（b）假菌丝

（2）水分　像细菌一样，酵母菌必须有水才能存活，但酵母菌需要的水分比细菌少，某些酵母菌能在水分极少的环境中生长，如蜂蜜和果酱中，这表明它们对渗透压有相当高的耐受性。

（3）酸度　酵母菌能在pH为3.0～7.5的范围内生长，最适生长pH为4.5～5.0。

（4）温度　在低于水的冰点或者高于47 ℃的温度下，酵母菌一般不能生长，其最适生长温度一般在20～30 ℃。

（5）氧气　酵母菌在有氧和无氧的环境中都能生长，即酵母菌是专性或兼性好氧菌，目前未发现有专性厌氧的酵母。在有氧环境中，酵母菌将葡萄糖转化为水和二氧化碳；在缺氧环境中，酵母菌将葡萄糖分解成酒精和二氧化碳。

$$C_6H_{12}O_6 \longrightarrow 2C_2H_5OH + 2CO_2 + 能量$$

4. 酵母菌的繁殖

酵母菌的繁殖方式有无性繁殖和有性繁殖两种，主要是无性繁殖。无性繁殖指不经过性细胞的结合，由母体直接产生子代的生殖方式。真菌的无性繁殖又分为芽殖、裂殖和芽裂；有性繁殖主要是产生子囊孢子。凡能够进行有性繁殖产生子囊孢子的酵母称为真酵母；只能进行无性繁殖的酵母称为假酵母，如假丝酵母（或称念珠菌）。

（1）无性繁殖

① 芽殖：又称出芽繁殖，是酵母菌进行无性繁殖的主要方式。成熟的酵母菌细胞首先生出一个小凸起，母细胞核分裂成两个，一个核留在母细胞中，另一个核随母细胞的部分原生质进入小凸起内，小凸起逐渐增大而成为芽体，最后，当芽体长到母细胞大小一半时，两者相连接部分收缩，使芽体与母细胞分开，成为独立生活的新细胞（图1-26）。如此循环往复。酵母细胞出芽后，就会在细胞上留下一个芽痕（图1-27）。通常一个酵母细胞最多只能产生25个芽痕，一般在芽痕的位置不能再次出芽。如果酵母菌生长旺盛，在芽体尚未自母细胞脱落前，

即可在芽体上又长出新的芽体,这样可以形成成串的细胞群,称为酵母菌的假菌丝(图1-28)。

图1-26 酵母菌的芽殖过程

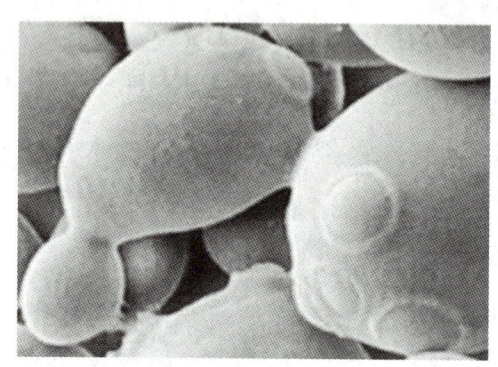

图1-27 芽殖的子细胞和芽痕

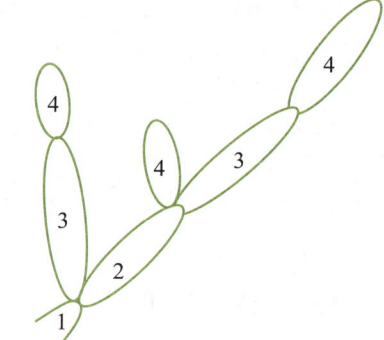

图1-28 酵母菌假菌丝的形成示意图

② 裂殖:是少数酵母菌进行的无性繁殖方式,类似于细菌的裂殖。其过程是细胞延长,核分裂为二,细胞中央出现隔膜,将细胞横分为两个具有单核的子细胞(图1-29)。

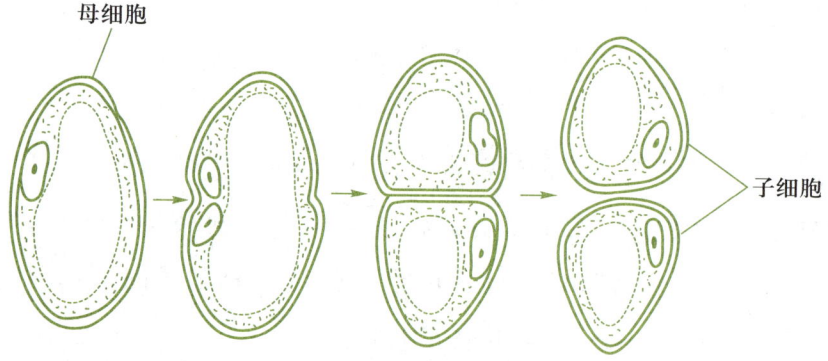

图1-29 酵母菌的裂殖

③ 芽裂:指有的酵母菌通过有丝分裂方式裂变出新的孢子,进行无性繁殖。这些无性孢子有掷孢子、厚垣孢子和节孢子等。如掷孢酵母属等少数酵母菌,细胞上生出小梗(芽),小梗通过无性繁殖裂变生出肾形孢子,孢子成熟后通过特有的喷射机射出。有的酵母菌如白假丝酵母能在假菌丝的顶端产生厚垣孢子。

(2)有性繁殖 有性繁殖是指通过两个具有性差异的细胞相互结合、交换遗传信息

（DNA），形成新个体的繁殖方式。酵母菌是通过形成子囊和子囊孢子的方式进行有性繁殖的。它包括质配、核配和减数分裂三个阶段。两个邻近的酵母细胞各自伸出一根管状的原生质凸起，随即相互接触、融合（质配），并形成一个通道，两个细胞核在此通道内结合，形成双倍体细胞核（核配），形成双倍体细胞。双倍体细胞大，生命力强，发酵工业中多采用双倍体细胞的酵母（即真酵母）。当双倍体细胞进入繁殖阶段后，营养细胞转变为子囊，进行 1~3 次减数分裂，形成 4 个或 8 个细胞核。每一子细胞核与其周围的原生质形成孢子，含有子囊孢子的细胞称为子囊。子囊成熟后破裂，释放出子囊孢子。

5. 酵母菌的菌落特征

大多数酵母菌的菌落特征与细菌相似，但比细菌大而厚。酵母菌菌落表面光滑、湿润、黏稠，容易挑起；菌落质地均匀（图 1-30），正反面和边缘、中央部位的颜色均一，菌落多为乳白色，少数为红色，个别为黑色。

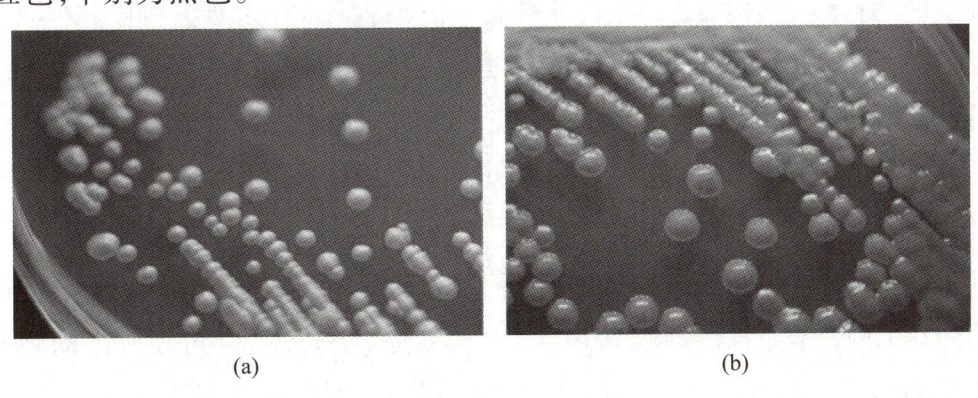

酵母菌的菌落

（a）　　　　　　　（b）

图 1-30　酵母菌的菌落

（a）啤酒酵母的菌落　（b）红酵母的菌落

二、霉菌

1. 霉菌的结构

霉菌是真菌的一部分，是丝状真菌的俗称。丝状真菌在培养基上都长成绒毛状或棉絮状菌丝体，统称为霉菌，菌丝是霉菌营养体的基本单位。如果从形态上观察不同霉菌，可能有较大的差异，但它们的菌丝细胞在结构上基本相同。霉菌菌丝细胞也是真核细胞，其结构与酵母菌细胞十分相似，由细胞壁、细胞质膜、细胞核及细胞质中的各种细胞器、内含物组成。霉菌的细胞结构见图 1-31。

（1）细胞壁　细胞壁位于菌丝细胞最外层，其作用与细菌细胞壁相同，但细胞壁的成分不同。霉菌的细胞壁中不含肽聚糖，少数低等的水生霉菌的细胞壁以纤维素为主，多数霉菌的细胞壁含有几丁质。这种几丁质不同于动物几丁质，称为真菌几丁质，是多层多聚体结构，坚韧性强。

（2）细胞质膜　霉菌菌丝细胞的细胞膜与其他生物膜一样，主要由蛋白质、磷脂组成，磷

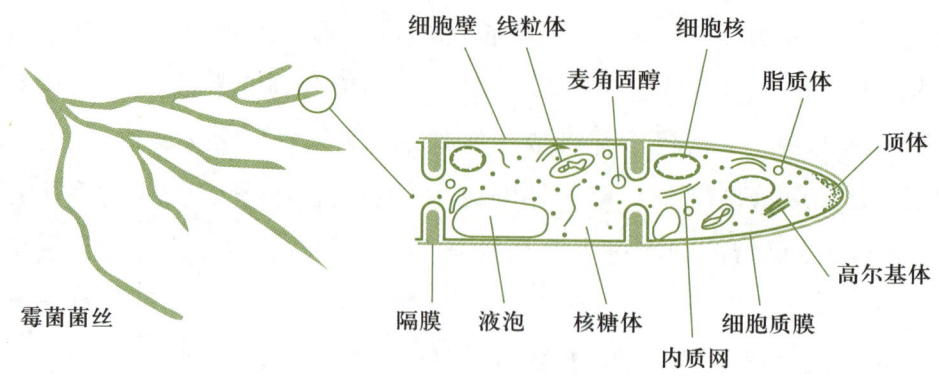

图 1-31   霉菌菌丝的细胞结构

脂分子规则地排列成两层,蛋白质非对称地排列在磷脂两边,呈镶嵌状。细胞膜对于细胞物质转运、能量转换、激素合成、核酸复制及生物进化等方面都具有重要意义。

（3）细胞核   霉菌与其他真菌相似,具有完整的细胞核,但其细胞核比其他真核生物的细胞核小,直径一般为 0.7~3 μm。同酵母菌一样,霉菌细胞核的核膜上也有许多核孔,是核质与细胞质直接交换物质的通道。用相差显微镜观察霉菌活细胞,可看到中心稠密区,此为核仁,被一层均匀的、无明显结构的核质包围,外边有一双层核膜,在外膜上附着有核糖体。细胞核内有染色体。

（4）细胞质   细胞质是细胞膜内无色透明、均质的黏稠胶体。在细胞质中存在着线粒体、内质网、核糖体、高尔基体和各种颗粒状内含物,如糖原、脂质体、麦角固醇。幼龄菌丝细胞质均匀,老龄菌丝细胞质中出现液泡。细胞质是菌体新陈代谢的主要场所。

2. 霉菌的基本形态

构成霉菌营养体的基本单位是菌丝,菌丝分支或不分支,许多菌丝交织、缠绕在一起所构成的形态结构称为菌丝体。菌丝是一种管状细丝,在显微镜下观察,菌丝很像一根透明胶管,直径一般为 3~10 μm,和酵母菌细胞直径大小相当,比细菌、放线菌的细胞粗几倍到几十倍。

根据菌丝是否有隔膜可将菌丝分为两种（图 1-32）:一种是无隔菌丝,有长管状分支,整个菌丝体就是一个单细胞,细胞内有许多核,如根霉、毛霉等低等霉菌。无隔菌丝体在生长过程中只有细胞核的分裂和原生质的增长,而无细胞数目的增多。另一种是有隔菌丝,被隔膜分成的每一段就是一个细胞,整个菌丝体是由多个细胞构成的,每个细胞内含有一个或多个核。隔膜之间有小孔,使其相互沟通。多数霉菌的菌丝体是由有隔菌丝构成的,如曲霉、青霉、木霉。也就是说,多数霉菌都是多细胞的微生物,这点和单细胞的细菌及酵母菌有所不同。

霉菌菌丝可以分化,在固体培养基上,一部分菌丝伸入培养基内层吸收养料,称为基内菌丝,又称营养菌丝;一部分菌丝长出培养基表面,生长在空气中,称为气生菌丝。有些气生菌丝发育到一定阶段产生孢子丝(如分生孢子梗),又称繁殖菌丝。繁殖菌丝会析出孢子（图 1-33）。

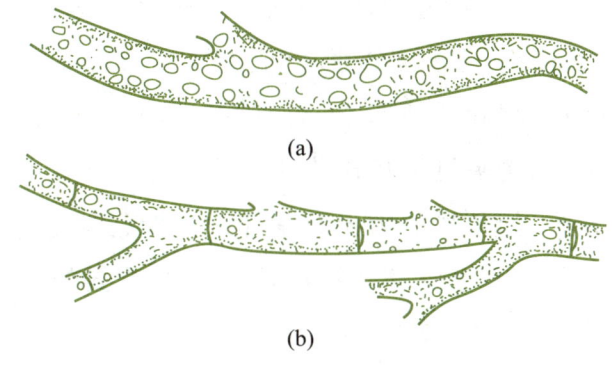

图 1-32　霉菌菌丝

（a）无隔菌丝　（b）有隔菌丝

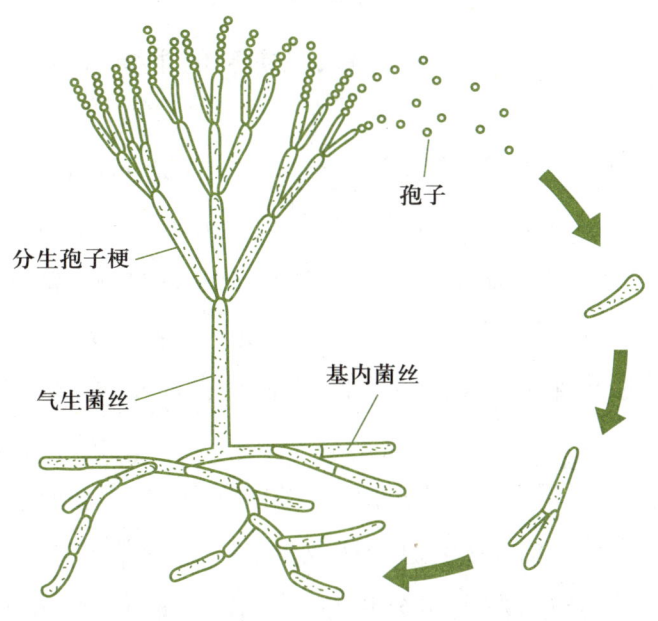

图 1-33　霉菌的基内菌丝、气生菌丝和分生孢子梗

3. 霉菌的生长环境

（1）水分　霉菌生长繁殖的主要条件之一是必须保持一定的水分。因此,食品贮藏中应保持一定的干燥度,如米、麦类含水量控制在 14% 以下,大豆类在 11% 以下,干菜和干果品在 30% 以下。水分活度缩写为 A_w,常用于衡量食品中可被微生物利用的水分含量,A_w 越接近于 1,微生物越易生长繁殖。食品中的 A_w 为 0.98 时,微生物最易生长繁殖;当 A_w 降至 0.93 以下时,多数微生物繁殖受到抑制,但霉菌仍能生长;当 A_w 在 0.7 以下时,则霉菌的繁殖受到抑制。

（2）温度　温度对霉菌的生长繁殖及代谢均有重要的影响,不同种类的霉菌其最适生长温度是不一样的,大多数霉菌最适生长温度为 25~30 ℃,在 0 ℃ 以下或 30 ℃ 以上,不能产毒或产毒力减弱。如黄曲霉的最低生长温度范围是 6~8 ℃,最高生长温度是 44~46 ℃,最适生长温度为 37 ℃ 左右。

（3）营养　与其他微生物生长繁殖一样,不同营养条件下霉菌生长的情况是不同的。一般而言,营养丰富时霉菌生长得好,在天然基质上比在人工培养基上长得好。实验证明,同一黄曲霉菌菌株,在其他培养条件相同的情况下,以富有糖类的小麦、米为基质比以油料为基质的黄曲霉毒素产毒量高。另外,缓慢风干相比快速风干霉菌更容易繁殖并产毒。

（4）其他外界条件　光照,如较强的阳光或紫外线会抑制霉菌生长。

不同种类的霉菌其生长繁殖的速度和产毒的能力是有差异的,霉菌毒素中毒力最强的有黄曲霉毒素、赭曲霉毒素、黄绿青霉素及青霉酸。

4. 霉菌的繁殖

霉菌的繁殖能力很强,方式多样,如菌丝断裂即可发育成新的个体,称为断裂繁殖。自然界中,霉菌通常以产生各种无性或有性孢子来繁殖。

（1）无性繁殖　无性繁殖产生个体多且快,是霉菌的主要繁殖方式。无性繁殖是通过产生无性孢子来繁殖,这些无性孢子有:

① 孢囊孢子:生在孢子囊内的孢子称为孢囊孢子。这是一种内生孢子,在孢子形成时,气生菌丝或孢囊梗顶端膨大,并在下方生出横隔与菌丝分开而形成孢子囊。孢子囊逐渐长大,然后在囊中形成许多核,每一个核包以原生质并产生孢子壁,即成孢囊孢子。原来膨大的细胞壁就成为孢囊壁。顶有孢子囊的梗称作孢囊梗。孢囊梗伸入孢子囊中的部分称作囊轴。孢子囊成熟后破裂,孢囊孢子扩散出来,遇适宜条件即可萌发成新个体,毛霉、根霉中可见这种繁殖方式。

② 分生孢子:分生孢子是霉菌中常见的一类无性孢子,是生于菌丝细胞外的孢子,称为外生孢子。分生孢子着生于已分化的分生孢子梗或具有一定形状的小梗上（图1-34）,也有一些真菌的分生孢子就着生在菌丝的顶端,由分生孢子梗顶端细胞特化成单个或簇生的孢子。

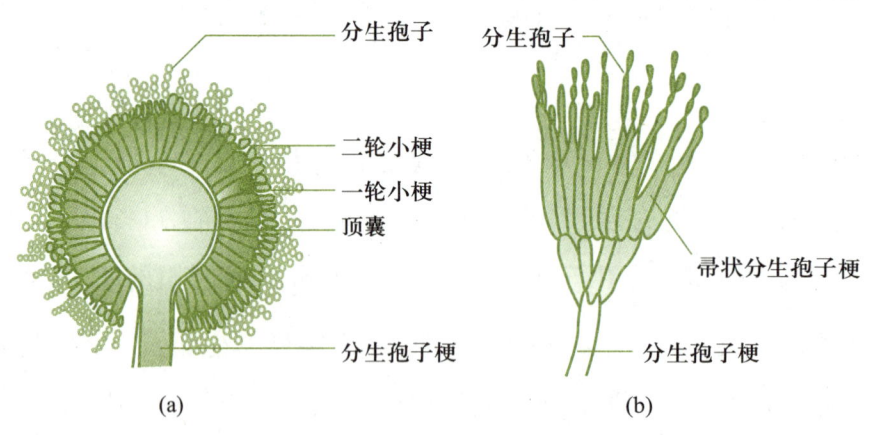

（a）　　　　　　　　　　　（b）

图1-34　分生孢子

（a）曲霉的分生孢子头　（b）青霉的帚状分生孢子梗和分生孢子

③ 节孢子:由菌丝断裂而成,又称粉孢子或裂孢子。节孢子的形成过程是菌丝生长到一定阶段,菌丝上出现许多横隔,然后从横隔处断裂,产生许多形如短柱状、筒状或两端呈钝圆形

的节孢子(图 1-35),如白地霉。

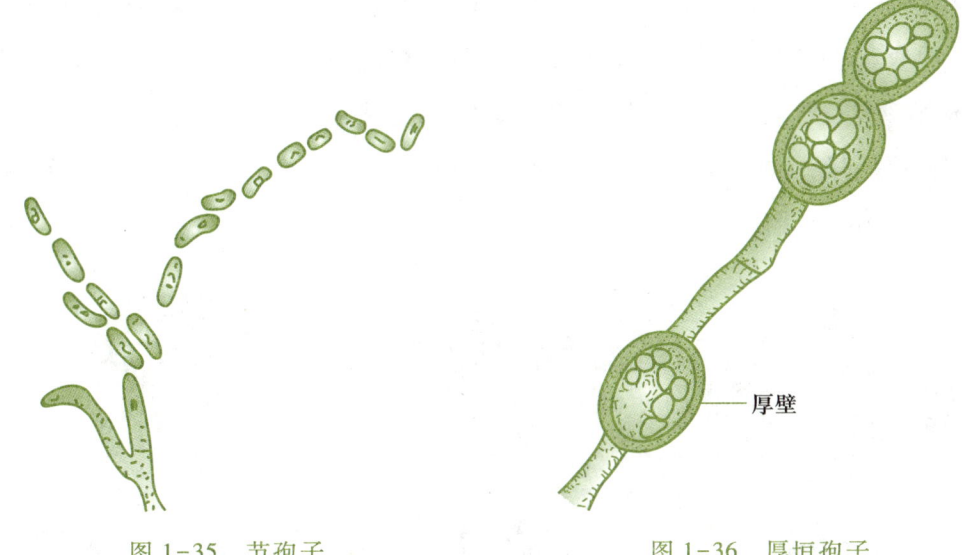

图 1-35　节孢子　　　　　　　　　　图 1-36　厚垣孢子

④ 厚垣孢子:又称厚壁孢子。这类孢子具有很厚的壁,呈圆形、纺锤形或长方形(图 1-36),是霉菌度过不良环境的一种休眠细胞,可抵抗热、干燥等不良环境,寿命较长。菌丝体死亡后,其厚垣孢子还活着,一旦环境好转,就能萌发成菌丝体。

(2) 有性繁殖　霉菌的有性繁殖是通过不同性别的细胞经过结合(质配和核配)后,产生一定形态的孢子来实现的,这种孢子称为有性孢子。繁殖过程可分为三个阶段:第一个阶段为质配;第二个阶段为核配,产生二倍体的核;第三个阶段是减数分裂,恢复核的单倍体状态。大多数真菌菌体是单倍体。在霉菌中,有性繁殖不及无性繁殖普遍,仅发生于特定条件下,而且一般培养基上不常出现。常见的真菌有性孢子有卵孢子、接合孢子和子囊孢子等。

① 卵孢子:菌丝分成雄器和藏卵器。藏卵器中有一个或数个卵球。当雄器和藏卵器相配时,雄器中的细胞质与细胞核通过受精管而进入藏卵器,与卵球结合形成卵孢子。

② 接合孢子:是由菌丝生出形态相同或略有不同的配子囊接合而成。两个邻近的菌丝相通,各自向对方伸出极短的侧支,称为原配子囊。原配子囊接触后,顶端各自膨大并形成横隔,形成配子囊。配子囊下面的部分称为配子囊柄。相接触的两个配子囊之间的横隔消失,细胞质和细胞核相互融合,同时外部形成厚壁,即为接合孢子。产生接合孢子的方式有同宗配合和异宗配合两种。同宗配合是雌雄配子囊来自同一个菌丝体,当两根菌丝靠近时,便生出雌雄配子囊,经接触后产生接合孢子;甚至在同一菌丝的分支上也会接触而形成接合孢子。异宗配合需要两种不同性质菌系的菌丝相遇后才能形成,其接合过程与同宗配合相似。

③ 子囊孢子:形成子囊孢子是子囊菌的主要特征。子囊是一种囊状结构,形状因种而异。霉菌不同性别的菌丝,分化出雄器(小)和产囊器(大),两个性器官接触后,雄器的内含物通过

受精丝进入产囊器,进行质配;质配后,产囊器生出许多短菌丝,称为产囊丝,产囊丝顶端的细胞是双核的,在顶端细胞内发生核配,成为子囊母细胞;再经有丝分裂和减数分裂产生 1~8 个子囊孢子。在子囊和子囊孢子发育过程中,雄器和产囊器下面的细胞生出许多菌丝,形成保护组织,整个结构成为一子实体。这种有性的子实体称为子囊果,子囊包在其中。子囊果主要有三种类型(图 1-37):第一种为完全封闭式,称为闭囊壳;第二种瓶形、有孔口的称为子囊壳;第三种开口呈盘状的称为子囊盘。

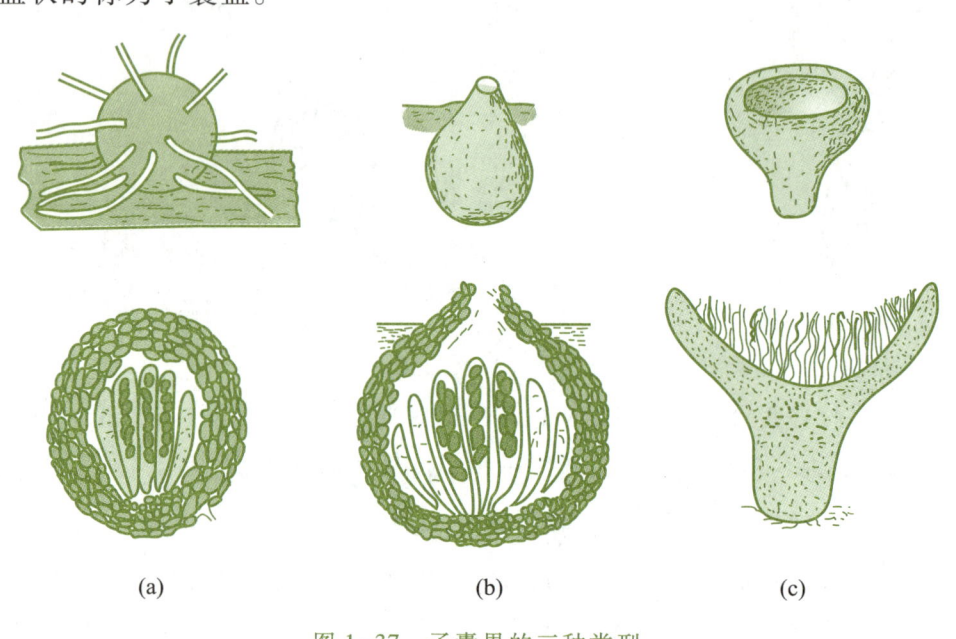

(a)   (b)   (c)

图 1-37   子囊果的三种类型

(a)闭囊壳   (b)子囊壳   (c)子囊盘

子囊孢子的形态、大小、颜色、形成方式等是子囊菌的特征,常作为分类鉴定的依据。

5. 霉菌的菌落特征

霉菌的菌落由分支状菌丝体组成(图 1-38)。由于菌丝较粗且长,形成的菌落比较疏松,常呈现绒毛状、棉絮状或蜘蛛网状,有的种类如根霉、毛霉、链孢霉的菌丝生长很快,在固体培养基表面蔓延,以致菌落无规则。在固体发酵食品生产过程中如果沾染了这一类霉菌,若不及时采取措施,往往蔓延很快,造成严重的经济损失。霉菌的菌落最初往往是浅色或白色,当菌落长出各种颜色的孢子后,菌落便相应地呈黄、绿、青、黑、橙等各色,有的霉菌由于能产生色素,使菌落背面也带有颜色。一些生长较快的霉菌菌落,其菌丝生长向外扩展,所以菌落中部的菌丝菌龄较大,而菌落边缘的菌丝是最幼嫩的。同一种霉菌,在不同成分的培养基中形成的菌落特征可能有变化,但在一定的培养基上形成的菌落大小、形状、颜色等是相对一致的。因此,菌落特征也是霉菌鉴定的主要依据之一。

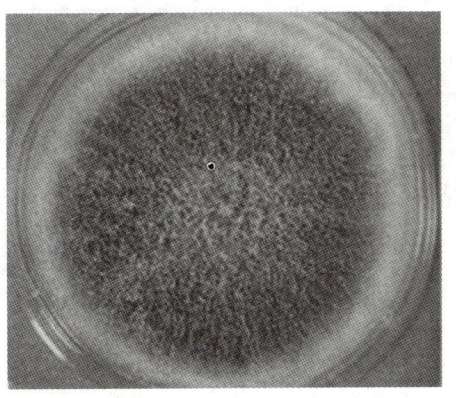

(a)　　　　　　　　　　　(b)

图 1-38　霉菌的菌落

（a）点青霉菌的菌落　　（b）黄曲霉菌的丝状菌落

 任务实施 》》》

一、 酵母菌的形态观察

1. 材料准备

光学显微镜、啤酒酵母、热带假丝酵母试管斜面菌种、马铃薯葡萄糖琼脂（PDA）培养基、载玻片、盖玻片、无菌培养皿（直径 9 cm）、酒精灯、接种环、打火机、镊子、恒温培养箱、无菌生理盐水等。

2. 人员组织

2 人组成一组，每组一套材料。

3. 操作步骤

（1）啤酒酵母的水浸片观察

① 载玻片上滴无菌生理盐水	取 95% 乙醇浸泡的载玻片一块，火焰烧去乙醇，冷却后在载玻片中央滴一滴无菌生理盐水
② 取菌置于无菌生理盐水中	用接种环挑取少许啤酒酵母斜面菌苔于载玻片中央的无菌生理盐水中，接种环轻轻搅动，使酵母菌在水滴中分散成云雾状薄层菌液
③ 盖盖玻片	用镊子取一块洁净盖玻片，先将其一边与菌液接触，然后慢慢将盖玻片放下使其盖在菌液上

④ 镜检观察 ———— 先用低倍镜观察然后再用高倍镜观察啤酒酵母的形状、大小及出芽方式

⑤ 描绘观察结果 ———— 在规定的时间内绘出所观察到的啤酒酵母的形状,并注明出芽方式

（2）酵母菌假菌丝的观察

划线接种
演示

① 倒平板 ———— 采用无菌操作的方法将灭过菌的 PDA 培养基倾注到空白培养皿中,每皿 15～20 mL,凝固后待用

② 划线接种假丝酵母 ———— 用无菌操作划线法将假丝酵母接种在 PDA 培养基上

③ 培养 ———— 在划线部分加盖无菌盖玻片,于 28～30 ℃培养 3 d

④ 镜检观察 ———— 小心取下盖玻片,放到洁净载玻片上,在显微镜下观察呈树枝状分支的假丝酵母菌菌丝细胞的形状

⑤ 描绘观察结果 ———— 在规定的时间内绘出所观察到的假丝酵母菌菌丝细胞群

4. 注意事项

（1）试管斜面菌种要新鲜,菌落表面湿润。

（2）取菌、划线接种、培养时一定注意无菌操作的规范。

5. 技能评价

技能评价以过程评价为主,具体见表 1-11。

表 1-11　酵母菌的形态观察技能评价表

考核项目		技能要求	分值	评分标准	得分
关键考核点	酵母水浸片观察 · 滴加无菌生理盐水	一滴无菌生理盐水,滴于干净载玻片中央	10 分	载玻片干净（5 分） 无菌水适量（5 分）	
	取菌置于无菌生理盐水中	酵母菌在水滴中分散成云雾状薄层菌液	20 分	取菌操作规范（10 分） 菌液均匀（10 分）	
	镜检观察	视野中酵母菌形状清晰可见,其大小与出芽方式相符	10 分	形状清晰可见（5 分） 大小与出芽方式相符（5 分）	

续表

考核项目		技能要求	分值	评分标准	得分
关键考核点	酵母菌假菌丝的观察 — 倒平板	采用无菌操作制作培养基,倾注量 15~20 mL	10分	无菌操作规范(5分) 倾注量适宜(5分)	
	酵母菌假菌丝的观察 — 接种和培养	划线部分盖盖玻片,28~30 ℃培养 3 d	20分	划线流畅,盖玻片盖于划线处(10分) 培养温度和时间适宜(10分)	
	酵母菌假菌丝的观察 — 镜检观察	视野中假菌丝形态清晰	10分	假菌丝呈树枝状(10分)	
其他考核点	实验桌面整洁情况	物品摆放有序,卫生良好	10分	物品摆放有序(5分) 卫生良好(5分)	
	卫生值日	干净整洁,物品还原	10分	干净整洁(5分) 物品还原(5分)	
合计			100分		

二、 酵母菌死活细胞的鉴别

酵母活细胞的还原力较强,可通过美蓝染液水浸片来观察酵母菌死活细胞的情况。

美蓝是一种无毒的染料,它的氧化型呈蓝色,还原型无色。用美蓝对酵母的活细胞进行染色时,由于细胞的新陈代谢作用,细胞内具有较强的还原能力,使美蓝由蓝色的氧化型变为无色的还原型。因此,具有还原能力的酵母活细胞是无色的,而死细胞或代谢作用微弱的衰老细胞则呈蓝色,借此可鉴别酵母菌的死活细胞。

1. 材料准备

啤酒酵母菌种、麦芽汁琼脂培养基、浓度为 0.05% 和 0.1% 的吕氏碱性美蓝染色液、光学显微镜、载玻片、盖玻片、酒精灯、接种环、打火机等。

2. 人员组织

2 人组成一组,每组一套材料。

3. 操作步骤

① 菌种活化 ⋯⋯ 将啤酒酵母移接至新鲜的麦芽汁琼脂斜面上,25~28 ℃培养 48 h 左右备用

② 载玻片上滴加染液 ⋯⋯ 在载玻片中央滴加一滴浓度 0.05% 的美蓝染液

③ 取菌置于染液中

按无菌操作方式,用接种环挑取少许啤酒酵母斜面菌苔于载玻片中央的 0.05% 美蓝染液中,用接种环混合均匀。或在美蓝染液中直接滴加事先配制好的啤酒酵母菌悬液并混匀,染色 3~5 min

④ 第一次镜检

小心地用镊子将盖玻片盖在染色菌液上,先用低倍镜后用高倍镜,调至清晰的视野进行观察,无色的为活细胞,被染成蓝色的为死细胞

⑤ 第二次镜检

第一次镜检固定好视野后,再染色 30 min,进行第二次观察;注意观察酵母死活细胞的数目是否有变化

⑥ 用浓度 0.1% 的美蓝染液重复上述操作

观察不同浓度染液对酵母死活细胞数目的影响

⑦ 写报告

报告形式参见任务 1.1"任务实施",并在规定的时间内完成

4. 注意事项

(1)选用活力强的新鲜酵母菌种,实验前两天进行酵母菌种的活化移接。

(2)用镊子盖盖玻片时要小心,先将一边与菌液接触,呈 45°角,再慢慢放下,以免产生气泡影响镜检观察。

(3)第一次用浓度 0.05% 的美蓝染色镜检观察后,一定要将调好的视野固定住,再染色 30 min,在同一视野下观察死活细胞数,否则无可比性。

5. 技能评价

技能评价以过程评价为主,具体见表 1–12。

表 1–12　酵母菌死活的鉴别技能评价表

	考核项目	技能要求	分值	评分标准	得分
关键考核点	菌种活化	无杂菌,培养 48 h	10 分	无菌操作规范(5 分) 培养温度时间适宜(5 分)	
	取菌置于染液液滴	液滴中菌体均匀,染色 3~5 min	10 分	液滴中菌体均匀分布(5 分) 染色时间适宜(5 分)	

续表

考核项目		技能要求	分值	评分标准	得分
关键考核点	第一次镜检	固定视野后观察死活细胞数	15分	菌体清晰可见(5分) 死细胞为蓝色,活细胞为无色(10分)	
	第二次镜检	固定视野,染色30 min后观察死活细胞数	15分	菌体清晰可见(5分) 较之第一次镜检时死细胞数目远多于活细胞(10分)	
	不同浓度美蓝染液重复上述操作	先用浓度0.05%的美蓝染液再用0.1%的美蓝染液重复染色镜检	20分	随着染液浓度的增加,死细胞数逐渐增多(20分)	
	实验桌面整洁情况	物品摆放有序,卫生良好	10分	物品摆放有序(5分) 卫生良好(5分)	
其他考核点	显微镜操作	操作规范,熟练	10分	操作规范(5分) 操作熟练(5分)	
	卫生值日	干净整洁,物品还原	10分	干净整洁(5分) 物品还原(5分)	
合计			100分		

三、霉菌孢子的染色

由于霉菌的菌丝体较粗,且孢子容易飞扬,故在制备霉菌标本时,可将培养物置于乳酸苯酚棉蓝染液中,制成霉菌制片镜检。用乳酸苯酚溶液作为介质,具有不使细胞变形、可杀菌防腐、不易干燥、能保持较长时间等优点。若加入棉蓝,又具有一定的染色效果,能增强反差。

1. 材料准备

根霉、毛霉、曲霉、青霉的斜面菌种、察氏培养基、乳酸苯酚棉蓝染液、培养皿、载玻片、盖玻片、接种针、解剖针、显微镜等。

2. 人员组织

1~2人成一组,每组一套材料。

3. 操作步骤

① 点种培养　用接种针蘸取斜面少许孢子在无菌的察氏培养基中央点接(倒置培养皿穿刺接种),30 ℃下培养7~10 d,形成巨大菌落培养物

霉菌点
接演示

② 滴加染液 —— 取 95% 乙醇浸泡的载玻片一块,火焰烧去乙醇,冷却后在载玻片中央滴乳酸苯酚棉蓝染液一滴

③ 挑取孢子入染液 —— 用解剖针从菌落的边缘挑取少量带有孢子的菌丝,放入载玻片的染色液中,用解剖针使菌丝体在染液中充分散开

④ 盖盖玻片 —— 将一洁净的盖玻片小心盖于染液上,注意不要产生气泡;用滤纸吸去盖玻片边缘多余的染液

⑤ 镜检 —— 将做好的片子置于显微镜下观察,先用低倍镜后用高倍镜,观察霉菌菌丝体

⑥ 写报告 —— 报告形式参见任务 1.1"任务实施",并在规定的时间内完成

4. 注意事项

（1）带有孢子的菌丝体在染液中必须充分展开。

（2）盖盖玻片时先将其一边与染液接触,然后慢慢将盖玻片放下,否则易形成气泡。

5. 技能评价

技能评价以过程评价为主,具体见表 1-13。

表 1-13　霉菌孢子的染色技能评价表

	考核项目	技能要求	分值	评分标准	得分
关键考核点	点种培养	接种培养后形成大菌落	20分	倒置培养皿穿刺接种稳、准、快（20分）	
	滴加染液	载玻片洁净,染液在中央聚集成滴;滴加一滴染液	10分	载玻片清洗干净无油污(5分)　滴加染液适量(5分)	
	挑取孢子入染液	显微镜视野中菌丝分散开且孢子分布均匀	20分	从边缘挑取少量带有孢子的菌丝(10分)　用解剖针将菌丝挑散开(10分)	
	盖盖玻片	盖玻片与载玻片之间不产生气泡	10分	先将载玻片一边与菌液接触,再慢慢放下(10分)	

续表

考核项目		技能要求	分值	评分标准	得分
关键考核点	镜检观察	视野中霉菌的孢子、菌丝呈蓝色,形态无变形	20分	观察根霉、毛霉、曲霉、青霉时,注意有不同侧重点的观察(10分)　先用低倍镜观察后用高倍镜观察(10分)	
	实验桌面整洁情况	物品摆放有序,卫生良好	10分	物品摆放有序(5分)卫生良好(5分)	
	卫生值日	干净整洁,物品还原	10分	干净整洁(5分)物品还原(5分)	
合计			100分		

 任务反思 》》》

1. 酵母和霉菌的结构特点有哪些不同?
2. 酵母菌的假菌丝是怎样形成的?
3. 酵母和霉菌的繁殖方式有什么不同?

任务 1.4　病　　毒

 任务目标 》》》

知识目标:掌握病毒的生长繁殖特点。

技能目标:会测定病毒的效价。

任务准备 》》》

病毒通常以感染态和非感染态两种形式存在,具有在活细胞内专性寄生的特点,是一类既具有化学大分子属性、又具有生物体基本特征,既具有细胞外的感染性颗粒形式、又具有细胞内的繁殖性基因形式的独特生物类群。病毒可分为两类:真病毒和亚病毒,真病毒可以直接感染宿主细胞,而亚病毒需要借助于真病毒作为媒介,才具有感染功能。在无特殊强调的情况下,病毒一般是指真病毒。

一、 病毒的基本结构及其类型

1. 病毒的基本结构

病毒的基本结构常以病毒粒子为例进行描述,病毒粒子是指结构完整、功能齐全并具有感染性的单个成熟病毒颗粒。病毒粒子无细胞结构。简单的病毒粒子是由蛋白质外壳包裹一个或多个 DNA 或 RNA 分子构成;较复杂的病毒粒子,其蛋白质衣壳外还包有膜状结构,这层膜状结构称为包膜。病毒粒子的结构模式如图 1-39。

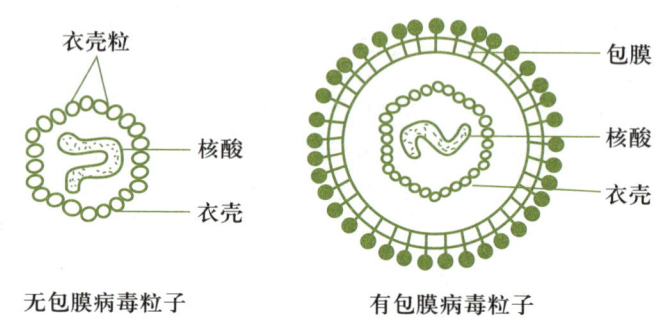

图 1-39　病毒粒子的结构模式

（1）核心　病毒粒子的主要成分是核酸和蛋白质。核酸位于病毒粒子的中心,是病毒粒子的核心,含有病毒的基因组,为病毒提供遗传信息。病毒核酸的类型很多,可根据以下四点来分类:① 核酸中是含 DNA 还是含 RNA;② 是单链还是双链;③ 核酸呈线状还是环状;④ 基因组是单倍体还是二倍体。除反转录病毒(如 HIV)的基因组是二倍体外,其他病毒的基因组都是单倍体。

（2）衣壳　病毒粒子的蛋白质外壳包裹在核酸的外周,称为衣壳。衣壳是病毒粒子的主要支架结构和抗原成分,对核酸有保护作用。衣壳由被称为衣壳粒的蛋白质亚单位以对称形式有规律地排列,衣壳粒是病毒的最小形态单位。病毒粒子主要由核心和衣壳组成。病毒的蛋白质衣壳连同核酸(核心)构成的复合物称为核衣壳,是所有真病毒都具备的基本结构。有些病毒的核衣壳是裸露的,仅由核衣壳构成,如烟草花叶病毒、脊髓灰质炎病毒。有些较复杂的病毒核衣壳外还含有一层包膜,其与病毒的专一性和侵染性有关。有的病毒包膜上还长有刺突等附属物。包膜是病毒在复制过程终结时以出芽方式通过宿主细胞膜时获得,所以具有宿主细胞膜的脂类特性,易被乙醚、氯仿等脂溶剂破坏。

2. 病毒的主要构型

病毒根据其衣壳粒的排列组合方式不同而表现出不同的构型,一般分为以下三类。

（1）螺旋对称型　病毒壳体呈螺旋对称,即蛋白质亚基有规律地沿着中心轴呈螺旋排列,进而形成高度有序、对称的稳定结构。其中研究得最为透彻的螺旋对称病毒粒子是最早发现的烟草花叶病毒(TMV)。烟草花叶病毒在病毒学发展史上有着独特的地位,其形态结构如图

1-40 所示,单股 RNA 分子位于由螺旋状排列的衣壳所组成的沟槽中,完整的病毒粒子呈杆状,全长约 300 nm,直径约 15 nm,由 2 130 个完全相同的呈皮鞋状的衣壳粒组成 130 圈螺旋。每一圈螺旋有 16.33 个衣壳粒,螺距为 2.3 nm。烟草花叶病毒是许多植物病毒的典型代表。对烟草花叶病毒的基础研究大大促进了病毒学理论的发展。

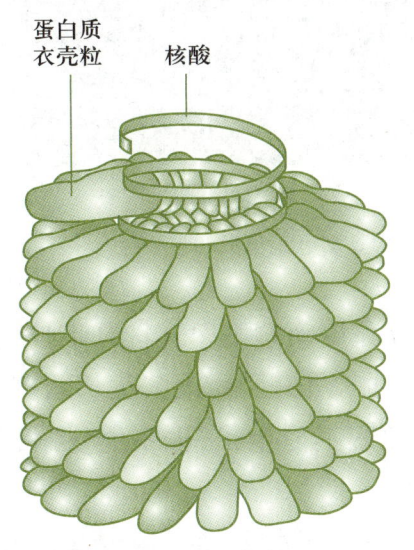

图 1-40　烟草花叶病毒螺旋衣壳示意图　　图 1-41　腺病毒二十面体衣壳示意图

（2）多面体对称型　多面体对称又称等轴对称。最常见的多面体是二十面体,腺病毒是二十面体对称的代表,这是一种动物病毒,于 1953 年首次从手术切除的小儿扁桃体中分离到。腺病毒的外形呈典型的二十面体,粗看像"球状",没有包膜,直径为 70～80 nm（图 1-41）。它有 12 个角、20 个面和 30 条棱。其衣壳由 252 个衣壳粒组成,内有被称作"五邻体"的衣壳粒 12 个 ,分布在 12 个顶角上;还有被称作"六邻体"的衣壳粒 240 个,均匀分布在 20 个面上;每个五邻体上各有一条称为刺突的长度为 10～30 nm 的纤维突起。衣壳粒之间是以非共价键结合的。腺病毒的核心为线状双链 DNA,核酸分子以高度卷曲的状态存在于衣壳内。

（3）复合对称型　所谓复合对称是指病毒的衣壳由两种结构组成,既有螺旋对称部分,也有多面体对称部分。复合对称的代表是大肠杆菌 T 偶数噬菌体,它由头部、颈部和尾部三个部分构成。由于头部呈二十面体对称而尾部呈螺旋对称,故是一种复合对称结构。如图 1-42 所示,它的头部外壳是蛋白质,核酸在外壳内;尾部是由不同于头部的蛋白质组成,外围是尾鞘,其中为一空髓,称为尾髓。尾部的作用是附着到宿主细胞上,利用尾部具有的特异性酶穿破细胞壁,注入噬菌体核酸。

二、噬菌体的基本形态

噬菌体是感染细菌、真菌、放线菌等微生物的病毒的总称,因能引起宿主菌的裂解,故称为噬菌体。作为病毒的一种,噬菌体具有病毒特有的一些性状。噬菌体个体微小,以纳米为单

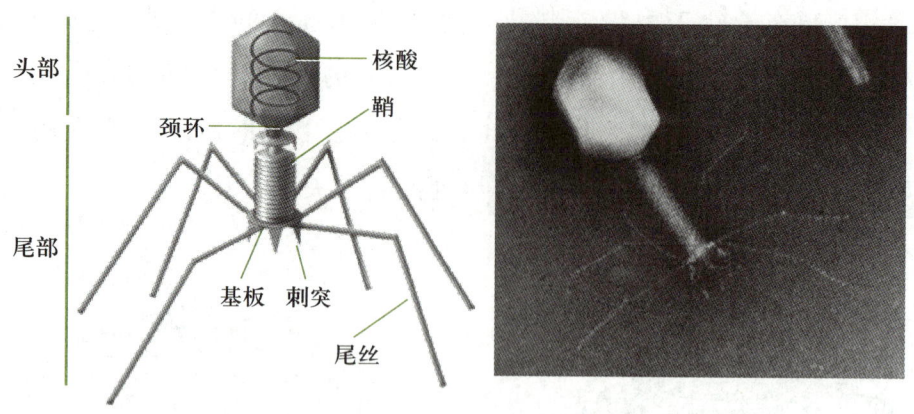

图1-42 T4噬菌体的结构模型及电镜照片

位,无细胞结构,主要由蛋白质衣壳和核酸组成,一种噬菌体粒子中只含有一种核酸,只在活的宿主微生物细胞内复制增殖,能利用宿主细菌的核糖体、蛋白质合成其生长繁殖所需的各种氨基酸和能量产生系统。一旦离开了宿主细胞,噬菌体既不能生长,也不能复制,是一种专性胞内寄生的微生物。

　　噬菌体在普通光学显微镜下观察不到,需要用电子显微镜观察。噬菌体主要有蝌蚪形、微球形、纤线形三种形态,可分为六种类型,如图1-43所示,其形态特征、核酸结构及其示例见表1-14。

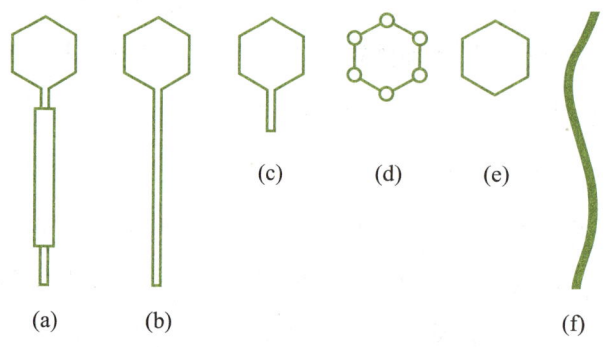

图1-43 噬菌体的形态分类

(a)长尾收缩形 (b)长尾非收缩形 (c)短尾形
(d)外壳较大的微球形 (e)外壳较小的微球形 (f)纤线形

表1-14 六种类型噬菌体的形态特征、核酸结构及其示例

类群	形态特征	核酸结构	噬菌体举例	寄主种类
长尾收缩形	具有六角形头部及收缩性的长尾,蝌蚪状	双链DNA	T2、T4、T6	大肠杆菌、假单胞菌、枯草杆菌、沙门菌等
长尾非收缩形	具有六角形头部及非收缩性的长尾,蝌蚪状	双链DNA	λ、T1、T2	大肠杆菌、棒杆菌、链霉菌、放线菌等

续表

类群	形态特征	核酸结构	噬菌体举例	寄主种类
短尾形	具有六角形头部及非伸缩性的短尾,蝌蚪状	双链DNA	P22、T3、T7	大肠杆菌、假单胞菌、枯草杆菌、沙门菌、土壤杆菌等
外壳较大的微球形	无尾,六角形头部的顶点衣壳粒大,微球状	单链DNA	ΦX174	大肠杆菌、沙门菌等
外壳较小的微球形	无尾,六角形头部的顶点衣壳粒小,微球状	单链RNA	R17、F2、MS2、Qβ	大肠杆菌、假单胞菌、丙细菌等
纤线形	无尾,纤线状	单链DNA	Fd、M13、Pf1、Vb	大肠杆菌、假单胞菌等

三、　噬菌体的繁殖

噬菌体繁殖时病毒粒子并无个体的生长过程,而只有其两种基本成分的合成和装配,即:

$$核酸复制+蛋白质合成\rightarrow(装配)\rightarrow核蛋白(病毒粒子)$$

噬菌体感染宿主细胞后,即按照自身的 DNA 或 RNA 合成自身所需的蛋白质。噬菌体的繁殖一般可分五个阶段(图 1-44),即吸附、侵入、增殖(复制与生物合成)、装配和裂解(释放)。T4 噬菌体是大肠杆菌的 T 偶数噬菌体中研究得较为深入的一种,下面以 T4 噬菌体为代表,分五个阶段介绍噬菌体的侵染过程。

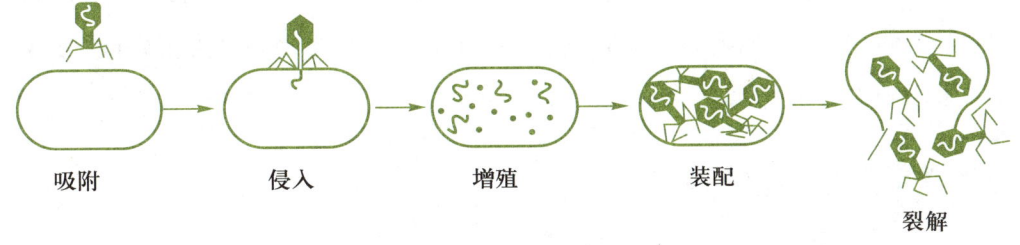

吸附　　　　侵入　　　　增殖　　　　装配　　　　裂解

图 1-44　噬菌体的侵染过程

(1)吸附　当噬菌体与寄生细胞接触时,寄主细胞壁上有一些具有特定化学组成的区域,可以作为噬菌体吸附的特异性受点。噬菌体由于布朗运动和寄主细胞发生碰撞接触,如果噬菌体尾丝的尖端与宿主细胞表面的特异受点接触,就可触发颈须把卷紧的尾丝散开。紧接着就附着在受体上,从而使刺突、基板固着于寄主细胞表面。

(2)侵入　当噬菌体的尾部插入寄主细胞特异性受点后,尾端的溶菌酶把寄主细胞壁中的肽聚糖层水解,产生一个小孔,然后尾鞘收缩变短,露出尾髓,将尾髓插入寄主细胞中。接着,头部的核酸即可通过中空的尾髓注入宿主细胞中,而将蛋白质衣壳留在细胞壁外。

(3)增殖　增殖过程包括核酸的复制和蛋白质的生物合成。当噬菌体核酸注入宿主细胞后不久,宿主细胞自身的 DNA、RNA 和蛋白质合成便会中止,转而合成病毒复制所需的成分。

（4）装配　装配是指子代病毒的核酸和蛋白质组装成新的病毒粒子的过程。具体过程见图 1-45,主要步骤有:DNA 分子的缩合→通过衣壳包裹 DNA 而形成头部→尾丝和尾部的其他部件独立装配完成→头部与尾部结合→最后装上尾丝。至此,一个成熟的噬菌体粒子就装配完成了。

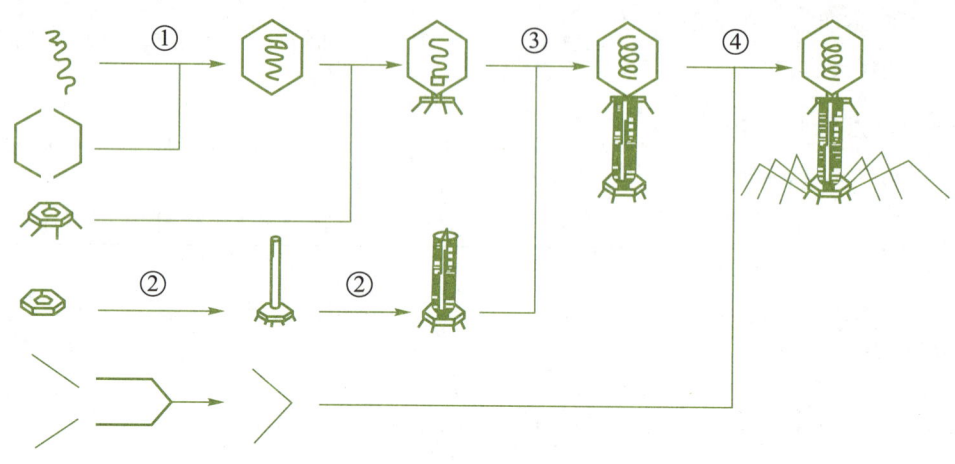

图 1-45　T4 噬菌体的装配过程

① 头部衣壳体包裹 DNA 成为头部　② 由基板尾管和尾鞘装配成尾部

③ 头部与尾部结合　④ 单独装配的尾丝与病毒颗粒尾部结合成为完整的噬菌体

（5）裂解（释放）　指成熟的病毒由感染细胞内溢出细胞外的过程。当宿主细胞内的大量子代噬菌体成熟后,由于水解细胞膜的脂肪酶和水解细胞壁的溶菌酶的作用,宿主细胞释放出大量的子代噬菌体。37 ℃ 培养时,侵染约 22 min 后,大肠杆菌发生裂解并释放约 300 个 T4噬菌体。

四、烈性噬菌体和温和噬菌体

根据噬菌体分解宿主细胞的快慢,可以将噬菌体分为烈性噬菌体和温和噬菌体。凡在短时间内能连续完成吸附、侵入、增殖、装配、裂解这五个阶段而实现其繁殖的噬菌体,称为烈性噬菌体,反之则称为温和噬菌体。通常把烈性噬菌体的繁殖看成噬菌体的正常表现。这种噬菌体在敏感宿主菌内的复制过程与一般动物病毒相似,但其增殖速度远快于动物病毒。从噬菌体吸附到宿主细胞溶解释放出子代噬菌体,这一时期称为噬菌体的增殖周期或溶解周期,一般只需要 15~20 min,而动物病毒如脊髓灰质炎病毒则需要 4 h,牛痘病毒需要 12 h。

（1）烈性噬菌体和噬菌斑　烈性噬菌体是指感染细胞后,能在寄主细胞内增殖,产生大量子代噬菌体并引起宿主细胞裂解死亡的噬菌体。烈性噬菌的体繁殖如前所述,一般分为 5 个阶段,即吸附、侵入、增殖、装配和裂解（释放）。当噬菌体与宿主菌混合于琼脂培养基时,噬菌体便侵染宿主细胞,释放出子代噬菌体,并扩散到周围的宿主细胞中;继续侵染引起更多的细胞裂解,从而在培养基表面形成空斑,称为噬菌斑（图 1-46）。一个直径仅为 2 mm 的噬菌斑,其中噬菌体粒子的数目可高达 $10^7 \sim 10^9$ 个。

在以细菌和放线菌为菌种的发酵工业生产中，为了有效地防止噬菌体带来的危害，常需要通过测定噬菌斑来检查噬菌体的存在与否或其数量的多少。在实验中也常常需要测定某种噬菌体的效价。所谓 噬菌体效价，是指每毫升培养液中所含有的具感染性噬菌体的数量，又称噬菌斑形成单位（用 pfu 表示）。

效价的测定一般采用双层琼脂平板法，它是一种被普遍采用并能精确测定效价的方法。预先分别配制含 2% 和 1% 琼脂的底层平板（培养基）和上层平板（培养基）。先用前者在培养皿上浇一层平板，再在后者（须先融化并冷却到 45 ℃ 以下）中

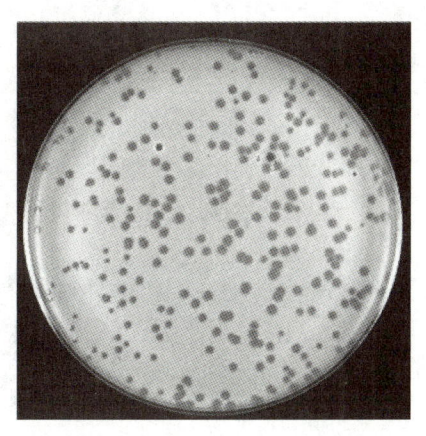

图 1-46　琼脂培养基上的噬菌斑

加入较浓的对数期（即噬菌体活跃时期）敏感菌和一定体积的待测噬菌体样品，于试管中充分混匀后，立即倒在底层平板上铺平待凝，然后保温，一般经十余小时后即可进行噬菌斑计数。此法所形成的噬菌斑的形态、大小较为一致，清晰度高，计数比较准确，因而被广泛应用。双层琼脂平板法概括如下：

$$
双层琼脂平板法 \begin{cases} 底层平板（2\%琼脂培养基 7\sim8\ mL） \\ 上层平板 \begin{cases} 上层培养基（1\%琼脂培养基 3\ mL） \\ 宿主菌悬液（对数期菌液 0.2\ mL） \\ 噬菌体试样（合适稀释液 0.1\ mL） \end{cases} 混匀 \xrightarrow[10 余小时]{37\ ℃} 计数 \end{cases}
$$

（2）温和噬菌体和溶原性　温和噬菌体是指噬菌体侵入宿主细胞后并不增殖，将其基因插入整合到宿主细胞核的基因组中，并长期随宿主细胞的基因组同步复制，因而在一般情况下不进行增殖和引起宿主细胞的裂解，这种噬菌体称为温和噬菌体或溶原性噬菌体。

溶原性是温和噬菌体的显著特征，即温和噬菌体侵入宿主细胞后，由于其核酸整合到宿主核基因组上，并随宿主核酸同步复制，并不引起宿主细胞裂解的特性称为溶原性。带有噬菌体基因组的细菌称为溶原性细菌，整合在细胞核上的噬菌体核酸称为原噬菌体。原噬菌体在细菌 DNA 上能随着细菌分裂而一代一代传下去。但这种噬菌体的溶原状态有时会自发地终止，结果导致噬菌体增殖而引起细菌裂解。这种现象称为溶原性细菌的自发裂解，会有极少数溶原性细菌中的温和噬菌体变成烈性噬菌体。自发裂解的频率一般很低，如大肠埃希菌溶原性细菌的自发裂解频率为 $10^{-5} \sim 10^{-2}$。由自发裂解释放出来的噬菌体粒子又可再感染宿主菌，并使之仍具有溶原性。

温和噬菌体的溶原性对噬菌体的生存是有利的。因为噬菌体在宿主细胞中进行的核酸复制和蛋白质合成会消耗宿主体内的大量物质，进而影响宿主细胞的新陈代谢，导致细胞降解自身的 mRNA 和蛋白质（酶）并进入休眠状态。如果宿主细胞进入休眠状态前噬菌体装配尚未完成，其繁殖便会因缺乏必要的物质条件而永久中断，溶原性无疑是解决困境的好方法。

任务实施 〉〉〉

一、 噬菌体电镜照片的收集

病毒非常小,其大小常用纳米(nm)来衡量,用普通的光学显微镜(用来观察微米级的物体)是无法看见的。观察病毒需要用可以观察纳米级物体的电子显微镜。电子显微镜有很多类型,其中扫描电子显微镜(SEM)可以满足观察病毒的需求。

此任务要求从互联网上搜索病毒的电子显微镜照片,图1-47是从互联网上收集的噬菌体的电镜照片,供参考。

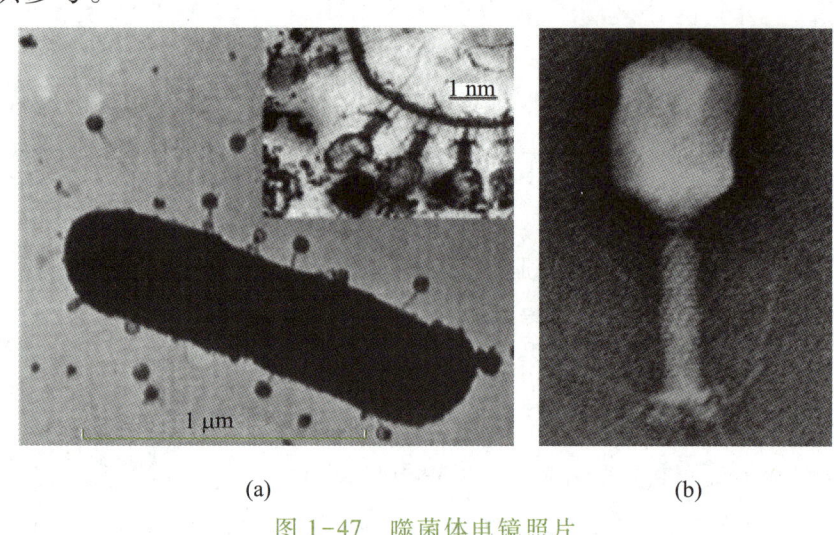

(a)   (b)

图1-47 噬菌体电镜照片

(a)吸附于大肠杆菌上的噬菌体 (b)单个噬菌体

二、 噬菌体效价的测定

噬菌体效价的测定常用双层琼脂平板法。双层琼脂平板法得到的噬菌斑形态、大小较为一致,且清晰度高,计算准确。但因噬菌斑计数方法的实际效率难以接近100%(一般偏低,因为有少数噬菌体可能未引起感染),所以为了准确地表达病毒悬液的浓度,一般不用病毒粒子的绝对数量而用噬菌斑形成单位(pfu)表示。

该方法是首先在无菌培养皿内倒入营养琼脂作为底层,然后将适当稀释的噬菌体与培养至对数期的受体菌混合,保温吸附后,加入冷却至45 ℃左右的半固体营养琼脂,迅速混匀后铺平板,作为上层,最后倒置培养。只要噬菌体具有感染力就可形成噬菌斑。根据不同稀释度平板上出现的噬菌斑数目,即可算出原液噬菌体的效价,其计算公式如下:

$$噬菌体效价(菌斑形成单位)(pfu/mL) = \frac{平均每皿的噬菌斑数}{取样量 \times 稀释度}$$

例如:当稀释度为 10^{-8} 时,取样量为 0.1 mL;10^{-8} 稀释度中 3 个平板的噬菌斑平均值为 186,则该样品的效价为:$\dfrac{186}{0.1\times10^{-8}}=1.86\times10^{11}$

故该噬菌体效价为 10^{11} pfu/mL。

1. 材料准备

菌种:枯草芽孢杆菌(*Bacillus subtilis*),枯草芽孢杆菌噬菌体样品液。

培养基:牛肉膏蛋白胨培养基(液体),牛肉膏蛋白胨琼脂(0.7%琼脂)半固体培养基(上层),牛肉膏蛋白胨琼脂(2%琼脂)培养基(底层)。

器皿:无菌试管、无菌培养皿、无菌移液管、恒温水浴锅等。

2. 人员组织

1~2 人成一组,每组一套材料。

3. 操作步骤

① 敏感菌培养

活化菌种:将枯草芽孢杆菌菌种移接至牛肉膏蛋白胨斜面上传 1~2 代

培养菌液:将活化后的菌种移接到牛肉膏蛋白胨培养液中,于 36 ℃下摇床振荡培养 10~16 h,即为对数期的敏感枯草芽孢杆菌菌悬液

② 融化培养基

分别融化底层牛肉膏蛋白胨培养基和上层半固体培养基,并将其保温在 60 ℃水浴锅中

③ 倒底层培养基

将融化并冷却至 45 ℃左右的底层琼脂培养基倒平板,每皿倒入量约为 10 mL,共 10 皿,置于水平位置待凝后即成底层平板;将 10 只底层平板分别编号为 10^{-4}、10^{-5}、10^{-6} 各 3 皿,留下 1 皿作为对照平板

④ 稀释噬菌体

取 6 支无菌试管编号为 10^{-1} 至 10^{-6},分别吸取 4.5 mL 牛肉膏蛋白胨培养液于上述编号的各试管中,另用 1 mL 移液管吸取 0.5 mL 噬菌体样品液于 10^{-1} 管中混匀,再从 10^{-1} 管中吸取 0.5 mL 样品液于 10^{-2} 管中,依次往下连续稀释至 10^{-6} 管(效价高则稀释至 10^{-8})。在稀释过程中,每一稀释度要更换一支移液管,移液管在移液前要吸吹菌液数次,使其内壁充分吸附菌液,以提高稀释精确度

⑤ 噬菌体吸附与侵入

试管编号:取 10 支无菌试管,分别编号为 10^{-4}、10^{-5}、10^{-6},每一稀释度做 3 个重复,以及 1 支不加噬菌体、仅含菌液的对照管

加噬菌体稀释液:分别从 10^{-4}、10^{-5} 和 10^{-6} 稀释液中吸取 0.1 mL 噬菌体稀释液于上述编号的无菌试管中,对照管中不加噬菌体稀释液(或以 0.1 mL 无菌生理盐水代替)

加枯草芽孢杆菌菌液:在上述各试管中分别加入 0.2 mL 菌液,加菌液的顺序从对照管开始,依次是 10^{-6}、10^{-5}、10^{-4} 各试管,然后振荡试管,使菌液与噬菌体混匀,并置于 37 ℃ 水浴中保温 5 min,让噬菌体粒子充分吸附并侵入菌体细胞

⑥ 加半固体培养基

取 60 ℃ 保温的琼脂半固体培养基 3.0~3.5 mL 分别加入混有噬菌体和枯草芽孢杆菌菌液的试管中,迅速振荡摇匀,立即倒入相应编号的底层培养基平板表面,边倒边摇动平板,使其迅速铺满整个平板层底的表面

⑦ 培养、计数

凝固后,于 37 ℃ 倒置培养,24 h 后观察并点数计数噬菌斑位点,将结果记录在结果表 1-15 中,并选取噬菌斑在 30~300 pfu 间的数值,计算噬菌体效价

⑧ 清洗

计数完毕将含菌平板放于水浴中煮沸 10 min 后清洗、晾干

⑨ 写报告

报告形式参见任务 1.1"任务实施",并在规定的时间内完成

4. 结果记录

表 1-15　平板噬菌斑记录表

噬菌体稀释度	10^{-4}			10^{-5}			10^{-6}		
	1	2	3	1	2	3	1	2	3
噬菌斑数(pfu/皿)									
平均数值									

5. 注意事项

(1)本实验操作步骤较多,操作时一定要条理清楚,先后有序,并注意将试管、培养皿间的编码一一对应,不能混淆。

(2)噬菌体与敏感菌(枯草芽孢杆菌)混匀后保温时间不能过长,也不能过短。过短造成

噬菌体不能充分进入细胞,过长则有可能出现个别细菌细胞先于其他细胞裂解而释放出噬菌体,导致测定不准确。

（3）向含有噬菌体和敏感菌的试管中加入半固体培养基时,应快速沿管壁倒入半固体培养基,同时搓试管,使培养基与待测样品充分混匀,并迅速倒在底层培养基上铺满平板,严防上层半固体培养基中产生琼脂凝胶粒干扰效价测定与计数。

（4）要等上层半固体培养基完全凝固后才可将平板倒置培养,防止皿盖上产生冷凝水而干扰噬菌斑的形成和计数。

6. 技能评价

技能评价以过程评价为主,具体见表 1-16。

表 1-16　噬菌体效价的测定技能评价表

考核项目		技能要求	分值	评分标准	得分
关键考核点	敏感菌的培养	规范操作,避免污染	10 分	无杂菌污染(10 分)	
	倒底层培养基	倒入培养基的量准确	10 分	每皿倒 10 mL 左右(10 分)	
	稀释噬菌体	无菌操作符合规范	20 分	操作时离酒精灯火焰 5~10 cm(5 分) 左手拿试管,右手夹棉塞拿移液管操作(5 分) 熟练快速使用移液管(10 分)	
	噬菌体吸附与侵入	10 支试管的 3 个稀释度、3 个重复和对照管的正确编号 菌液与噬菌体混匀,放 37 ℃保温时间正确 向试管中加噬菌体和菌液的无菌操作	20 分	试管编号正确(5 分) 37 ℃保温 5 min 左右(5 分) 加噬菌体稀释液、菌液时,左手拿试管,右手夹棉塞拿移液管、试管口近火焰,熟练快速使用移液管(10 分)	
	加半固体培养基	半固体培养基与噬菌体添加后,迅速搓匀	5 分	上层半固体培养基中无琼脂凝胶粒(5 分)	
	培养	待上层半固体完全凝固后倒置培养	5 分	培养皿盖无冷凝水(5 分)	
其他考核点	实验桌面整洁情况	物品摆放有序,卫生良好	10 分	物品摆放有序(5 分) 卫生良好(5 分)	
	操作时的无菌意识	操作细节注重无菌	10 分	操作的每一步具有无菌意识(10 分)	
	卫生值日	干净整洁,物品还原	10 分	干净整洁(5 分) 物品还原(5 分)	
合计			100 分		

 任务反思 >>>

1. 测定噬菌体效价的原理是什么？要提高测定的准确性应注意哪些操作？

2. 为什么用双层琼脂平板法测定噬菌体效价？

3. "噬菌体与菌液混合后的保温时间越长，吸附率越高"对吗？为什么？

项 目 小 结

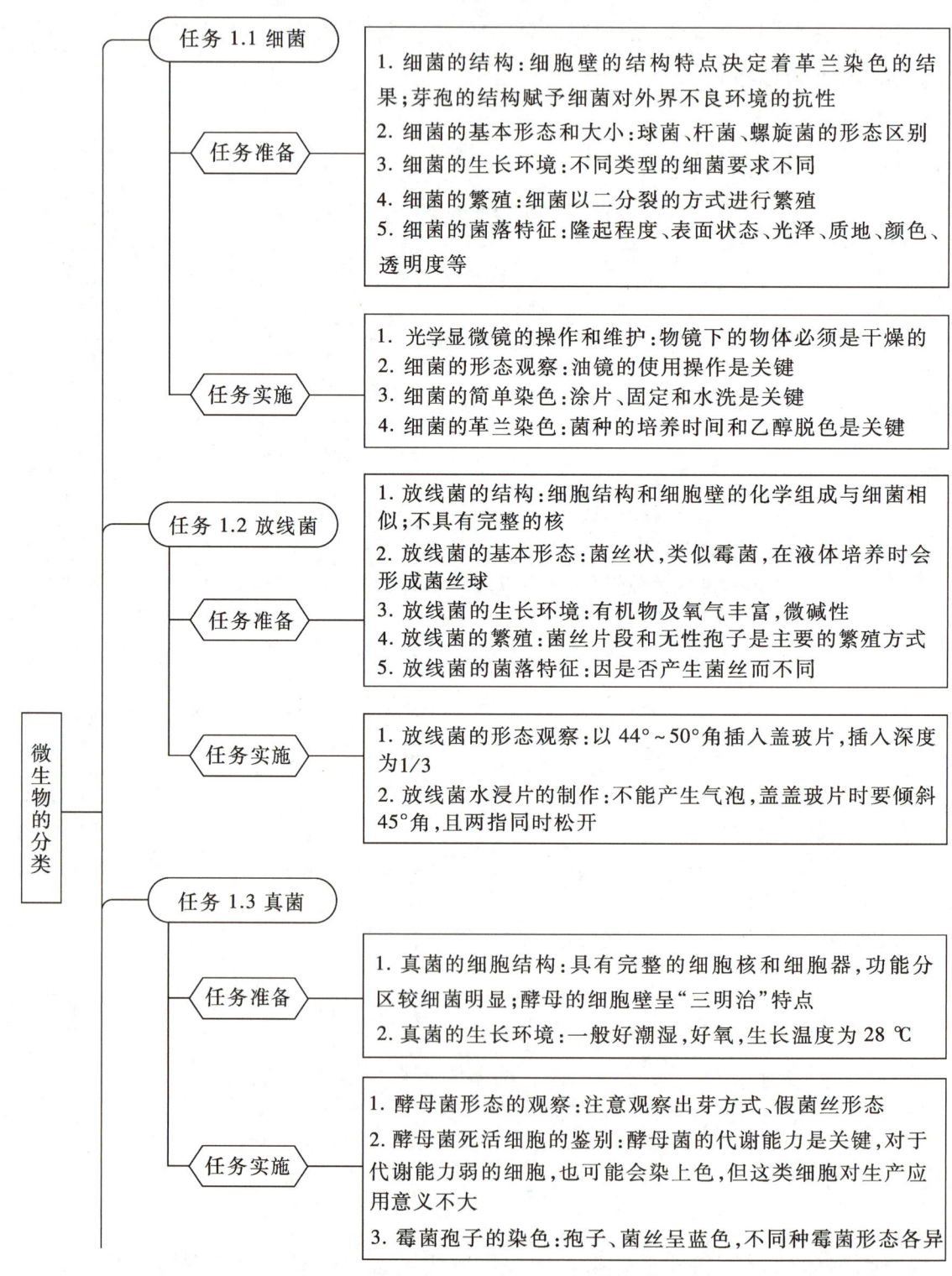

任务1.1 细菌

任务准备
1. 细菌的结构：细胞壁的结构特点决定着革兰染色的结果；芽孢的结构赋予细菌对外界不良环境的抗性
2. 细菌的基本形态和大小：球菌、杆菌、螺旋菌的形态区别
3. 细菌的生长环境：不同类型的细菌要求不同
4. 细菌的繁殖：细菌以二分裂的方式进行繁殖
5. 细菌的菌落特征：隆起程度、表面状态、光泽、质地、颜色、透明度等

任务实施
1. 光学显微镜的操作和维护：物镜下的物体必须是干燥的
2. 细菌的形态观察：油镜的使用操作是关键
3. 细菌的简单染色：涂片、固定和水洗是关键
4. 细菌的革兰染色：菌种的培养时间和乙醇脱色是关键

任务1.2 放线菌

任务准备
1. 放线菌的结构：细胞结构和细胞壁的化学组成与细菌相似；不具有完整的核
2. 放线菌的基本形态：菌丝状，类似霉菌，在液体培养时会形成菌丝球
3. 放线菌的生长环境：有机物及氧气丰富，微碱性
4. 放线菌的繁殖：菌丝片段和无性孢子是主要的繁殖方式
5. 放线菌的菌落特征：因是否产生菌丝而不同

任务实施
1. 放线菌的形态观察：以44°～50°角插入盖玻片，插入深度为1/3
2. 放线菌水浸片的制作：不能产生气泡，盖盖玻片时要倾斜45°角，且两指同时松开

任务1.3 真菌

任务准备
1. 真菌的细胞结构：具有完整的细胞核和细胞器，功能分区较细菌明显；酵母的细胞壁呈"三明治"特点
2. 真菌的生长环境：一般好潮湿，好氧，生长温度为28 ℃

任务实施
1. 酵母菌形态的观察：注意观察出芽方式、假菌丝形态
2. 酵母菌死活细胞的鉴别：酵母菌的代谢能力是关键，对于代谢能力弱的细胞，也可能会染上色，但这类细胞对生产应用意义不大
3. 霉菌孢子的染色：孢子、菌丝呈蓝色，不同种霉菌形态各异

微生物的分类

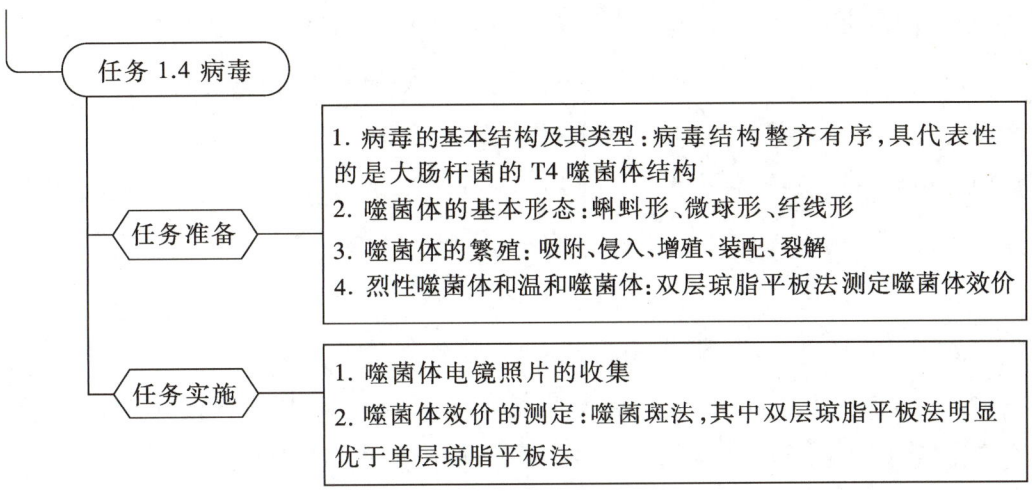

项目测试

一、名词解释

微生物；菌落；细菌；芽孢；噬菌体

二、简答题

1. 微生物有哪些共性特点？

2. 细菌革兰染色的基本原理和过程是什么？

3. 在测定噬菌体效价时，双层琼脂平板法比单层琼脂平板法有哪些优点？

4. 巴斯德和柯赫分别为微生物学的发展作出了哪些贡献？

5. 如何鉴别酵母菌的死活？其原理是什么？

三、论述题

1. 比较细菌、放线菌、酵母菌和霉菌四类微生物细胞结构的异同。

2. 举例说明微生物在发酵食品中的应用过程及原理。

3. 为什么细菌的芽孢对外界不良环境具有很强的抗性？

拓展阅读

极端微生物

极端微生物是指长期生长在极端环境中，具有独特的生理机制和生命行为的微生物类群。此外，极端微生物能产生许多独特的稳定蛋白，在生物技术产业中有很高的利用价值。

1. 嗜热微生物

近年来，嗜热微生物已受到广泛重视。嗜热真菌通常存在于堆肥、干草堆和碎木堆等高温环境中，有助于一些有机物的降解。在发酵工业中，嗜热菌可用于生产多种酶制剂，例如纤维素酶、蛋白酶、淀粉酶、脂肪酶及菊糖酶,这些酶制剂热稳定性好,催化反应速率高,易于在室温下保存。在矿产工业中,嗜热菌可用于细菌浸矿、石油及煤炭的脱硫。嗜热菌研究中引人注目的成果之一就是将水栖嗜热菌中耐热的 TaqDNA 聚合酶广泛用于基因工程的研究之中,以TaqDNA 聚合酶为基础的聚合酶链式反应(PCR)技术获得了诺贝尔化学奖,给基因工程带来了革命性的进步。

2. 嗜冷微生物

环境保护方面:在寒冷环境下,提高污染物生物降解能力可通过低温微生物特有的冷适应酶实现,这一方法不但实现了大规模的牲畜粪便在厌氧耐冷菌作用下分批消化,同时也使低温下鱼类加工厂中大量油渣及寒冷地区污染物的生物降解都成为可能。

食品及日化方面:冷活性 β-半乳糖苷酶可用于降解乳制品中的乳糖,使许多对乳糖敏感的人能饮用乳制品。此外,冷活性酶在食品低温加工过程中起重要作用,其中以脂酶和蛋白酶最具潜力。脂酶可应用于许多方面,如作为食品风味改变酶、去污剂添加物,或立体特异性催化剂。

3. 嗜酸微生物

对嗜酸菌应用研究较多的是无机化能自养菌,这些嗜酸菌具有氧化亚铁离子、元素硫以及硫化物的化学特性,被用于冶金、环保和农业等领域。用细菌从矿石中提取金属称作细菌浸出或生物湿法冶金。自从 20 世纪 40 年代末首次从酸性矿水中分离到硫杆菌以来,细菌浸出在冶金工业上成功获得应用的主要是铜、铀和金三种金属的回收。人们也在尝试利用硫杆菌分解磷矿粉,通过提高其溶解度来增加磷矿粉的肥效。

4. 嗜碱微生物

碱性酶在高 pH 下稳定,因此可应用于许多涉及碱性环境的工业生产中。在发酵工业中,嗜碱菌可作为多种酶制剂的生产菌,例如嗜碱芽孢杆菌产生的弹性蛋白酶适宜在高 pH 条件下裂解弹性蛋白。碱性酶的发现促使很多具有特殊特征的酶的应用,例如,碱性蛋白酶可用于隐形眼镜的清洗、分子生物学实验中核酸的分离、害虫的防治、丝绸的脱胶和麻的去木质素。

5. 嗜盐微生物

高盐环境通常是指盐浓度高于海水的环境。在这些环境中能够生存的微生物可划分为两类:第一类是能耐受一定的盐浓度,但在无盐条件下能生长得更好的微生物,称为耐盐菌;第二类是菌体生长需要一定的盐,在适宜的盐浓度中生长得最好,称为嗜盐菌。嗜盐菌依据嗜盐浓度的不同,又可分为轻度嗜盐菌(最适盐浓度 0.2~0.5 mol/L)、中度嗜盐菌(最适盐浓度 0.5~2.0 mol/L)和极端嗜盐菌(最适盐浓度>3 mol/L),其中部分极端嗜盐菌为嗜盐古细菌。嗜盐菌的研究是极端环境微生物研究的重要组成部分,嗜盐菌本身也是一类极具应用前景的微生物资源。

嗜盐古细菌的紫膜蛋白能够通过构型的改变储存信息,能耐受酸度和温度的波动,是未来制造生物计算机芯片的理想材料,同时这种蛋白构型的改变能产生可检测的电信号,为进一步的生物光控技术研究带来了希望。某些嗜盐菌体内的类胡萝卜素、γ-亚油酸等成分含量较高,可应用于食品工业。嗜盐菌产生的酶是工业上耐盐酶的重要来源。还有的嗜盐菌在一定条件下能大量积累聚-β-羟基丁酸(PHB),可用于可降解生物材料的开发。此外,嗜盐菌在高盐污水的处理方面也可发挥重要作用。

6. 嗜压微生物

耐高温和厌氧生长的嗜压菌有望用于油井下产气增压和降低原油黏度,借以提高采油率。日本发现的深海鱼类肠道内的嗜压古细菌,80%以上的菌株可以生产二十五碳烯酸(EPA)和二十六碳烯酸(DHA),最高产量可达 36%和 24%。已经有人通过基因重组使这些菌有效生产 DHA。另外,嗜压菌还可以用于高压生物反应器。

微生物的培养

项目导入

微生物是活的生命体,它要生存、要吃饭。那它都吃什么呢?与人类吃得一样吗?研究表明,微生物的饮食需要六大类营养要素,与人类的需求基本一致,这也体现了生物营养上的统一性。微生物的生活也像人一样,它的生活状态受周围环境的影响。同时,微生物也过着群居生活,脱离群体的单个微生物很容易被周围的毒物(如抗生素)或捕食者(如原生动物)伤害,进而可能引起微生物细胞的死亡。最重要的是,微生物可以给人类提供丰富的产品,如面包、啤酒、酱油、酸奶等食品,抗生素、酶制剂、有机酸等生物制品,给人类的生活带来了益处。中国是世界上最早用曲药酿酒的国家,世界三大酿造酒(黄酒、葡萄酒和啤酒)之一的黄酒源于中国。

思考:不同类别的微生物利用营养物质的能力不同,它们都有什么样的特征?在微生物检验用的培养基中,缺少哪些成分会影响检验结果?发酵生产中哪些因素的变化会影响发酵产物的获取?

本项目学习内容为:(1)微生物的营养要求;(2)微生物的培养基;(3)微生物的生长测定;(4)微生物的生存环境条件。

任务 2.1　微生物的营养要求

任务目标 〉〉〉

知识目标:理解微生物的六大类营养要素。
技能目标:会判断微生物对营养物质的喜好。

任务准备 〉〉〉

一、　不同类别生物的营养统一性

微生物同其他生物一样,为了生存必须从环境中吸收营养物质,通过新陈代谢将其转化成自身的细胞物质或代谢物,并从中获取生命活动所需要的能量,同时将代谢活动产生的废物排出体外。

营养(或营养作用)是指生物体从外部环境吸收生命活动所必需的物质和能量,以满足其生长和繁殖需要的一种生理功能。营养物质是指参与营养过程并具有营养功能的物质。

营养物质是微生物生存的物质基础,而营养是微生物维持和延续其生命形式的一种生理过程。

(一)微生物细胞的化学元素组成

构成微生物细胞的物质基础是各种化学元素。微生物体内含有多种化学元素,其中碳、氢、氧、氮、磷、硫 6 种元素占了细胞干重的 97%(表 2-1)。

表 2-1　不同种类微生物细胞中几种大量元素的相对含量　　　单位:%干重

元素	细菌	酵母菌	霉菌
碳	50	49.8	47.9
氮	15	7.5	5.2
氢	8	6.7	6.7
氧	20	31.1	40.2
磷	3	1.5	1.2
硫	1	0.3	0.2

从表 2-1 中看可以出,组成微生物细胞的各类化学元素的比例常因微生物种类的不同而不同。如硫细菌、铁细菌和海洋细菌相对于其他细菌则分别含有较多的硫、铁和钠、氯等元素。

另外,微生物细胞的化学元素组成也常随菌龄及培养条件的不同而在一定范围内发生变化。幼龄的或在氮源丰富的培养基上生长的细胞,与老龄的或在氮源相对贫乏的培养基上生长的细胞相比,前者含氮量高,后者含氮量低。

(二)微生物细胞的物质组成

各种元素主要以有机物、无机物和水的形式存在于微生物细胞中。

1.有机物

在微生物细胞内,少量矿质元素以离子态存在,大量非矿质元素组成了细胞有机物,这些有机物主要由蛋白质、糖类、脂类、核酸、维生素,以及它们的降解产物与代谢产物组成,其中蛋白质、糖类、脂类、核酸约占细胞干重的 90%以上(表 2-2)。

表 2-2　微生物细胞主要有机物含量　　　单位:%干重

成分	细菌	酵母菌	霉菌
蛋白质	50~80	32~75	14~52
核酸	10~20	6~8	1~2

续表

成分	细菌	酵母菌	霉菌
糖类	12~28	27~63	7~40
脂类	5~20	2~15	4~40

对细胞有机物成分的分析通常采用两种方式：一是用化学方法直接抽提细胞内的各种有机成分，然后加以定性和定量分析；二是先将细胞破碎，然后获得不同的亚显微结构体，再分析这些结构的化学成分。

细胞内的这些有机物质，按作用可分为以下三类：

（1）结构物质　是构成细胞壁、细胞膜、细胞核、细胞质和细胞器的组成成分，包括蛋白质、多糖、核酸和类脂等。

（2）贮藏物质　主要为多糖和脂类，如淀粉、糖原、脂肪和多聚-β-羟基丁酸。

（3）代谢底物和产物　包括存在于细胞内的糖、氨基酸、核苷酸、有机酸和维生素等低分子量化合物。

2. 无机物

无机物是指与有机物相结合或单独存在于细胞中的无机盐（inorganic salt）等物质。无机盐占细胞干重的 3%~10%，其中以磷的含量为最多，约占灰分的 50%，其次是硫、镁、钙、钾、钠等大量元素，微量元素有锌、铜、锰、钴、钼、硒、钨等。

分析细胞无机成分时一般将干燥细胞在高温炉（550 ℃）中焚烧成灰，称为灰分。采用无机化学的常规分析法可定性或定量分析出灰分中各种无机元素的含量（表 2-3）。

表 2-3　微生物细胞中灰分元素含量　　　　　　　　　　单位：%

灰分	固氮菌	醋酸细菌	酵母菌	霉菌
P_2O_5	4.95	2.71	3.54	4.85
K_2O	2.41	1.28	2.34	2.81
CaO	0.89	0.64	0.38	0.1
MgO	0.82	0.48	0.43	0.38
Na_2O	0.07	0.16	—	1.12
SO_3	0.29	—	0.04	0.11
Fe_2O_3	0.08	0.62	0.04	0.16
SiO_2	—	0.04	0.09	0.04
CuO	—	0.10	—	—
总量	9.51	6.03	6.86	9.57

3. 水

水是微生物及一切生物细胞中含量最多的成分。微生物细胞的含水量随种类和生长期而异。通常情况下,细菌的含水量为细胞鲜重的 75%~85%,酵母菌的含水量为 70%~85%,丝状真菌的含水量为 85%~90%,细菌芽孢和霉菌孢子的含水量约为 40%。

细胞湿重与干重之差为细胞含水量,常以百分率表示。将细胞表面所吸附的水分去除后称量所得质量即为湿重,一般以单位体积培养液中所含细胞质量表示(g/L 或 mg/mL)。但具体测量过程中,常由于细胞表面吸附水分去除程度的不同而导致测量结果有误差,聚集在一起的单细胞微生物表面吸附的水分难以去除,这些吸附的水分可占湿重的 10%。采用高温(105 ℃)烘干、低温真空干燥和红外线快速烘干等方法将细胞干燥至恒重即为干重。值得注意的是,高温烘干会导致细胞物质分解。

二、 微生物的六大类营养要素

微生物生长所需要的元素主要是以相应的有机物或无机物的形式提供的,小部分可以由分子态的气体物质提供。按照营养物质在机体中生理作用的不同,可将它们区分成碳源、氮源、能源、无机盐、生长因子和水六大类,这与动物、植物的营养要素需求一致(表 2-4)。

表 2-4 微生物与动物、植物的营养要素比较

营养要素	动物(异养)	微生物		绿色植物(自养)
		异养	自养	
碳源	糖类,脂肪	糖,醇,脂肪,有机酸	二氧化碳,碳酸盐	二氧化碳,碳酸盐
氮源	蛋白质及其降解产物	蛋白质及其降解产物,有机氮化物,无机氮化物,氮气	无机氮化物,氮气	无机氮化物
能源	与碳源同	与碳源同	氧化无机物,光能	光能
无机盐	无机盐	无机盐	无机盐	无机盐
生长因子	维生素	部分微生物需维生素等生长因子	不需要	不需要
水	水	水	水	水

(一) 碳源

凡是可以被微生物用来构成细胞物质中或代谢产物中碳素来源的物质通称为碳源。碳源通过机体内一系列复杂的化学变化被用来构成细胞物质和(或)为机体提供完成整个生理活动所需要的能量。因此,碳源通常也是机体生长的能源。能作为微生物生长的碳源的种类极其广泛,既有简单的无机含碳化合物,如二氧化碳和碳酸盐,也有复杂的天然的有机含碳化合物,它们是糖和糖的衍生物、脂类、醇类、有机酸、烃类、芳香族化合物,以及各种含碳的化合物(表 2-5)。

表 2-5　微生物的碳源

类型	化合物	化合物构成元素	培养基原料
有机碳	复杂蛋白质，核酸	C、H、O、N、X	牛肉膏，蛋白胨，花生饼粉
	多数氨基酸，简单蛋白质	C、H、O、N	氨基酸，明胶
	糖，醇，有机酸，脂类	C、H、O	葡萄糖，蔗糖，淀粉，糖蜜
	烃类	C、H	天然气，石油，石蜡
无机碳	CO_2	C、O	CO_2
	$NaHCO_3$，$CaCO_3$	C、O、X	$NaHCO_3$，$CaCO_3$

　　微生物种类不同，利用这些含碳化合物的能力也不相同。有的微生物能广泛利用各种不同类型的含碳物质，如假单胞菌属中的某些种可利用 90 种以上的不同类型的碳源；有的微生物利用碳源物质的能力有限，只能利用少数几种碳源，例如某些甲基营养型细菌只能利用甲醇或甲烷等含碳化合物进行生长。

　　微生物对碳源的吸收具有选择性，其中糖类是利用最广泛的碳源，其次为醇类、有机酸和脂类。在糖类中，单糖优于双糖和多糖；己糖优于戊糖；葡萄糖、果糖优于甘露糖和半乳糖；淀粉明显优于纤维素和几丁质等纯多糖；纯多糖明显优于琼脂和木质素等杂多糖。氨基酸和蛋白质既可提供氮素，也可提供碳素，但用作碳源时不够经济。

　　目前在微生物工业发酵中用作微生物碳源的主要是糖类，即单糖、饴糖、淀粉（玉米粉、山芋粉、野生植物淀粉等）、麸皮、各种米糠等。为了解决工业发酵用粮与人们日常食用粮、动物饲料用粮的矛盾，人们还广泛开展了以纤维素、石油、二氧化碳和氢气等作为碳源与能源来培养微生物的代粮发酵的科学研究。目前已能利用石油或石油产品作为碳源来生产氨基酸、维生素、辅酶、有机酸、核苷酸、抗生素与酶制剂等各种有用产品。

（二）氮源

　　凡是能被微生物用来构成细胞物质中或代谢产物中氮素来源的营养物质通常称为氮源（nitrogen source）。这类物质主要是用来作为合成细胞物质中含氮物质的原料，一般不用作能源，只有少数自养细菌能利用铵盐、硝酸盐作为机体生长的氮源与能源。某些厌氧细菌在无氧与糖类物质缺乏的条件下，也可以利用氮源氨基酸作为生长的能源物质。

　　能够被微生物用作氮源的物质包括有机氮和无机氮，具体见表 2-6。

表 2-6　微生物的氮源

类型	化合物	化合物构成元素	培养基原料
有机氮	复杂蛋白质，核酸	N、C、H、O、X	牛肉膏，酵母膏，饼粉及蚕蛹粉
	尿素，氨基酸，简单蛋白质	N、C、H、O	尿素，蛋白胨，明胶

续表

类型	化合物	化合物构成元素	培养基原料
无机氮	NH_3,NH_4^+	N、H	$(NH_4)_2SO_4$,NH_4NO_3,KNO_3
	NO_3^-	N、O	
	N_2	N	空气

在氮源物质中,既有微生物吸收得快的速效氮源,也有其吸收得慢的迟效氮源,如在土霉素发酵中硫酸铵与玉米浆通常是以速效氮源的形式加以利用,黄豆饼粉与花生饼粉则是以迟效氮源的形式进行利用。一般认为,速效氮源有利于机体的生长,迟效氮源有利于代谢产物的形成。在工业发酵过程中,往往是将速效氮源与迟效氮源按一定比例制成混合氮源加到培养基里,以控制微生物的生长期与代谢产物形成期的长短,达到提高产量的目的。

(三)能源

能为微生物生命活动提供能量来源的营养物质或辐射能称为能源。根据来源不同可以把能源分为两类:一是化学物质,如碳源、氮源或无机盐等;二是辐射能,如光。

在微生物生长过程中,某一种营养物质可同时兼有几种营养要素的功能,如氨基酸既可以作为某些微生物的碳源和氮源,也可作为能源。

(四)无机盐

无机盐是微生物生长必不可少的一类营养物质,它们为机体生长提供必需的矿质元素。这些矿质元素在机体中的生理作用有参与酶的组成、控制细胞的氧化还原电位和作为某些微生物生长的能源物质等。一般微生物生长所需要的无机盐有硫酸盐、磷酸盐、氯化物,以及含有钠、钾、镁、铁等金属的化合物。

微生物虽然需要多种微量元素,但需在培养基中添加的是 Fe、Mn、Zn、Mo、B、Cu 等,其他元素需要量很少。自来水和其他营养物质中以杂质形态存在的矿质元素数量已能满足微生物生长需要,过量加入会造成毒害。各种矿质元素的来源和生理功能见表 2-7。

表 2-7　主要矿质元素的来源和生理功能

元素	化学物质	生理功能
P	KH_2PO_4,K_2HPO_4	核酸、磷酸和辅酶的成分
S	$MgSO_4$	含硫氨基酸(半胱氨酸、甲硫氨酸等)的成分,含硫维生素(维生素 B_1、维生素 B_7 等)的成分
K	KH_2PO_4,K_2HPO_4	某些酶(果糖激酶、丙酮酸磷酸激酶等)的辅因子;维持电位差和渗透压
Na	NaCl	维持渗透压,某些细菌和蓝细菌所需
Ca	$Ca(NO_3)_2$,$CaCl_2$	某些胞外酶的稳定剂,蛋白酶等的辅因子;细菌形成芽孢和某些真菌形成孢子所需

元素	化学物质	生理功能
Mg	MgSO$_4$	固氮酶等的辅因子;叶绿素等的成分
Fe	FeSO$_4$	细胞色素的成分;白喉毒素和氯高铁血红素的成分
Mn	MnSO$_4$	超氧化物歧化酶、氨肽酶和 L-阿拉伯糖异构酶等的辅因子
Cu	CuSO$_4$	氧化酶、酪氨酸酶的辅因子
Co	CoSO$_4$	维生素 B$_{12}$ 复合物的成分;肽酶的辅因子
Zn	ZnSO$_4$	碱性磷酸酶,以及多种脱羧酶、肽酶和脱氢酶的辅因子
Mo	(NH$_4$)$_6$Mo$_7$O$_{24}$	固氮酶和同化型及异化型硝酸盐还原酶的成分

（五）生长因子

生长因子通常指那些微生物生长所必需而且需要量很小,但微生物自身不能合成或合成量不足以满足机体需要的有机化合物。生长因子也称为生长素,主要包括维生素、氨基酸和碱基(嘧啶和嘌呤)。生长因子不提供能量,也不参与细胞结构组成,它们大多为酶的组成成分,与微生物代谢有着密切关系。

各种微生物生长需要的生长因子的种类和数量是不同的。自养微生物和某些异养微生物(如大肠杆菌)不需外源生长因子也能生长。同种微生物对生长因子的需求也会随着环境条件的变化而变化,例如鲁氏毛霉(*Mucor rouxianus*)在厌氧条件下生长时需要维生素 B$_1$ 与生物素,而在有氧条件下生长时自身能合成这两种物质,不需外加这两种生长因子。

有时对某些微生物生长所需的生长因子不清楚,在配制培养基时,一般可用生长因子含量丰富的天然物质作原料以保证微生物对它们的需求,例如酵母膏、玉米浆、牛肉浸膏、麦芽汁等新鲜动植物的汁液。

表 2-8 列出了一些在代谢过程中起重要作用的维生素,从此表中可以看出它们中的大部分构成辅酶或酶的辅基,是酶活性所需要的成分。

表 2-8　维生素的生理功能及微生物需要量

维生素	生理功能	相关微生物的需要量
维生素 B$_1$(硫胺素)	焦磷酸硫胺素是脱羧酶、转醛酶、转酮酶的辅基,与氧化脱羧和酮基转移有关	金黄色葡萄球菌需要 0.5 mg/mL
维生素 B$_2$(核黄素)	黄素核苷酸(FMN)和黄素腺嘌呤二核苷酸(FAD)的前体,黄素蛋白的辅基,与氢的转移有关	多数微生物能自己合成,少数细菌如乳酸菌、丙酸菌等需要补给
维生素 B$_3$(烟酸)	辅酶 I 和辅酶 II 的前体,为脱氢酶的辅酶,与氢的转移有关	多数微生物需要,弱氧化醋酸杆菌约需 3 ng/mL

维生素	生理功能	相关微生物的需要量
对氨基苯甲酸	叶酸的前体,与一碳基团的转移有关	乳酸菌等需要,弱氧化醋酸杆菌约需 0.1 ng/mL
维生素 B_6(吡哆醇)	磷酸吡哆醛是氨基酸消旋酶、转氨酶与脱羧酶的辅基,与氨基酸消旋、脱羧、转氨有关	乳酸菌和几种真菌需要,肠膜明串珠菌需要 25 mg/L
泛酸	辅酶 A 的前体,乙酰载体的辅基,与酰基转移有关	乳酸菌等多种细菌和酵母菌需要,多数丝状真菌能合成
叶酸	辅酶 F(四氢叶酸)与核酸合成有关	乳酸菌、丙酸菌等需要
维生素 B_7(生物素)	多种羧化酶的辅基,在二氧化碳固定、氨基酸和脂肪酸合成及糖代谢中起作用,油酸可部分代替生物素的作用	乳酸菌等多种细菌需要,干酪乳杆菌约需 1 ng/mL
维生素 B_{12}	钴酰胺辅酶,与甲硫氨酸和胸腺嘧啶核苷酸的合成和异构化有关	细菌普遍需要,真菌、放线菌大多能自己合成

(六)水

水是微生物生长所需要的重要物质。微生物细胞内的水分有游离态和结合态两种形式,两者的生理机能不同。结合水不流动,不易蒸发,不冻结,不能作为溶剂,也不渗透;游离水则与之相反。微生物细胞内游离水与结合水的比例大约为 4∶1。

水在机体中的生理作用主要有:① 起到溶剂与运输介质的作用,营养物质的吸收与代谢产物的分泌必须以水为介质才能完成;② 参与细胞内一系列化学反应;③ 维持蛋白质、核酸等生物大分子的稳定;④ 由于水的比热容高,又是热的良好导体,能有效地吸收代谢过程中放出的热并将吸收的热迅速地散发出去,从而能有效控制细胞内的温度变化;⑤ 水是维持细胞正常形态的重要因素;⑥ 微生物通过水合作用与脱水作用控制由多亚基组成的结构,如酶、微管、鞭毛基病毒颗粒的组装与解离。

三、 微生物的营养类型特征

微生物的营养类型比高等生物复杂,通常依据微生物获取能源、碳源、氢或电子供体方式的不同,将微生物分为四种营养类型:光能自养型、光能异养型、化能自养型和化能异养型(表2-9)。

表 2-9　微生物的营养类型

营养类型	能源	氢供体	主要碳源	实例
光能无机营养型 (光能自养型)	光	无机物	CO_2	蓝细菌,藻类

营养类型	能源	氢供体	主要碳源	实例
光能有机营养型 （光能异养型）	光	有机物	CO_2 及简单有机物	红螺菌科细菌
化能无机营养型 （化能自养型）	无机物 *	无机物	CO_2	硝化细菌,硫化细菌,铁细菌, 氢细菌,硫黄细菌
化能有机营养型 （化能异养型）	有机物	有机物	有机物	绝大多数细菌,全部真核微生物

* 为 NH_4^+、NO_2^-、S、H_2S、H_2 及 Fe^{2+} 等。

自养微生物能在完全无机的环境中繁殖、生长,具有完备的酶系,能以 CO_2 或碳酸盐为碳源,以氨或硝酸盐为氮源,合成细胞中的有机物质;异养微生物合成能力较差,需要较为复杂的有机化合物才能生长,主要以有机碳化合物为碳源,氮源为有机物或无机物。

（一）光能无机营养型

光能无机营养型又称光能自养型,是一类具有光合色素、能利用光能并以水或还原态无机物为供氢体同化 CO_2 的微生物。藻类、蓝细菌和光合细菌属于这种类型。特征:① 具有光合色素-叶绿素或细菌叶绿素、类胡萝卜素和藻胆素,其中类胡萝卜素和藻胆素是辅助色素,它们的主要作用是捕获光能转移到光反应中心,保护膜系统免遭光氧化反应的破坏,并且通过光合磷酸化产生 ATP;② 以还原性无机物作为供氢体,还原 CO_2 从而形成细胞物质。光能自养型微生物种类相对较少。

光能自养型微生物的光合作用分为产氧光合作用和不产氧光合作用两种类型。产氧光合作用的微生物主要是藻类和蓝细菌,其内含有叶绿素,能与高等植物一样利用光能分解水产生氧气,并还原 CO_2 为有机碳化物。不产氧光合作用的微生物主要是光合细菌(紫色细菌和绿色细菌),其与蓝细菌不同,它们的细胞内虽然含有类似于叶绿素的菌绿素,但不能进行以水为供氢体的非环式光合磷酸化,也不产生氧气。

蓝细菌和藻类分布于表层水域中。光合细菌多分布于有光照、厌氧及含有其他养分的水体中,如富含有机质、CO_2、H_2 和硫化物的浅水池塘及湖泊的亚表层水域中。

（二）光能有机营养型

光能有机营养型又称光能异养型。能利用光能、以简单有机物(有机酸、醇等)为供氢体同化 CO_2 的微生物类群,称为光能有机营养型。这一类群与光能无机营养型微生物的主要区别在于氢和电子供体的来源。特征:① 微生物具有光合色素,能进行光合作用;② 以有机物作为供氢体,还原 CO_2 或有机物,从而形成细胞物质。

《伯杰氏系统细菌学手册》新版中的紫色非硫细菌群,如红螺菌属,就是这一营养类型的代表。其特点:不能以硫化物为唯一电子供体,需同时供给某些简单的有机物和少量维生素才能生长。有机物在这里除了与硫化物一样用作电子或氢供体外,也可以被直接同化利用。紫色非硫细菌中的一些类群在黑暗、好氧条件下停止光合色素合成,依赖环境中的少量有机物进行化能异养。这类细菌能利用低分子质量的有机物迅速增殖。目前,已开始运用这类细菌来净化高浓度的有机废水。

(三)化能无机营养型

化能无机营养型又称化能自养型。能通过氧化无机物获得能量,并能以 CO_2 为主要或唯一碳源的微生物称为化能无机营养型微生物。特征:① 该类微生物以无机化合物氧化时释放的能量作为能源;② 以无机物(如 H_2、H_2S)作为电子供体,还原 CO_2 或碳酸盐,从而形成细胞物质。这类微生物广泛分布于土壤或水体中,在物质转换过程中起重要作用。由于受无机物氧化产能不足的制约,这类微生物一般生长迟缓,某些类群(如硝化细菌)甚至只能在严格的无机环境中生长,有机物(甚至琼脂)的存在对其生长有毒害作用。按照被氧化的无机物种类,化能无机营养型可分为四种类型(表 2-10)。

表 2-10　化能无机营养型的营养特征

细菌类型		主要碳源	能源	电子受体	与氧的关系	有机物利用
硝化细菌	亚硝酸细菌	CO_2	NH_4^+	O_2	好氧	非常有限
	硝酸细菌	CO_2	NO_2^-	O_2	好氧	非常有限
硫氧化细菌	专性自养型	CO_2	$H_2S,S,S_2O_3^{2-}$	O_2	好氧	非常有限
	兼性自养型	CO_2 或有机物	$H_2S,S,S_2O_3^{2-}$,有机物	O_2	好氧	有限
铁细菌		CO_2 或有机物	Fe^{2+}	O_2	好氧	可以利用
氢细菌		CO_2	H_2	O_2	好氧	可以利用

(四)化能有机营养型

化能有机营养型又称化能异养型。以有机物为碳源、能源和供氢体的微生物称为化能有机营养型微生物。特征:① 该类微生物的能源来自有机物的氧化;② 该类微生物的碳源来自有机物,如淀粉、糖类、纤维素。该类型包括的微生物种类最多,作用也最强。已知的绝大多数细菌、放线菌、全部真菌和原生动物均属于此类型。化能异养菌的具体营养要求随种类而异。不同类群对碳源、氮源、矿质元素及生长素的需求表现出极大的差异。

微生物四种营养类型的划分不是绝对的,实际上存在许多中间过渡和兼性类型。如红螺菌、铁细菌和氢细菌等具有复杂的营养特点,它们在某一特定环境下表现为某种特定的营养型,而在另一种特定环境条件下则表现为另一种营养类型。

四、微生物对营养物质的吸收方式

微生物没有专门摄取营养物质的器官,它们摄取营养是依靠整个细胞表面进行的。目前认为,微生物对各种营养物质的吸收是依靠细胞质膜的作用,细胞质膜上面有许多小孔,各种营养物质通过不同的吸收方式透过细胞质膜。

营养物质能否进入细胞取决于三个方面的因素:① 营养物质本身的性质(相对分子质量、质量、溶解性、电负性等);② 微生物所处的环境(温度、pH 等);③ 微生物细胞的透过屏障(细胞质膜、细胞壁、荚膜等)。

根据物质运输过程的特点,可将物质的运输方式分为自由扩散、促进扩散、主动运输、基团移位。

1. 自由扩散

自由扩散又称简单扩散、被动运输,指疏水性双分子层细胞膜(包括孔蛋白在内)在无载体蛋白参与下,单纯依靠物理扩散方式让许多小分子、非电离分子尤其是亲水性分子被动通过的一种物质运送方式。

特点:扩散是非特异性的,不需载体蛋白协助;扩散过程中,物质不与膜上各类分子发生反应,自身分子结构也不发生变化;不消耗能量,物质扩散的动力来自参与扩散的物质在膜内外的浓度差。例如:酿酒酵母对各种糖、氨基酸和维生素的吸收;大肠埃希菌对甘油的吸收。

2. 促进扩散

养料通过与细胞质膜上透过酶(或称载体蛋白)的可逆性结合,从高浓度环境进入低浓度环境的传递过程称为促进扩散,透过酶的参与加快了养料的运输速度;透过酶多为诱导酶,只有在环境中存在某种养分时才诱导合成相应的透过酶。促进扩散的动力仍然是养料在细胞质膜内外的浓度差,不消耗能量,同样也不改变最终达到膜内外浓度相等的动态平衡。

促进扩散中有透过酶参与,该过程具有 3 个特点:① 特异性,即一定的透过酶只能与一定的养料离子或结构相近的分子结合;② 能提高养料的运输速度,提前达到动态平衡;③ 当膜外养料浓度过高时,由于透过酶数量有限而表现出饱和效应。

促进扩散只对生长在高养料浓度下的微生物有意义。

3. 主动运输

主动运输指一类需要提供能量(包括 ATP、质子动势或"离子泵"等)并通过细胞膜上特异性载体蛋白构象的变化,而使膜外环境中低浓度的溶质运入膜内的一种运送方式。其属于逆浓度梯度运送营养物质的方式。

特点:物质运送必须借助存在于细胞膜上的底物特异载体蛋白的协助;须消耗能量,逆浓度梯度运送物质;主动运输是逆浓度梯度运送营养物质的方式,对许多生存在低浓度营养环境中的贫养菌(或称寡养菌)的生存极为重要。

4. 基团移位

基团移位指一类既需特异性载体蛋白的参与,又需耗能的物质运输方式,其特点是溶质在运输前后会发生分子结构的变化。基团移位主要存在于厌氧型和兼性厌氧型细胞中,用于运送各种糖类(葡萄糖、果糖、甘露糖和 N-乙酰葡萄糖胺等)、核苷酸、丁酸和腺嘌呤等物质。

特点:物质运输必须借助存在于细胞膜上的底物特异载体蛋白;溶质在运输前后发生分子结构的变化;需消耗能量。

微生物对营养物质的运输方式比较见表 2-11。

表 2-11　四种跨膜运输营养物质方式的比较

项目	自由扩散	促进扩散	主动运输	基团移位
特异载体蛋白	无	有	有	有
运输速度	慢	快	快	快
运输方向	高浓度→低浓度	高浓度→低浓度	低浓度→高浓度	低浓度→高浓度
能量消耗	不耗能	不耗能	耗能	耗能
运输前后分子结构	不变	不变	不变	变
运输对象举例	H_2O,CO_2,O_2,甘油,乙醇,少数氨基酸,盐类,代谢抑制剂	SO_4^{2-},PO_4^{3-},糖类	氨基酸,乳糖等糖类,Na^+、Ca^{2+}等无机离子	葡萄糖,果糖,甘露糖,嘌呤,核苷,脂肪酸等

任务实施 〉〉〉

微生物对碳源需求的测定(生长谱法)

微生物的生长、繁殖需要六大类营养要素,如果缺少其中一种,或微生物不能利用其中的某一种营养物质,便不能生长。据此,把微生物接种在基本培养基上,把待测营养物质点植于基本培养基上,由于营养物质可以在琼脂培养基中扩散,若微生物需要此种营养物质,便可生长出菌落;未点植营养物质的其他各处,则不出现菌落。此种测定微生物营养要求的方法称为生长谱法。生长谱法可以定性、定量地测定微生物对各种营养物质如碳源、氮源、维生素的需要。本实验利用无碳源基础培养基检测大肠埃希菌(Escherichia coli)对可利用糖的需求。

1. 材料准备

(1)菌种　大肠埃希菌。

(2)基础培养基(无碳源培养基)　(NH_4)$_2SO_4$:1 g;K_2HPO_4:10.5 g;KH_2PO_4:4.5 g;二水合柠檬酸钠:0.5 g;琼脂粉:1.5~2.0 g;蒸馏水:1 000 mL;中性 pH。培养基于 121 ℃灭菌 20 min。

(3)糖溶液　所用糖样品为色谱纯,糖溶液(V/V),分别为:10%葡萄糖,10%半乳糖,10%麦芽糖,10%蔗糖,10%乳糖,10%木糖。糖溶液于 115 ℃灭菌 30 min。

（4）无菌生理盐水。

（5）设备及用具　高压灭菌器,电子天平,超净工作台,生化培养箱,无菌培养皿,1 mL 移液管(无菌),牙签,酒精灯,接种针,记号笔等。

2. 人员组织

1~2 人成一组,每组一套材料。

3. 操作步骤

① 培养基制备和灭菌 ········· 基础培养基(无碳源培养基)制备、灭菌

注:此步骤由教师完成

② 菌悬液制备 ········· 将 3~5 mL 无菌生理盐水以无菌操作方式倒入培养 24 h 的大肠杆菌斜面菌种管,洗下菌苔制成菌悬液

倒平板
演示

③ 倒平板 ········· 取无菌培养皿两套,各加入上述菌悬液 1 mL,将融化冷却至 50 ℃ 的基础培养基倾注于培养皿中并混匀

倒平板的方法:左手拿起培养皿,拇指和中指呈弧形卡住培养皿,无名指和小拇指托住培养皿的底部,食指放在培养皿的盖子上,然后拇指轻轻往上打开盖子,开口开得不宜太大,3 cm 左右即可,然后右手拿起已揭开盖子的装有培养基的三角瓶,将培养基从培养皿开口处倒入,当培养皿的底部 2/3 被培养基覆盖时,停止倒入;合上培养皿的盖子,并将培养皿放到超净台上,然后在超净台上将培养皿正转一圈,再反转一圈。最后将培养皿水平放置在超净台上,等待冷却凝固

④ 标记 ········· 在两个已凝固的平板底用记号笔划分成三个区域,并标明要点植的糖的名称(图 2-1)

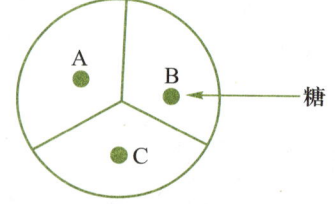

图 2-1　点植碳源(糖)示意图

A、B、C 表示不同碳源的点植位置

⑤ 点植 ……… 用 6 根无菌牙签分别挑取 6 种糖对号点植

⑥ 培养 ……… 待糖溶入后再将平板倒置于 37 ℃恒温培养箱培养 18～24 h 后,观察各点周围有无菌落圈,并填写表 2-12

⑦ 写报告 ……… 报告形式参见任务 1.1"任务实施",并在规定的时间内完成报告的撰写

4. 注意事项

(1)点植时糖要集中,取糖量为小米粒大小即可。糖过多时,糖溶液扩散区域过大,会导致不同的糖相互混合。

(2)点植糖后不要匆忙将平板倒置,应静置一段时间,否则尚未溶入的糖溶液会掉到皿盖上。

表 2-12　大肠埃希菌碳源利用情况记录表

碳源	葡萄糖	半乳糖	麦芽糖	蔗糖	乳糖	木糖
是否出现菌落 (+/-)						
菌落直径 /mm						

5. 技能评价

技能评价以过程评价为主,具体见表 2-13。

表 2-13　微生物对碳源需求的测定(生长谱法)技能评价表

考核项目		技能要求	分值	评分标准	得分
关键考核点	菌悬液制备及接种	菌悬液制备及接种的无菌操作	10 分	管口、管塞烧灼(5 分) 接种无漏液,移液管没有触碰其他物品(5 分)	
	倒培养基	在无菌区域操作,培养基与菌悬液混匀	20 分	无菌区操作(10 分) 混匀时培养基没有污染皿盖或溢出(10 分)	
	点植操作	点植时糖量及糖样的控制正确	20 分	糖量为小米粒大小(10 分) 糖样对号点植(10 分)	

续表

考核项目		技能要求	分值	评分标准	得分
关键考核点	恒温培养箱培养	培养时倒置培养皿；正确设置培养温度和时间	20分	培养皿倒置（10分） 培养温度为37 ℃，时间为24 h（10分）	
	实验桌面整洁情况	物品摆放有序，卫生良好	10分	物品摆放有序（5分） 卫生良好（5分）	
其他考核点	高压灭菌锅操作	操作规范、熟练	10分	操作规范（5分） 操作熟练（5分）	
	卫生值日	干净整洁，物品还原	10分	干净整洁（5分） 物品还原（5分）	
合计			100分		

任务 2.2　微生物的培养基

 任务目标 〉〉〉

知识目标:掌握培养基配制或设计的原则。

技能目标:会配制培养基；会对培养基进行灭菌操作。

 任务准备 〉〉〉

一、培养基的类型划分

培养基是人工配制的,适合微生物生长繁殖或产生代谢产物的营养基质。无论是以微生物为材料的研究,还是利用微生物生产生物制品,都必须首先进行培养基配制。培养基种类繁多,根据成分、物理状态和用途等可将其分成多种类型。

(一)根据成分划分

1. 天然培养基

用各种动物、植物和微生物材料制作的,成分含量不完全清楚,且变化不定的营养基质称为天然培养基,其主要成分是天然的有机物质,如马铃薯、玉米粉、豆饼粉、豆芽汁、牛肉膏、蛋白胨、血清。这些复杂天然有机物质的成分不完全清楚,但营养丰富全面。这类培养基常用于实验研究和生产,如牛肉膏蛋白胨培养基、马铃薯培养基、麦芽汁培养基、玉米粉培养基、血琼脂培养基,以及生产中使用的麸皮、锯末等。其缺点是成分不完全清楚,成分和含量不确定,用于精细实验时重复性差,所以仅适用于实验室的一般粗放性实验和工业生产中制作种子和发酵培养基。

常用的天然有机营养物质包括牛肉膏、蛋白胨、酵母浸膏、豆芽汁、玉米粉、牛奶(表 2-14)等。天然培养基成本较低,除在实验室经常使用外,也适于用来进行工业大规模的微生物发酵生产。

表 2-14　配制天然培养基用的几种原料性质与成分

原材料	产品特点	营养成分
牛肉膏 (beef extract)	瘦牛肉经加热抽提并浓缩而成的膏状物	富含水溶性动物组织的营养物质,如糖类、有机含氮物、水溶性维生素和无机盐
蛋白胨 (peptone)	由酪素或明胶等蛋白质经酸或酶(胰蛋白酶、胃蛋白酶或木瓜蛋白酶等)水解而成。因蛋白质来源和水解方式不同,可以获得不同特性的产品	是营养丰富的有机氮源,其中还含有若干种维生素和糖类。如胰酶水解的酪蛋白约含总氮 12.9%,氨基氮 6.6%
酵母浸膏 (yeast extract)	由酵母细胞水提取物浓缩而成的膏状物,还可制成粉末型商品	富含 B 族维生素,也含丰富的有机氮和碳化物
琼脂 (agar)	从某些海藻(有十几种红藻)中加热提取出来的复杂糖类	是配制固体培养基时最常用的凝固剂,无营养价值
甘蔗糖蜜 (cane-sugar molasses)	制糖厂除去糖结晶后的下脚废液,棕黑色	约含蔗糖 32%,其他糖 30%,含氮物 3%,有机物 7%,灰分 15%,水分 13%
甜菜糖蜜 (beet-sugar molasses)	同上	约含蔗糖 50%,其他有机物 20%,灰分 9.5%,水分 20%

2. 合成培养基

合成培养基由化学成分已知的有机物和无机物配制而成,成分精确,重复性强,但营养局限,微生物生长缓慢。其一般用于研究微生物的形态、营养代谢、分类鉴定、菌种选育、遗传分析及生物测定等,如培养放线菌的高氏 1 号培养基、培养霉菌的察氏培养基以及各种化能自养菌培养基等。

3. 半合成培养基

半合成培养基由某些天然物质与少量已知成分的化学物质配制而成,营养全面,能有效地满足微生物对营养的需求,广泛应用于微生物培养。如培养霉菌的马铃薯葡萄糖培养基,工业生产常用玉米粉等天然物质加无机盐配制的各种发酵培养基。

(二)根据物理状态划分

1. 固体培养基

外观呈固体状态的培养基称为固体培养基。根据固体的性质将固体培养基分为四种类型：

（1）凝固培养基 向液体培养基中加入琼脂或明胶所形成的遇热融化冷却后凝固的固体培养基称为凝固培养基。该类培养基在微生物学实验中有着极为广泛的用途。琼脂和明胶的用量分别为 1.5%～2.0% 和 5%～12%。常用凝固剂为琼脂。琼脂又名洋菜，是从石花菜中提炼出来的，化学成分为多聚半乳糖硫酸酯，绝大多数微生物不能利用琼脂作碳源。

（2）非可逆性凝固培养基 由血液或无机硅胶凝固形成的固体培养基称为非可逆性凝固培养基。这类培养基凝固后不能再融化。无机硅胶培养基专门用于化能自养微生物的分离与纯化。

（3）天然固体培养基 由天然固态物质直接制成的培养基称为天然固体培养基。例如麸皮、米糠、木屑、大米、麦粒、马铃薯片及胡萝卜条等天然材料均属天然固体培养基。

（4）滤膜 这是一种坚韧且带有无数微孔的醋酸纤维薄膜。将其制成圆片浸在含培养液的纤维素衬垫上，就形成了具有固体培养基性质的营养滤膜。

固体培养基可用于微生物分离、鉴定、测数、菌种保藏及微生物产品的固态发酵等。

2. 半固体培养基

半固体培养基中凝固剂的含量比固体培养基少，培养基中琼脂含量一般为 0.2%～0.7%。半固体培养基常用来观察微生物的运动特征、分类鉴定及噬菌体效价测定等。

3. 液体培养基

液体培养基中未加任何凝固剂，在用液体培养基培养微生物时，通过振荡或搅拌可以增加培养基的通气量，同时使营养物质分布均匀。液体培养基常用于大规模工业生产及在实验室进行微生物的基础理论和应用方面的研究。

（三）根据用途划分

1. 基础培养基

尽管不同微生物的营养需求不同，但大多数微生物所需的基本营养物质是相同的。基础培养基是含有一般微生物生长繁殖所需的基本营养物质的培养基。牛肉膏蛋白胨培养基是最常用的基础培养基。

2. 加富培养基

加富培养基又称营养培养基，即在基础培养基中加入某些特殊营养物质制成的一类营养丰富的培养基。这些特殊营养物质包括血液、血清、酵母浸膏、动植物组织液等。加富培养基一般用来培养营养要求比较苛刻的异养微生物，如培养百日咳博德特菌需要含有血液的加富培养基。加富培养基还用来富集和分离某种微生物，这是因为加富培养基含有某种微生物所需的特殊营养物质，该种微生物在这种培养基中较其他微生物生长速度快，并逐渐富集而占优势，逐步淘汰其他微生物，从而容易达到分离该种微生物的目的。

3. 鉴别培养基

鉴别培养基是用于鉴别不同类型微生物的培养基。在培养基内加入某种特殊化学物质，某种微生物在培养基中生长后能产生某种代谢产物，而这种代谢产物可以与培养基中的特殊化学物质发生特定的化学反应，产生明显的特征变化，根据这种特征性变化，可将该种微生物与其他微生物区别开来。鉴别培养基主要用于微生物的快速分类鉴定，以及分离和筛选产生某种代谢产物的微生物菌种。

4. 选择培养基

选择培养基是用来将某种或某类微生物从混杂的微生物群体中分离出来的培养基。根据不同种类微生物的特殊营养需求或其对某种化学物质的敏感不同，在培养基中加入相应的特殊营养物质或化学物质（表 2-15），来抑制不需要的微生物的生长，而有利于所需微生物的生长。

表 2-15　选择性培养基的抑制剂

选择对象	抑制剂及其用量/(μg/mL)	抑制对象
细菌	四环素（200）	黑曲霉，酵母
	四环素（100）	酱油曲霉，根霉
	放线菌酮（20）	酵母
	放线菌酮（50）	酱油曲霉
	放线菌酮（100）	根霉
	放线菌酮（200）	黑根霉
	真菌素（100）	酱油曲霉，酵母
革兰阳性（G^+）细菌	多黏菌素 B（5）	G^-细菌
革兰阴性（G^-）细菌	青霉素（1）	G^+细菌
乳酸菌	山梨酸（0.2%，pH 6）	芽孢杆菌
	叠氮化钠（NaN_3）（0.005%，pH 7）	曲霉
	真菌素（20）	酵母
肠道细菌	胆汁酸（1.5~5 mg/mL）	G^+细菌
微球菌	山梨酸（0.2%）	芽孢杆菌
放线菌	放线菌酮（50），制霉菌素（50），丙酸钠（4 mg/mL）	霉菌
酵母	丙酸钠（0.2%）	曲霉，根霉，杆菌
	丙酸钠（0.1%~0.15%）	青霉，微球菌，醋酸菌
	$CuSO_4 \cdot 5H_2O$（0.05%，pH 3.8）	乳酸菌，乳链球菌
	四环素（50），氯霉素（20），链霉素（20~100），青霉素（50），金霉素（100），真菌素（200）	细菌

选择对象	抑制剂及其用量/(μg/mL)	抑制对象
霉菌	氯霉素(100),青霉素(20),链霉素(40),青霉素(100)	细菌
	氯霉素(50)+放线菌酮(10)	细菌,酵母

　　一种类型的选择培养基是依据某些微生物的特殊营养需求设计的,例如,利用以纤维素或石蜡作为唯一碳源的选择培养基,可以从混杂的微生物群体中分离出分解纤维素或石蜡油的微生物;利用缺乏氮源的选择培养基可分离固氮微生物。另一类的选择培养基是在培养基中加入某种化学物质,这种化学物质没有营养作用,对所需分离的微生物无害,但可以抑制或杀死其他微生物,例如分离真菌的马丁氏选择培养基。

　　在实际应用中,有时需要配制既有选择作用又有鉴别作用的培养基。如当要分离金黄色葡萄球菌时,在培养基中加入7.5%氯化钠、甘露醇和酸碱指示剂,金黄色葡萄球菌可耐高浓度氯化钠,且能利用甘露糖醇产酸。因此能在上述培养基生长,而且菌落周围颜色发生变化,则该菌落有可能是金黄色葡萄球菌,再通过进一步鉴定加以确定。

　　现代基因克隆技术中也常用选择培养基,在筛选含重组质粒的基因工程株过程中,利用质粒上具有的对某种抗生素的抗性选择标记,在培养基中加入相应抗生素,就能比较方便地淘汰非重组菌株,以减少筛选目标菌株的工作量。

二、 培养基的配制原则

1. 目的明确

　　根据不同微生物的营养要求配制针对性强的培养基。自养型微生物能从简单的无机物合成自身需要的糖类、脂类、蛋白质、核酸、维生素等复杂的有机物,因此培养自养型微生物的培养基完全可以由简单的无机物组成。由于异养微生物合成能力较弱,不能以 CO_2 作为唯一碳源,因此培养它们的培养基至少需要含有一种有机物质(如葡萄糖)。有的异养型微生物生长还需要一种以上的有机物,那么在培养基中就应该含有这些有机物质,以满足它的正常生长。如果要分离或培养某种特殊类型的微生物,还需要采用特殊的培养基。对于某些需要另外添加生长因子才能生长的微生物,还需要在培养基内添加它们所需的生长因子。

2. 营养协调

　　注意各种营养物质的浓度与配比。培养基中营养物质浓度合适时微生物才能生长良好,营养物质浓度过低时不能满足微生物正常生长所需,浓度过高时则可能对微生物生长起抑制作用。例如,高浓度糖物质、无机盐、重金属离子等不仅不能维持和促进微生物的生长,反而起到抑制或杀菌作用。另外,培养基中各营养物质之间的浓度配比也直接影响微生物的生长繁殖及代谢产物的形成和积累,其中碳氮比(C∶N)的影响较大。碳氮比指培养基中碳元素与氮元素物质的量的比值,有时也指培养基中还原糖与粗蛋白之比。例如,在利用微生物发酵生产谷氨酸的过程中,培养基碳氮比为 4∶1 时,菌体大量繁殖,谷氨酸积累少;当培养基碳氮比为 3∶1 时,菌体繁殖受到抑制,谷氨酸产量则大量增加。再如,在抗生素发酵生产过程中,可以通过控制培养基中速效氮(或碳)源与迟效氮(或碳)源之间的比例来控制菌体生长与抗生素合成的协调。

3. 物理化学条件适宜

物理化学条件包括很多,如 pH、温度、氧气、渗透压,在此以 pH 为例进行阐述。

培养基的 pH 必须控制在一定的范围内,以满足不同类型微生物的生长繁殖或产生代谢产物。一般来讲,细菌生长的最适 pH 范围在 7.0~8.0,放线菌在 pH 7.5~8.5,酵母菌在 pH 3.8~6.0,而霉菌则在 pH 4.0~5.8。在极端环境中的微生物,往往可以大大突破所属类群微生物 pH 范围的上限和下限。

在微生物生长繁殖和代谢过程中,由于营养物质被分解利用和代谢产物的形成与积累,会导致培养基的 pH 发生变化,若不对培养基 pH 条件进行控制,往往导致微生物生长速度下降或代谢产物产量下降。因此,为了维持培养基 pH 的相对恒定,通常在培养基中加入 pH 缓冲剂,常用的缓冲剂是 K_2HPO_4/KH_2PO_4 组成的混合物,但 K_2HPO_4/KH_2PO_4 缓冲系统只能在一定的 pH 范围(pH 6.4~7.2)内起调节作用。有些微生物,如乳酸菌能大量产酸,此时只能在培养基中加入难溶的碳酸盐($CaCO_3$)来进行调节,$CaCO_3$ 难溶于水,不会使培养基 pH 过度升高,但它可以不断中和微生物产生的酸,同时释放出 CO_2,将培养基 pH 控制在一定范围内。

4. 经济节约

在配制培养基时应尽量利用廉价且易于获得的原料为培养基成分,特别在发酵工业中,培养基用量很大,利用低成本的原料更体现出其经济价值。如在微生物单细胞蛋白的工业生产中,常常利用糖蜜、豆制品工业废液等作为培养基的原料。另外,大量的农副产品,如麸皮、米糠、玉米浆、酵母浸膏、酒糟、豆饼、花生饼,都是常用的发酵工业原料。

经济节约原则大致有:以粗代精、以野代家、以废代好、以简代繁、以烃代粮、以纤代糖、以氮代朊和以国(产)代进(口)等方面。

三、 培养基质量的影响因素

培养基是微生物实验的基础,其质量直接影响微生物实验结果。良好的贮藏条件和质量控制试验是提供优质培养基的保证。

(一)培养基的储存

1. 购买的培养基的存储

干粉培养基应保存在阴凉干燥处,要避免阳光直射;开瓶后的干粉培养基易吸湿,应注意防潮并在有效期或 6 个月内用完。应每月对储存中的培养基进行常规检查,如容器密闭性复查、首次开封日期、内容物的感官检查。如果培养基发生结块、颜色异常或其他变质迹象,就不能再使用。开封的脱水培养基,每次使用前应对其质量进行检查,通过粉末的流动性、均匀性、结块情况和色泽变化等判断培养基的质量变化。若发现培养基受潮或物理性状发生明显改变,则不应再使用。即用性培养基应按照产品标识要求进行储存。

2. 配制的培养基的保存

各种培养基均应在洁净的普通冰箱内保存,以 2~8 ℃ 为宜,不得冻结。基础培养基应在 30 天内用完。鉴别培养基应在 21 天内用完。选择性分离鉴别培养基制成平板后当日用完,置于保鲜膜(袋)密闭保存期限可延长至一周。

(二)质量检查

购置的同一批次的培养基,其质量检查应能通过无菌检查(制备好的培养基经 30~35 ℃ 培养 48 h,真菌培养基经 20~25 ℃ 培养 72 h 后,应无菌生长);新购的不同批次的商品化培养基在使用前应进行培养基性能测试,经检查合格的该批次培养基方准许使用,否则不准使用,做好检查记录。成品培养基的质量控制应包括物理指标和微生物指标的测试,根据测试结果及时填写报告。

(三)培养基的性能测试

新购的不同批次的商品化培养基在使用前应进行培养基性能测试,包括物理指标和微生物指标的测试,测试的方法参考 SN/T 1538.2—2016《培养基制备指南 第 2 部分:培养基性能测试实用指南》。

四、 常用的灭菌和消毒方法及原理

消毒(disinfection)与灭菌(sterilization)是从事微生物学和生命科学研究必不可少的实用技术,在医疗卫生、环境保护、食品、生物制品等各方面均具有重要的应用价值,两者的意义有所不同。消毒一般是指消灭病原菌和有害微生物的营养体,灭菌则是指杀灭一切微生物的营养体、芽孢和孢子。微生物实验需要进行纯培养,不能有任何杂菌污染,因此对所用器材、培养基和工作场所都要进行严格的消毒和灭菌。

消毒与灭菌的方法很多,一般可分为物理方法和化学方法。根据不同的使用要求和条件选用合适的消毒灭菌的方法。

(一)物理消毒灭菌方法及原理

影响微生物生长的物理因素主要有温度、辐射作用、过滤、渗透压、干燥和超声波等,它们对微生物能起抑制生长作用或杀灭作用。

1. 高温灭菌

当环境温度超过微生物的最高生长温度时就会引起微生物死亡。高温的致死作用,主要是引起蛋白质、核酸和脂类等重要生物大分子发生降解或改变其空间结构等,从而使它们变性或被破坏。一定时间内(一般为 10 min)杀死微生物所需要的最低温度称为致死温度。

高温灭菌分为干热灭菌和湿热灭菌。在相同温度下,湿热灭菌效果比干热灭菌好,原因是:① 蛋白质的含水量与其凝固温度成反比,因此湿热条件下,菌体吸收水分,菌体蛋白更容易凝固(表 2-16);② 热蒸汽穿透能力强(表 2-17);③ 湿热蒸汽有潜热存在,当蒸汽在物体表面凝结成水时放出大量热量,可提高灭菌物品的温度。

表 2-16　蛋白质含水量与其凝固温度的关系

蛋白质含水量 /%	蛋白质凝固温度 /℃	灭菌时间 /min	蛋白质含水量 /%	蛋白质凝固温度 /℃	灭菌时间 /min
50	56	30	6	145	30
25	74~80	30	0	160~170	30
18	80~90	30			

(1) 干热灭菌　干热灭菌是通过灼烧或烘烤等方法杀死微生物。

① 火焰灼烧法:实验室常用酒精灯火焰灼烧接种工具和试管口等物品。医院常焚烧污染物品及实验动物尸体等。此法灭菌彻底、迅速、简便。

② 烘箱热空气法:通常将灭菌物品放入电热烘箱内,在 150~170 ℃下维持 1~2 h 可达到彻底灭菌(包括细菌的芽孢)的目的。利用热空气灭菌,灭菌时间可根据被灭菌物品的体积做适当调整。该法适用于金属器械和玻璃器皿等耐热物品的灭菌,也可用于油料和粉料物质的灭菌。

表 2-17　干热灭菌和湿热灭菌空气穿透力的比较

加热方式	温度/℃	加热时间/h	透过布的层数及其温度/℃		
			20 层	40 层	100 层
干热灭菌	130~140	4	86	72	70 以下
湿热灭菌	105	4	101	101	101

(2) 湿热灭菌　湿热灭菌是以蒸汽为介质杀灭微生物。

① 巴氏消毒法:此法最早由法国微生物学家巴斯德采用。这是一种专用于牛奶、啤酒、果酒或酱油等不宜进行高温灭菌的液态风味食品或调料的低温消毒方法。此法可杀灭物料中的无芽孢病原菌(如牛奶中的结核分枝杆菌或沙门菌),又不影响其原有风味。具体做法可分为两类:第一类是经典的低温维持法(LTH),例如用于牛奶消毒只要在 63 ℃维持 30 min 即可;第二类是超高温瞬时灭菌技术(UHT),例如牛奶和其他液态食品一般采用 138~142 ℃、2~4 s,既可杀菌,又能保证质量,还可缩短时间,提高经济效益。

② 煮沸消毒法:物品在水中煮沸(100 ℃)15 min 以上,可使某些病毒失活,可杀死细菌及

真菌的所有营养细胞和部分芽孢、孢子。如延长时间或加入 1%碳酸钠或 2%~5%苯酚,则效果更好。此法适用于解剖器具、家庭餐具和饮用水等的消毒。

③ 间歇灭菌法:又称分段灭菌法或丁达尔灭菌法。将待灭菌物品于常压下加热至 100 ℃处理 15~60 min,杀死其中的营养细胞。冷却后 37 ℃保温过夜,使其中残存的芽孢萌发成营养细胞,第二天再以同样的方式加热处理,反复三次,可杀灭所有的芽孢和营养细胞,达到灭菌目的。此法主要适用于一些不耐高温的培养基、营养物质等的灭菌,缺点是较费时间。

④ 高压蒸汽灭菌法:这是一种利用高温(而非压力)进行湿热灭菌的方法,优点是操作简便、效果可靠,故被广泛使用。为达到良好的灭菌效果,一般要求温度应达到 121.5 ℃(0.1 MPa),时间维持 15~30 min。有时为防止培养基内葡萄糖等成分受到破坏,也可采用在较低温度(115.6 ℃,即 0.07 MPa)下维持 35 min 的方法。加压蒸汽灭菌法适用于一切微生物学实验室、医疗保健机构或发酵工厂中对培养基及多种器材或物料的灭菌。

2. 低温抑菌

低温的作用主要是抑菌。它可使微生物的代谢活力降低,生长繁殖停滞,但仍能保持其活性。低温法常用于保藏食品和菌种。

(1)冷藏法 将新鲜食物放在 4 ℃冰箱保存可有效防止腐败,然而贮藏只能维持几天,因为低温下耐冷微生物仍能生长,造成食品腐败。利用低温下微生物生长缓慢的特点,可将微生物斜面菌种放置于 4 ℃冰箱中保存数周至数月。

(2)冷冻法 家庭或食品工业中采用-20~-10 ℃的冷冻温度,使食品冷冻成固态加以保存。在此条件下,微生物基本上不生长,食品保存时间比冷藏法长。冷冻法也适用于菌种保藏,所用温度更低,如-20 ℃低温冰箱,或-70 ℃超低温冰箱,或-196 ℃液氮。

3. 辐射作用

辐射主要有电离辐射、非电离辐射(紫外线、强可见光等),可用于控制微生物生长和保存食品。

(1)紫外线 它由波长 10~400 nm 的光组成,其中波长在 200~300 nm 范围的紫外线杀菌作用最强。紫外线杀菌作用主要是它可以被蛋白质(约 280 nm)和核酸(约 260 nm)吸收,使蛋白质和核酸变性失活。核酸中的胸腺嘧啶吸收紫外线后形成二聚体,导致 DNA 复制和转录中遗传密码阅读错误,引起致死突变。紫外线还可使空气中的分子氧变为臭氧,分解放出氧化能力极强的新生态[O],破坏细胞物质的结构,使菌体死亡。紫外线穿透能力很差,只能用于物体表面或室内空气的灭菌。紫外线灭活病毒特别有效,对其他微生物细胞的灭活作用因 DNA 修复机制的存在受到影响。

紫外线的杀菌效果也与菌种的生理状态有关。干细胞抗紫外线辐射能力比活细胞强,孢子的抗性比营养细胞强,色素细胞的色素若可吸收紫外线也可起保护作用。

(2)电离辐射 控制微生物生长所用的电离辐射主要是 X 射线和 γ 射线。电离辐射波长短,穿透力强,能量高,效应无专一性,作用于一切细胞成分。它主要用于其他方法不能解决的塑料制品、医疗设备、药品和食品的灭菌。γ 射线是某些放射性同位素产生的,已有专门用于不耐热的大体积物品消毒的 γ 射线装置。

（3）强可见光　太阳光具有杀菌作用,主要是由紫外线造成的。但含有波长范围 400 ~ 700 nm 的强可见光也具有直接的杀菌效应,它们能够氧化细菌细胞内的光敏感分子,如核黄素和卟啉环(构成氧化酶的成分)。因此,实验室应注意避免将细菌培养物暴露于强光下。此外,曙红和四甲基蓝能吸收强可见光使蛋白质和核酸氧化,因此常将两者结合用来灭活病毒和细菌。

4. 过滤除菌

高压蒸汽灭菌可以除去液体培养基中的微生物,但对于空气和不耐热的液体培养基的灭菌是不适宜的,为此设计了一种过滤除菌的方法。过滤除菌有三种类型。第一种最早使用的是在一个容器的两层滤板中间填充棉花、玻璃纤维或石棉,将其灭菌后空气通过它就可以达到除菌的目的。为了缩小这种滤器的体积,后来改进为在两层滤板之间放入多层滤纸,灭菌后使用也可以达到除菌的作用,这种除菌方式主要用于发酵工业。第二种是膜滤器,它是由醋酸纤维素或硝酸纤维素制成的比较坚韧的具有微孔($0.22 \sim 0.45$ μm)的膜,灭菌后使用,液体培养基通过它就可将细菌除去。由于这种滤器处理量比较少,主要用于科研。第三种是核孔滤器,它是由用核辐射处理过的很薄的聚碳酸胶片(厚 10 μm)再经化学蚀刻而制成。辐射使胶片局部破坏,化学蚀刻使被破坏的部位成孔,而孔的大小则由蚀刻溶液的强度和蚀刻的时间来控制。溶液通过这种滤器就可以将微生物除去,这种滤器也全部用于科学研究。

5. 高渗作用

细胞质膜是一种半透膜,它将细胞内的原生质与环境中的溶液(培养基等)分开,如果溶液的浓度高于细胞原生质的浓度,那么水就会从溶液中通过细胞质膜进入原生质,使原生质和溶液中的水达到平衡,这种现象为渗透作用,即水或其他溶剂经过半透性膜而进行扩散的现象。在渗透时,溶剂通过半透膜时所受到的阻力称为渗透压(osmotic pressure)。渗透压的大小与溶液浓度成正比。如纯水的 A_w 值为 1,溶液中的溶质趋向于降低 A_w 值,溶液中含的溶质越多,溶液中的 A_w 值越低,即溶液的渗透压力越高。

微生物生长对环境的渗透压力有一定的要求,使微生物细胞质膜所承受的压力在允许的范围之内。当微生物接种在渗透压力低的培养基里时,细胞吸水膨胀,细胞质膜受到一种向外的压力即膨胀压力。正常条件下,G^+ 细菌的膨胀压力为 15 ~ 20 atm,G^- 细菌的膨胀压力为 0.8 ~ 5 atm。由于细胞壁的保护作用,这种膨胀压力不会影响细菌的正常生理活动。当培养基的渗透压力高时,细胞质失水,发生质壁分离,导致微生物生长停止。大多数微生物能通过胞内积累某些能调整胞内渗透压力的相容性溶质(compatible solute)来适应培养基的渗透压力变化,这类相容性溶质可以是某些阳离子,如 K^+;氨基酸,如谷氨酸、脯氨酸;氨基酸衍生物,如甜菜碱(甘氨酸的衍生物);或糖,如海藻糖,这类物质被称为渗透保护剂或渗透调节剂或渗透稳定剂。

6. 干燥

水是微生物细胞的重要成分,占生活细胞总重的90%左右,它参与细胞内的各种生理活动,因此没有水就没有生命。降低物质的含水量到一定程度,就可以抑制微生物生长,防止食品、衣物等物质的腐败与霉变。因此干燥是保存各种物质的重要手段之一。

干燥的主要作用是使细胞失水,代谢停止,也可引起某些微生物死亡。干果、稻谷、奶粉等食品通常采用干燥法保存,防止腐败。不同微生物对干燥的敏感性不同,G⁻细菌,如淋病双球菌对干燥特别敏感,数小时便死亡;但结核分枝杆菌特别耐干燥,在干燥环境中,100 ℃、20 min仍能生存;链球菌用干燥法保存数年而不丧失致病性。休眠孢子抗干燥能力很强,在干燥条件下可长期不死,故可用于菌种保藏。

7. 超声波

超声波处理微生物悬液可以达到消灭微生物的目的。超声波处理微生物悬液时,由于超声波探头的高频率振动,引起探头周围水溶液的高频率振动,当探头和水溶液两者的高频率振动不同步时能在溶液内产生空当即空穴,空穴内处于真空状态,只要悬液中的细菌接近或进入空穴区,由于细胞内外压力差,导致细胞裂解,超声波的这种作用称为空穴作用。此外,由于超声波振动,机械能转变成热能,导致溶液温度升高,使细胞产生热变性,可抑制或杀死微生物。目前超声波处理技术广泛用于实验室研究中的细胞破碎和灭菌。

(二)化学消毒灭菌原理及特点

许多化学药剂可抑制或杀灭微生物,因而被用于控制微生物生长,它们被分为三类:消毒剂、防腐剂、化学治疗剂。化学治疗剂是指能直接干扰病原微生物的生长繁殖并可用于治疗感染性疾病的化学药物,按其作用和性质又可分为抗代谢物和抗生素。

1. 消毒剂和防腐剂

消毒剂是可抑制或杀灭微生物,对人体也可能产生有害作用的化学药剂,主要用于抑制或杀灭非生物体表面、器械、排泄物和环境中的微生物。防腐剂是可抑制微生物活动但对人和动物毒性较低的化学药剂,可用于机体表面如皮肤、黏膜、伤口等处防止感染,也可用于食品、饮料、药品的防腐。现在消毒剂和防腐剂间的界限已不严格,如高浓度的苯酚(3%~5%)可用于器皿表面消毒,低浓度的苯酚(0.5%)可用于生物制品的防腐。理想的消毒剂和防腐剂应具有作用快、效力大、渗透强、易配制、价格低、毒性小、无怪味的特点。完全符合上述要求的化学药剂很少,根据需要尽可能选择具有较多优良特性的化学药剂。

(1)醇类 醇类是脂溶剂,可损伤细胞膜,同时可使蛋白质变性,因而具有杀菌能力。但醇类对细菌芽孢无效,主要用于皮肤及器械消毒。不同醇的杀菌能力不同,如丁醇>丙醇>乙醇>甲醇。丁醇以上不溶于水,甲醇毒性很大,常用乙醇消毒。由于低级醇有脱水作用,无水乙醇与菌体接触后使细胞迅速脱水,表面蛋白凝固形成保护膜,阻止乙醇进一步渗入,影响杀菌能力。实验表明,浓度70%的乙醇杀菌效果最好,实际常用75%乙醇。

（2）醛类 醛类的作用主要是使蛋白质烷基化,从而改变酶或蛋白质的活性,使微生物的生长受到抑制或死亡。常用的醛类是甲醛,浓度37%~40%甲醛溶液称为福尔马林,因有刺激性和腐蚀性,不宜在人体使用,常以浓度2%甲醛溶液浸泡器械,10%甲醛溶液熏蒸房间。

（3）酚类 低浓度的酚可破坏细胞膜组分,高浓度的酚可凝固菌体蛋白。酚还能破坏结合在膜上的氧化酶与脱氢酶,引起细胞迅速死亡。常用的苯酚又称石炭酸,浓度0.5%的苯酚可消毒皮肤,2%~5%可消毒痰、粪便与器皿,5%可喷雾消毒空气。甲酚是酚的衍生物,杀菌效果比苯酚强数倍,但在水中的溶解度较低,可在皂液或碱性溶液中形成乳浊液。市售的消毒剂来苏水是就甲酚与肥皂的混合液,常用浓度3%~5%的溶液消毒皮肤、桌面及用具。

（4）表面活性剂 主要是破坏菌体细胞膜结构,造成胞内物质泄漏,蛋白质变性,菌体死亡。肥皂是一种阴离子表面活性剂对链球菌（如肺炎链球菌）有效,但对葡萄球菌、结核分枝杆菌无效,浓度0.25%的肥皂溶液对链球菌的杀菌作用比0.7%来苏水或0.1%的升汞还强。但一般认为,肥皂的作用主要是机械地移去微生物,微生物附着于肥皂泡沫中被水冲洗掉。常用的新洁尔灭是人工合成的季铵盐阳离子表面活性剂,浓度0.05%~0.1%新洁尔灭溶液常用于皮肤、黏膜和器械消毒。

（5）染料 一些碱性染料的阳离子可与菌体的羧基或磷酸基作用,形成弱电离的化合物,妨碍菌体正常代谢,抑制生长。结晶紫可干扰细菌细胞壁肽聚糖的合成,阻碍UDP-N-乙酰胞壁酸转变为UDP-N-乙酰胞壁酸五肽。临床上常用浓度2%~4%的结晶紫水溶液即紫药水消毒皮肤和伤口。

（6）氧化剂类 氧化剂作用于蛋白质的巯基,使蛋白质和酶失活,强氧化剂还可破坏蛋白质的氨基和酚羟基。常用的氧化剂有卤素、过氧化氢、高锰酸钾。

95%乙醇+2%碘+2%碘化钠,或83%乙醇+7%碘+5%碘化钾等的混合液称为碘酒,碘酒消毒皮肤比其他药品的消毒作用强。氯对金属有腐蚀作用,一般用于水消毒,氯溶解于水形成盐酸和次氯酸,次氯酸在酸性环境中解离放出新生态氧,具有强烈的氧化作用而杀菌。漂白粉主要含次氯酸钙,次氯酸钙很不稳定,水解生成次氯酸,也产生新生态氧。浓度0.5%~1.0%的漂白粉溶液能在5 min内杀死大部分细菌。

（7）重金属 高浓度的重金属及其化合物都是有效的杀菌剂或防腐剂,常用的为汞及其衍生物。氯化汞又称升汞,其1:（500~2 000）溶液可杀灭大多数细菌,腐蚀金属,对动物有剧毒,常用于组织分离时的外表消毒和器皿消毒。汞溴红又称红汞,浓度2%红汞水溶液即红药水常用于消毒皮肤、黏膜及小创伤,不可与碘酒共用。银是温和的消毒剂,浓度0.1%~1.0%硝酸银可消毒皮肤,1%硝酸银可防治新生儿传染性眼炎。硫酸铜对真菌和藻类有强杀伤力,与石灰配制的波尔多液可防治某些植物病害。

（8）酸碱类 酸碱类物质可抑制或杀灭微生物。生石灰常以 1 :（4~8）配成糊状,用于消毒排泄物及地面。有机酸解离度小,但有些有机酸的杀菌力反而大,其作用机制是抑制酶或代谢活动,并非酸度的作用。苯甲酸、山梨酸和丙酸被广泛用于食品、饮料等的防腐,在偏酸性条件下有抑菌作用。

2. 抗代谢物

有些化合物的结构与微生物的代谢物很相似,可竞争特定的酶,阻碍酶的功能,干扰正常代谢,这些物质称为抗代谢物。抗代谢物种类较多,如磺胺类药物是对氨基苯甲酸的对抗物;6-巯基嘌呤是嘌呤的对抗物;5-甲基色氨酸是色氨酸的对抗物;异烟肼(雷米封)是吡哆醇的对抗物。

3. 抗生素

抗生素是微生物在其生命活动过程中产生的一种次生代谢物或其人工衍生物,它们在很低浓度时就能抑制或影响某些生物的生命活动,因而可用作优良的化学治疗剂。

抗生素的种类很多,其作用机制大致分为四类:① 抑制细胞壁的合成;② 破坏细胞膜的功能;③ 抑制蛋白质的合成;④ 抑制核酸的合成。

随着各种化学治疗剂的广泛应用,葡萄球菌、大肠杆菌、痢疾志贺菌、结核分枝杆菌等致病菌表现出越来越强的抗药性,给医疗带来困难。抗性菌株的抗药性主要表现在以下方面:① 细菌产生钝化或分解药物的酶;② 改变细胞膜的透性;③ 改变对药物敏感的位点;④ 菌株发生变异。

为避免细菌出现耐药性,使用抗生素必须注意:① 首次使用的药物剂量要足;② 避免长期单一使用同种抗生素;③ 不同抗生素混合使用;④ 改造现有抗生素;⑤ 筛选新的高效抗生素。

（三）消毒灭菌的效果监测

消毒灭菌效果的监测是评价消毒灭菌设备运转是否正常、消毒灭菌药剂是否有效、方法是否合理、消毒灭菌效果是否达标的唯一手段,因而消毒灭菌效果监测是消毒灭菌工作中必不可少的环节。

监测消毒灭菌效果时需遵循以下原则:监测人员需经过专业培训,掌握一定的消毒灭菌知识,熟悉消毒灭菌设备和药剂性能,具备熟练的检验技能;选择合理的采样时间(消毒灭菌后、使用前);遵循严格的无菌操作。

1. 高压蒸汽灭菌效果监测方法

高压蒸汽灭菌器灭菌效果怎样,需要有一定的监测指标,高压蒸汽灭菌效果的监测主要有以下三种方法。

（1）高压蒸汽灭菌效果的工艺监测 根据安装在灭菌器上的量器(压力表、温度表、计时表)、图表、指示针、报警器等,指示灭菌设备工作正常与否。此法能迅速指出灭菌器的故障,但不能确定待灭菌物品是否达到灭菌要求。此法作为常规监测方法,每次灭菌均应进行。

（2）化学监测法　化学监测法是以化学状态或性质的变化来监测的,主要有以下两种方法。

①化学指示管（卡）监测方法:将既能指示蒸汽温度,又能指示温度持续时间的化学指示管（卡）放入大包和难以消毒部位的物品包中央,经一个灭菌周期后,取出指示管（卡）,根据其颜色及性状的改变情况判断是否达到灭菌条件。

②化学指示胶带监测法:将化学指示胶带粘贴于每一待灭菌物品包外,经一个灭菌周期后,观察其颜色的改变,以指示是否经过灭菌处理。

监测时,所放置的指示管（卡）、胶带的性状或颜色均变至规定的条件,判为灭菌合格;若其中之一未达到规定的条件,则灭菌过程判为不合格。

（3）生物监测法　将两个嗜热脂肪杆菌芽孢菌片（ATCC 7953）分别装入灭菌小纸袋内,置于灭菌器内不易被灭菌完全的位置。经一个灭菌周期后,在无菌条件下,取出指示菌片,投入溴甲酚紫葡萄糖蛋白胨水培养基中,经 56 ℃ ±1 ℃培养 7d（自含式生物指示剂按说明书执行）,观察培养基颜色变化。检测时设阴性对照和阳性对照。每个指示菌片接种的溴甲酚紫蛋白胨水培养基都不变色,判定为灭菌合格;指示菌片之一接种的溴甲酚紫蛋白胨水培养基,由紫色变为黄色时,则灭菌过程不合格。

2. 干热灭菌效果监测方法

（1）化学监测法　将既能指示温度又能指示温度持续时间的化学指示剂 3~5 个分别放入待灭菌的物品中,并置于灭菌器最难达到灭菌的部位。经一个灭菌周期后,取出化学指示剂,根据其颜色及性状的改变情况判断是否达到灭菌条件。监测时,所放置的指示管的颜色及性状均变至规定的条件,则判为达到灭菌条件;若其中之一未达到规定的条件,则判为未达到灭菌条件。

（2）物理监测法（热电偶检测法）　将多点温度检测仪的多个探头分别放于灭菌器各层内、中、外各点。关好柜门,将导线引出,由记录仪观察温度上升与持续时间,若所示温度（曲线）达到预置温度,则灭菌温度合格。

（四）生物指示剂

生物指示剂系一类特殊的活微生物制品,可用于确认灭菌设备的性能、验证灭菌程序、监控生产过程灭菌效果等。用于灭菌验证中的生物指示剂一般是细菌的孢子。

生物指示剂中包含一定数量的一种或多种孢子,可制成多种形式。通常是将一定数量的孢子附着在惰性载体上,如滤纸条、玻片、不锈钢、塑料制品;孢子悬浮液也可密封于安瓿中;有的生物指示剂还配有培养基系统。

湿热灭菌法最常用的生物指示剂为嗜热脂肪地芽孢杆菌（*Geobacillus stearothermophilus*）如 NCTC 10007、NCIMB 8157、ATCC 7953）,D 值为 1.5~3.0 min,每片（或每瓶）活孢子数 $5×10^5$ ~ $5×10^6$ 个,在 121 ℃、19 min 下应被完全杀灭。此外,还可使用生孢梭菌孢子（spores of *Clostrid-*

ium sporogene，如 NCTC 8594、NCIMB 8053、ATCC 7955)，*D* 值为 0.4~0.8 min。

干热灭菌法最常用的生物指示剂为枯草芽孢杆菌孢子(spores of *Bacillus subtilis*，如 NCI-MB 8058、ATCC 9372)，*D* 值大于 2.5 min，每片活孢子数 $5×10^5$~$5×10^6$ 个。去热原验证时使用大肠埃希菌内毒素(*Escherichia coli* endotoxin)，加量不小于 1 000 细菌内毒素单位。

辐射灭菌法最常用的生物指示剂为短小芽孢杆菌孢子(spores of *Bacillus pumilus*，如 NCTC 10327、NCIMB 10692、ATCC 27142)。每片活孢子数 10^7~10^8 个，置于放射剂量 25 kGy 条件下，*D* 值约 3 kGy，但应注意灭菌物品中所负载的微生物可能比短小芽孢杆菌孢子显示更强的抗辐射力。因此短小芽孢杆菌孢子可用于监控灭菌过程，但不能成为灭菌辐射剂量建立的依据。

环氧乙烷灭菌最常用的生物指示剂为枯草芽孢杆菌孢子(spores of *Bacillus subtilis*，如 NCTC 10073、ATCC 9372)。每片活孢子数 $1×10^6$~$5×10^6$ 个。在环氧乙烷灭菌中，枯草芽孢杆菌孢子 *D* 值大于 2.5 min，在环氧乙烷浓度为 600 mg/L，相对湿度为 60%，温度为 54 ℃ 下灭菌，60 min 应被杀灭。

过滤除菌法最常用的生物指示剂为缺陷短波单胞菌(*Brevundimonas diminuta*，如 ATCC 19146)，用于滤膜孔径为 0.22 μm 的滤器；黏质沙雷菌(*Serratia marcescens*)(ATCC 14756)用于滤膜孔径为 0.45 μm 的滤器。

(五)消毒灭菌注意事项

(1) 任何物品在消毒灭菌前均应充分清洗干净。

(2) 清洗可采用流动水冲洗，清洁剂去污，管道可采用酶制剂浸泡，再用流动水冲洗干净，再浸泡在相应的消毒剂中浸泡消毒或灭菌。

(3) 使用的消毒剂应严格检测其浓度，于有效期内使用，确保消毒灭菌效果。

(4) 消毒灭菌后的用品必须保持干燥，封闭保存，避免保存过程中再污染。一旦发现有污染应再次根据需要进行消毒或灭菌。

(5) 消毒灭菌后的物品有效期一过，即应重新消毒灭菌。

(六)职业防护

(1) 应根据不同的消毒与灭菌方法，采取适宜的职业防护措施。

(2) 在污染器械、器具和物品的回收、清洗等过程中应预防发生从业人员职业暴露。

(3) 处理锐利器械和用具，应采取有效防护措施，避免或减少利器伤的发生。

(4) 不同消毒、灭菌方法的防护如下：

① 热力消毒、灭菌：操作人员接触高温物品和设备时应使用防烫的棉手套、着长袖工装；排除高压蒸汽灭菌器蒸汽泄漏故障时应进行防护，防止灼伤皮肤。

② 紫外线消毒：应避免对人体的直接照射，必要时戴防护镜和穿防护服进行保护。

③ 气体化学消毒、灭菌：应预防有毒有害消毒气体对人体的危害，使用环境应通风良好。

对于环氧乙烷灭菌,应严防发生燃烧和爆炸。使用环氧乙烷、甲醛气体灭菌和臭氧消毒的工作场所,应定期检测空气中的药物浓度,并达到国家规定的要求。

④ 液体化学消毒、灭菌:应防止过敏及对人体皮肤、黏膜的损伤。

 任务实施 >>>

一、器皿包扎和棉塞制作

包扎器皿和塞棉塞的作用主要在于阻止外界微生物进入,防止可能由此造成的污染。各种玻璃器皿在灭菌前必须经正确包扎和加塞,保证灭菌后仍保持无菌状态。棉塞的作用还可以保证器皿内良好的通气性能,使微生物不断地获得无菌空气。

1. 材料准备

培养皿(90 mm×15 mm)、试管(15 mm×150 mm、18 mm×180 mm)、三角瓶,移液管(1 mL、10 mL)、酒精灯、火柴、棉绳或橡皮筋、牛皮纸或旧报纸、非脱脂棉、硅胶塞。

2. 人员组织

1~2 人成一组,每组一套材料。

3. 操作步骤

① 培养皿包扎	将洗净烘干后的培养皿每 4~6 套按同一方向叠在一起,用报纸或牛皮纸卷成一筒,边包扎边把纸张向里折叠,以免散开,然后进行灭菌。使用时在无菌室中才可打开取出培养皿(图 2-2)
② 移液管包扎	在移液管管口约 0.5 cm 以下的地方塞入少许长约 1.5 cm 的棉花,以拉直的曲别针一端放在棉花的中心,轻轻捅入管口,松紧必须适中,松紧程度以吹气时通气顺畅而不致棉花下滑为准,管口外露的棉花纤维统一通过火焰烧去。然后,将移液管尖端放在 4~5 cm 宽的长条纸的一端约与纸条成 30°角,折叠纸条,包住移液管尖端,然后将移液管卷入纸条内,末端剩余纸条折叠打结,然后进行灭菌。使用时在无菌室中才可打开取出移液管(图 2-3、图 2-4)

吸量管
包扎演示

③ 试管和三角瓶包扎

在试管口和三角瓶口塞棉塞或硅胶塞,再在塞子外包上双层报纸或牛皮纸,以防止灭菌时冷凝水润湿棉塞,其外再用棉绳以活结形式扎紧(使用时容易解开),用记号笔注明培养基名称和配制日期。每个三角瓶单独用报纸包扎,试管数量较多时,3 或 7 支为一组包扎。试管和三角瓶用硅胶塞见图 2-5

棉塞制作
演示

④ 棉塞制作

取适量棉花铺成长方形,纵向松松地卷起来再对折后塞入管(瓶)口;或将棉花铺成方形,于其中央衬以小块棉花,用左手拇指为中心制成棉芯,再由外侧棉花包入做成棉塞(图 2-6 和图 2-7),填写表 2-18

⑤ 写报告

报告形式参见任务 1.1"任务实施",并在规定的时间内完成报告的撰写

图 2-2　包扎好的培养皿

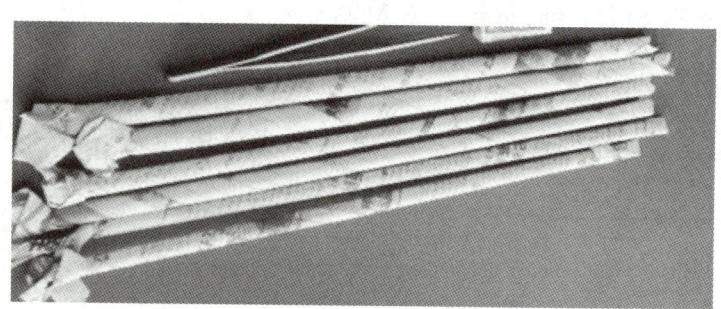

图 2-3　包扎好的移液管

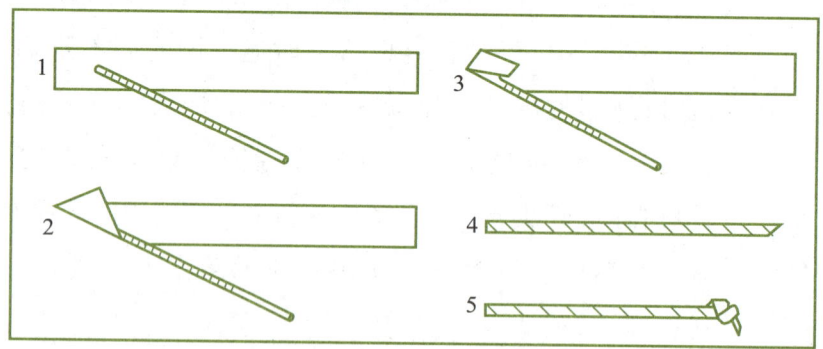

图 2-4　移液管包扎方法

图 2-5　试管和三角瓶用硅胶塞

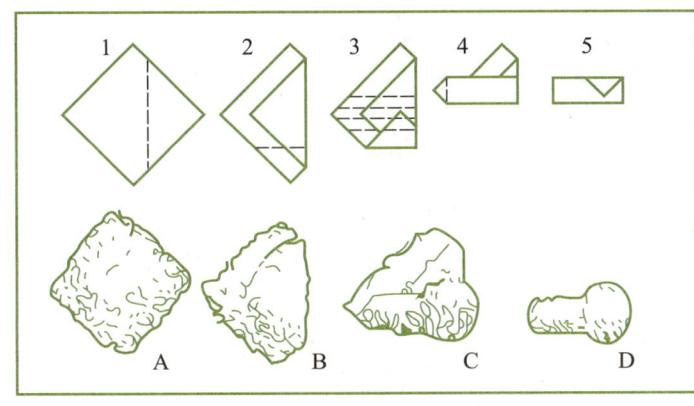

图 2-6　棉塞制作方法

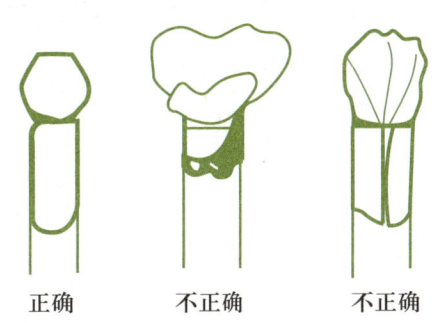

图 2-7　棉塞制作标准

4. 注意事项

（1）培养皿摆放顺序正确，报纸或牛皮纸包扎严密。使用灭菌后的培养皿和移液管需在无菌室中。

（2）移液管顶端塞非脱脂棉时要松紧恰当，过紧则吹吸液体太费力；过松则吹气时棉花会下滑，包扎报纸或牛皮纸要正确、严密。塞棉花起过滤除菌作用，以免使用时将杂菌吹入其中造成污染，或不慎将微生物吸出管外。

（3）试管或者三角瓶塞上的棉塞或硅胶塞，要求松紧合适，塞子往外拔时发出"嘭"的声音。先在棉塞外包报纸或牛皮纸，再在纸外用绳或橡皮筋扎紧。

（4）棉塞应按器皿口径大小制作，其长度就试管而言，棉塞的长度不小于管口直径的 2 倍，一般长 4~5 cm，约 2/3 塞进管口。要求棉塞紧贴玻璃器壁，没有皱纹和缝隙，松紧适当，过紧易挤破管口和不易塞入，过松易掉落和污染，手拔棉塞有清脆响声即为适合；手拔困难则表明太紧，妨碍空气流通，不易拔出。制作棉塞用非脱脂棉花，不宜用脱脂棉，因脱脂棉容易吸水而导致污染。

5. 结果记录

填写器皿包扎和棉塞制作记录表（表 2-18）。

6. 技能评价

技能评价以过程评价为主，具体见表 2-19。

表 2-18　器皿包扎和棉塞制作记录表

项目	内容
培养皿包扎描述	
试管管口和三角瓶瓶口塞子的作用	
试管和三角瓶塞子松紧程度描述	
移液管顶端塞棉花技术要求及用途	
合格棉塞技术要求	

表 2-19　器皿包扎和棉塞制作技能评价表

考核项目		技能要求	分值	评分标准	得分
关键考核点	培养皿包扎	培养皿叠放顺序正确,包扎严密	10 分	同一方向(5 分) 包扎严密(5 分)	
	移液管包扎	塞棉花,用报纸包扎	20 分	松紧合适(10 分) 包扎严密(10 分)	
	试管和三角瓶包扎	绳子捆扎位置、打结方式正确	20 分	距瓶口、管口下方 2 cm(10 分) 绳子打活结(10 分)	
	棉塞制作	棉塞直径、长度合适	20 分	松紧合适、紧贴器壁(10 分) 棉塞长度大于管口直径 2 倍(10 分)	
	实验桌面整洁情况	物品摆放有序,卫生良好	10 分	物品摆放有序(5 分) 卫生良好(5 分)	
其他考核点	报纸裁切	包扎移液管、试管和三角瓶报纸裁切合理	10 分	包扎移液管报纸裁成长条形(5 分) 包扎三角瓶、试管报纸裁成正方形(5 分)	
	卫生值日	干净整洁,物品还原	10 分	干净整洁(5 分) 物品还原(5 分)	
合计			100 分		

二、微生物培养基的配制

牛肉膏蛋白胨琼脂培养基是一种应用最广泛和最普遍的细菌基础培养基,它含有牛肉膏、蛋白胨和氯化钠。其中牛肉膏为微生物提供碳源和能源,蛋白胨提供氮源,氯化钠提供无机盐。在配制固体培养基时要加入一定量的琼脂作为凝固剂。牛肉膏蛋白胨琼脂培养基主要用于培养细菌,因此,要将 pH 调至中性或微碱性,以利于细菌生长。

1. 材料准备

牛肉膏、蛋白胨、NaCl、琼脂条或粉、1 mol/L NaOH 溶液、1 mol/L HCl 溶液、蒸馏水、药匙、试管、三角烧瓶、烧杯、量筒、玻璃棒、牛皮纸或者报纸、线绳、精密 pH 试纸（pH 5.5~9.0）、加热设备（电热套或者电磁炉）、电子天平、称量纸、滴管、胶管、漏斗、漏斗架、止水夹、记号笔等。

2. 人员组织

1~2 人成一组，每组一套材料。

3. 操作步骤

① 称量	按实际用量计算后，按照牛肉膏蛋白胨琼脂培养基的配方（参见附录 1），准确称取各成分于烧杯中。牛肉膏可放在小烧杯或表面皿中称量，用热水溶解后倒入大烧杯；也可用称量纸称量，随后放入热水中，将牛肉膏与称量纸分离，立即取出称量纸。蛋白胨极易吸潮，故称量要迅速
② 加热溶解	向上述烧杯中加入少于所需要的水量，加热溶解，边加热边搅拌，待药品完全溶解后将剩余的水全部加入
③ 调节 pH	初制备好的培养基往往不能符合所要求的 pH，故需用精密 pH 试纸或者酸度计来检测，用 1 mol/L NaOH 溶液或者 1 mol/L HCl 溶液调 pH 至合适的范围
④ 过滤、分装	用滤纸或双层纱布趁热过滤溶液。如果只是供一般使用的培养基，这步可省略。根据不同的需要，将制好的培养基分装入试管或三角烧瓶内。分装时可用漏斗分装培养基（图 2-8），以免培养基沾在管口或三角瓶口而造成污染
⑤ 加塞、包扎灭菌	培养基分装好以后，在试管（瓶）口塞上棉塞或者硅胶塞。在塞上棉塞的容器外面再包一层牛皮纸或者双层报纸，用棉绳或者牛皮筋捆扎（图 2-9），最后在包扎纸上写上培养基名称及日期，121 ℃，高压蒸汽灭菌 30 min。灭菌过的培养基见图 2-10

⑥ 制作斜面培养基　　在实验台上放一支长 0.5~1 m 的木条,厚度为 1 cm 左右,将试管头部枕在木条上,使管内培养基自然倾斜,待凝固后即成斜面培养基(图 2-11)。斜面长度一般以不超过试管长度的 1/2 为宜;半固体培养基灭菌后,垂直冷凝成半固体

⑦ 制作平板培养基　　将刚刚灭过菌的培养基倒入无菌培养皿中,每皿约倒入 20 mL,以铺满皿底为度。静置冷却约 15 min,待培养基凝固后,倒置平板在 37 ℃ 培养箱中培养 24 h 后无菌落生长,表明灭菌彻底,即可保存备用(图 2-12)

⑧ 写报告　　报告形式参见任务 1.1"任务实施",并在规定的时间内完成报告的撰写

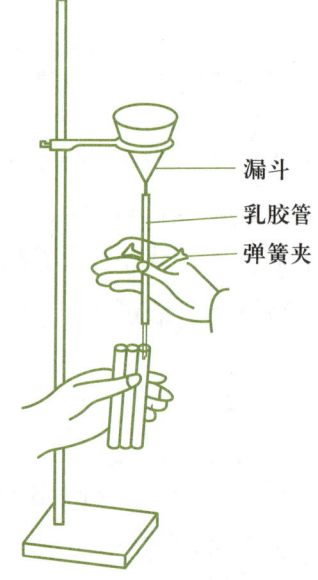

漏斗
乳胶管
弹簧夹

图 2-8　培养基分装

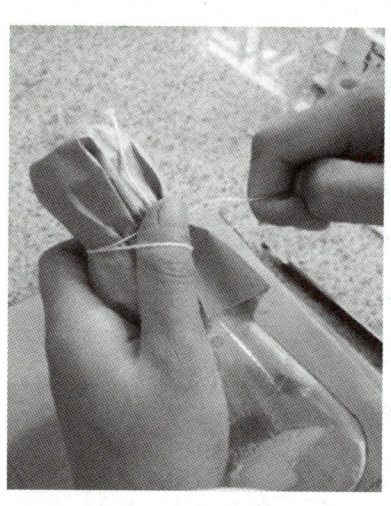

图 2-9　三角瓶包扎

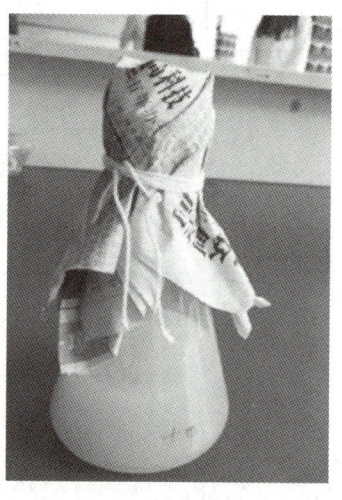

图 2-10　灭菌过的培养基

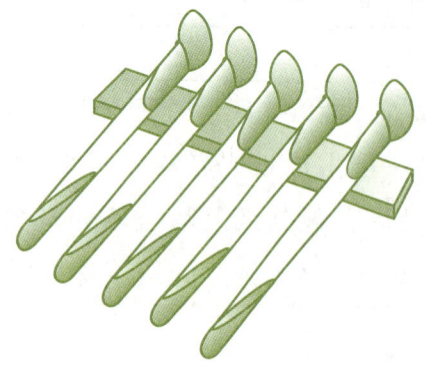

图 2-11　制作斜面试管

图 2-12　平板培养基

4. 注意事项

（1）不能用铁、铜等材质的容器装培养基，若铁离子进入培养基中，含量超过 0.14 mg/L 时可抑制细菌毒素的产生；含铜量超过 0.3 mg/L 时可抑制细菌的生长。某些特殊成分（如染料、胆盐、指示剂）应在校正 pH 后加入。

（2）在加热熔化时需不断搅拌并控制火力，防止琼脂糊底烧焦，防沸腾溢出，若水分蒸发，应补足失去的水分。

（3）pH 不要调过度，以避免回调而影响培养基内各离子浓度。配制低 pH 培养基时，若调好 pH 后再高压灭菌会导致琼脂水解而不能凝固。因此，应将培养基成分和琼脂分开灭菌后再混合，或在中性 pH 条件下灭菌后再调 pH。

（4）分装过程中，注意不要使培养基沾在管（瓶）口上，以免沾污棉塞而引起污染。培养基分装量：液体培养基约为试管高度的 1/4；半固体培养基约为试管高度的 1/3，灭菌后垂直待凝成半固体；固体培养基约为试管高度的 1/5，灭菌后制成斜面；分装入三角烧瓶的量以不超过 1/2 为宜。

（5）制作斜面培养基和平板培养基须趁热进行。培养基灭菌后，冷至 50 ℃左右（以防皿盖上冷凝水太多）再制作斜面培养基或者平板培养基。

5. 结果讨论

（1）填写表 2-20。

表 2-20　培养基制备计算结果记录表

培养基配方		应称取量/g
牛肉膏	0.3%	
蛋白胨	1.0%	
氯化钠	0.5%	
琼脂	1.5%～2.0%	

（2）实验过程或结果分析（提示：结合个人或他人观点对实验过程或结果进行有理有据的分析，并得出结论。）

6. 技能评价

技能评价以过程评价为主，具体见表 2-21。

表 2-21　微生物培养基的配制技能评价表

考核项目		技能要求	分值	评分标准	得分
关键考核点	称量	称量操作规范，培养基无损失	10 分	盖好药品瓶的瓶盖（5 分） 培养基未黏附在称量纸上（5 分）	

续表

考核项目		技能要求	分值	评分标准	得分
关键考核点	加热溶解，pH 的调节	加热过程搅拌、控制火力，用滴管滴加酸碱调节 pH	20 分	无溢锅烧焦（10 分） 调酸碱未过度（10 分）	
	分装	分装过程无培养基洒出、未黏附瓶（管）口，控制装量	20 分	培养基无黏附瓶（管）口（10 分） 分装量符合要求（10 分）	
	加塞、包扎	塞子直径合适，包扎位置在瓶（管）口下方 2 cm	20 分	棉塞大小符合要求（10 分） 棉绳捆扎位置正确（10 分）	
	实验桌面整洁情况	物品摆放有序，卫生良好	10 分	物品摆放有序（5 分） 卫生良好（5 分）	
其他考核点	电子天平操作	操作规范，熟练	10 分	操作规范（5 分） 操作熟练（5 分）	
	卫生值日	干净整洁，物品还原	10 分	干净整洁（5 分） 物品还原（5 分）	
合计			100 分		

三、 微生物培养基的灭菌

培养基配好后必须经过灭菌方能用于分离培养微生物试验。培养基采用高压蒸汽灭菌（湿热灭菌），在培养基配制后进行，其目的是杀灭培养基中残存的微生物或活的生物残体，保证培养基在贮存过程中不变质，也防止其他生物污染培养。培养基灭菌通常是 121 ℃、15 min，含糖或特殊培养基，按照国家标准或生产商提供的说明灭菌。已配制好的培养基必须在 15 min 内灭菌，避免微生物生长繁殖而消耗养分或改变培养基的酸碱度。

本实验操作方法以全自动立式高压灭菌器为例，操作流程：

加水→堆放→密封→设定灭菌温度及时间→加热（排放冷空气）→灭菌→结束

高压灭菌器工作原理：在一密闭的容器内对水加热，产生热蒸汽，蒸汽的增多使灭菌器内的压力增高，压力增高继而又使水的温度增高。通常当压力在 103.4 kPa 时，容器内温度可达到 121.3 ℃，维持 15~30 min，可以杀灭包括芽孢在内的所有的微生物。

1. 材料准备

全自动立式高压蒸汽灭菌器、待灭菌培养基、蒸馏水。

2. 人员组织

1~2 人成一组，每组一套材料。

3. 操作步骤

不同的灭菌锅其操作有所区别，以下步骤供参考。

① 加水	接通电源,观察灭菌器的水位指示灯,若低水位和缺水指示灯亮,须向容器内注入蒸馏水至高水位指示灯亮,严禁低水位和缺水时运作
② 装料、加盖	将待灭菌的物品放在不锈钢网篮里,放入灭菌室并仔细检查,把密封圈嵌入槽里,将灭菌器盖盖好,将手轮按顺时针方向旋紧,使盖与口密合,但不宜太紧,以免损坏密封圈。堆放时物品之间应保持适当空隙
③ 设定灭菌温度、时间	设定灭菌的温度和时间:按 SET 键设定温度,再次按 SET 设定时间,第三次按 SET 键是环境因子值,此值不需要设定
④ 加热、排气灭菌	开始加热前将放气阀旋至排气位置,待冷空气充分逸出后,自动关闭放气阀。当温度、压力升至预置灭菌温度值时,加热灯灭,仪器进入恒温控制状态进行灭菌,计时器自动计时
⑤ 开盖、取物	灭菌结束,待温度下降至 100 ℃且压力降到 0 后,打开排气阀,排掉残余蒸汽,再打开盖子,取出物品
⑥ 写报告	报告形式参见任务 1.1"任务实施",并在规定的时间内完成报告的撰写

4. 注意事项

(1) 为避免高温破坏培养基的营养成分,降低琼脂的凝胶强度,必须严格控制灭菌温度和时间,不可重复灭菌。

(2) 灭菌操作严格按照灭菌器产品说明书操作规程使用。

(3) 切勿忘记加水,同时加水量不可过少,以防灭菌器烧干而引起炸裂事故。灭菌器用水必须为蒸馏水。

(4) 待灭菌的物品(分装在试管,三角烧瓶中的固、液体培养基)需加塞(棉塞或硅胶泡沫塞)用防潮纸包好(防止锅内水汽把棉塞淋湿),注意不要装得太挤,以免阻碍蒸气流通而影响灭菌效果。三角烧瓶与试管口端均不要与桶壁接触,以免冷凝水淋湿包口的纸而透入棉塞。

(5) 加热时必须将放气阀拨至放气位置,使灭菌器内的冷空气逸出,否则影响灭菌效果。

(6) 一定要待压力降到"0"时,才能打开排气阀,开盖取物。否则就会因锅内压力突然下降,使容器内的培养基由于内外压力不平衡而冲出烧瓶口或试管口,造成棉塞沾染培养基而发生污染,甚至灼伤操作者。

（7）手提式高压蒸汽灭菌器加盖时以两两对称的方式同时旋紧相对的两个螺栓,使螺栓松紧一致,勿使漏气。

（8）每日灭菌结束后应将灭菌器内的水排净,清洗水垢,更换新蒸馏水,以提高灭菌质量及延长使用寿命。

5. 技能评价

技能评价以过程评价为主,具体见表2-22。

表2-22　微生物培养基的灭菌技能评价表

考核项目		技能要求	分值	评分标准	得分
关键考核点	准备	检查灭菌器,添加蒸馏水	10分	密封圈可靠（5分） 高水位（5分）	
	装料、加盖	灭菌物品不要装得太挤,顺时针旋转锅盖手轮	20分	适当空隙（10分） 无过紧（10分）	
	加热、排气	打开排气阀,设置灭菌条件	20分	排气阀开启（10分） 参数正确（121 ℃、15 min）（10分）	
	开盖、取物	压力表指针回到"0"位,排除锅内残余蒸汽	20分	确认压力表指针位置（10分） 开启上排气阀（10分）	
	实验桌面整洁情况	物品摆放有序,卫生良好	10分	物品摆放有序（5分） 卫生良好（5分）	
其他考核点	显微镜操作	操作规范,熟练	10分	操作规范（5分） 操作熟练（5分）	
	卫生值日	干净整洁,物品还原	10分	干净整洁（5分） 物品还原（5分）	
合计			100分		

四、 速效和迟效碳源对微生物生长的影响

同一微生物对不同碳源的利用有差别,即根据微生物利用碳源速度的快慢,将碳源分为速效碳源和迟效碳源。葡萄糖和蔗糖等被微生物利用的速度较快,它们是速效碳源,而乳糖、淀粉等被微生物利用的速度相对较为缓慢,它们是迟效碳源。"速效"和"迟效"碳源的主要区别是速效可以直接利用,而迟效则需要一定的代谢途径加以转化利用,即是否优先利用或者利用快慢不同。如葡萄糖和半乳糖同时存在于培养基时,大肠杆菌优先利用葡萄糖（速效碳源）再

利用半乳糖（迟效碳源）。

通过观察微生物在不同碳源培养基上的菌落生长速度，可以了解不同碳源对微生物生长的影响。

1. 材料准备

产黄青霉（*Penicillium chrysogenum*）麦芽汁斜面菌种管、察氏培养基（无糖）、葡萄糖、蔗糖、麦芽糖、淀粉、乙酸钠、灭菌锅、电热恒温干燥箱、超净工作台、恒温培养箱、培养皿、三角瓶、接种针、直尺等。

2. 人员组织

3~5 人成一组，每组一套材料。

3. 操作步骤

① 制备培养基（无糖）	制备察氏培养基（无糖）（配方参见附录 1），制备量根据需要而定，一般需要做 3 个平行
② 培养基添加碳源	在察氏培养基（无糖）中添加不同碳源（添加量为 3%），分别为：葡萄糖、蔗糖、麦芽糖、淀粉、乙酸钠共 5 种
③ 灭菌	将 5 种添加不同碳源的培养基和不添加任何碳源培养基，分别装入不同的三角瓶中，灭菌，然后放入 50 ℃ 的水浴锅中备用
④ 倒平板	将熔化的培养基倒入平皿中，制成平板。每种培养基做 3 个平板
⑤ 接种、培养	将在麦芽汁斜面上培养 7 d 的产黄青霉菌种点接在每一平板中心，在 25 ℃ 下倒置培养　　接种方法：右手拿起接种环（或针），将接种环（或针）的镍铬合金部分（即前端）放在酒精灯上灼烧直至变红为止，然后在空气中冷却至室温（大约 15 s）。再将接种环（或针）深入到试管斜面上挑取微生物，并接种到平板上（接种环或针与培养基接触即可）
⑥ 测量菌落直径	2 d 后开始测量各种培养基上的菌落直径，以后每隔 1 d 测量一次并记录，共测 5 次

⑦ 观察菌落 特征 ----- 测量菌落直径时,要同时记录下:a.菌落形态;b.菌丝及孢子的生长状况;c.是否产生色素;d.有无分泌物

⑧ 写报告 ----- 自行设计报告的格式,并在规定的时间内完成报告的撰写

4. 注意事项

(1)点接种无菌操作 取菌时接种环在培养基空白处接触一下,使接种环湿润便于黏着孢子和防止孢子散落。

(2)菌落直径测量值 读数保留至小数点后一位数。

5. 结果记录

(1)实验数据或实验结果描述 将菌落直径记录于表2-23、表2-24。

表 2-23 不同碳源菌落直径记录表   单位:mm

碳源种类	培养皿	不同培养时间的菌落直径				
		培养 2 d	培养 3 d	培养 4 d	培养 5 d	培养 6 d
葡萄糖	培养皿 1					
	培养皿 2					
	培养皿 3					
蔗糖	培养皿 1					
	培养皿 2					
	培养皿 3					
麦芽糖	培养皿 1					
	培养皿 2					
	培养皿 3					
淀粉	培养皿 1					
	培养皿 2					
	培养皿 3					
乙酸钠	培养皿 1					
	培养皿 2					
	培养皿 3					
无碳源	培养皿 1					
	培养皿 2					
	培养皿 3					

表 2-24　不同碳源菌落生长情况记录表

菌落生长情况	培养皿	碳源类型					
		葡萄糖	蔗糖	麦芽糖	淀粉	乙酸钠	无碳源
a. 菌落形态	培养皿 1						
	培养皿 2						
	培养皿 3						
b. 菌丝及孢子的生长状况	培养皿 1						
	培养皿 2						
	培养皿 3						
c. 是否产生色素	培养皿 1						
	培养皿 2						
	培养皿 3						
d. 有无分泌物	培养皿 1						
	培养皿 2						
	培养皿 3						

（2）实验过程或结果分析　绘制菌落直径对培养时间的坐标曲线,分析微生物生长情况,并说明其原因。

6. 技能评价

技能评价以过程评价为主,具体见表 2-25。

表 2-25　速效和迟效碳源对微生物生长的影响技能评价表

考核项目		技能要求	分值	评分标准	得分
关键考核点	倒培养基	在无菌区域操作,培养基的厚度为 4 mm 左右	10 分	无菌区操作(5 分) 培养基的厚度符合要求(5 分)	
	点接种操作	无菌操作规范,接种环在培养基空白处接触湿润	20 分	无菌区操作(10 分) 接种环湿润(10 分)	
	恒温培养箱培养	培养时倒置培养皿,培养温度合适	20 分	培养皿倒置(10 分) 温度 25 ℃(10 分)	
	培养结果记录	菌落测量与菌落特征描述	20 分	直尺测量(10 分) 描述准确(10 分)	
	实验桌面整洁情况	物品摆放有序,卫生良好	10 分	物品摆放有序(5 分) 卫生良好(5 分)	

续表

考核项目		技能要求	分值	评分标准	得分
其他考核点	恒温培养箱操作	操作规范,熟练	10分	操作规范(5分) 操作熟练(5分)	
	卫生值日	干净整洁,物品还原	10分	干净整洁(5分) 物品还原(5分)	
合计			100分		

任务2.3　微生物的生长测定

 任务目标 〉〉〉

知识目标:理解微生物数量测定的意义和方法;掌握产品的微生物限量标准。
技能目标:会对微生物数量进行测定。

 任务准备 〉〉〉

一、微生物的群体生长

微生物不论是在自然条件下还是在人工条件下发挥作用,都是"以数取胜"或是"以量取胜"的,生长和繁殖就是保证微生物获得巨大数量的必要前提。

一个微生物细胞在合适的外界环境条件下,不断地吸收营养物质,进行新陈代谢。如果微生物的同化作用速度超过了异化作用,则其原生质的总量就不断增加,于是出现了个体的生长现象。如果这是一种平衡生长,即各细胞组分是按恰当的比例增长时,则达到一定程度后就会进行繁殖,从而引起个体数目的增加。随着个体数量的增加,原有的个体发展成一个群体。随着群体中各个体的进一步生长,从而引起了群体的生长,这可以微生物的质量、体积、密度或浓度作指标来衡量。所以,这个过程表现为:个体生长→个体繁殖→群体生长;亦即:群体生长 = 个体生长+个体繁殖。

除了特定的目的以外,在微生物的研究和应用中,只有群体的生长才有实际意义,因为只有微生物的数量达到一定数值后,才会表现出可见的功能特征。因此,在微生物学中提到的"生长"概念,在没有特别指明的情况下,均指群体生长。这一点与研究大生物时有所不同。

微生物的生长繁殖是其在内外各种环境因素相互作用下的综合反映,因此,生长繁殖情况就可作为研究各种生理、生化和遗传等问题的重要指标;同时,微生物在生产实践上的各种应用,如生产中对致病、霉变、腐败、酸败等的防治措施,也都与微生物的生长繁殖和抑制紧密相关。

二、 微生物生长测定的方法

微生物生长意味着原生质含量的增加和微生物个体数量的增加,所以微生物生长的测定可以分为微生物生长量的测定和微生物繁殖或数量的测定。由于微生物的大小以微米来衡量,即个体微小,很难进行准确地测定,所以测定方法常根据测定的目标物不同或理论准确度不同,分为两大类,即直接测定法和间接测定法。

(一) 微生物生长量的测定

1. 直接测定法

(1)测体积　这是一种较为粗放的方法,用于作初步比较。例如把待测培养液放在刻度离心管中做自然沉降或进行一定时间的离心,然后观察其体积大小。

此方法只适用于生物量的估算,离心沉降中的物质除了微生物细胞外,还不可避免地含有其他物质,所以误差比较大。

(2)称干重　可用离心法或过滤法测定,一般干重为湿重的 10%~20%。

在离心法中,将待测培养液放入离心管中,用清水离心洗涤 1~5 次后,进行干燥。干燥温度可采用 105 ℃、100 ℃或红外线烘干,也可在较低的温度(80 ℃或 40 ℃)下进行真空干燥,然后称干重。以细菌为例,一个细胞一般重 10^{-13}~10^{-12} g。

另一种方法为过滤法。丝状真菌可用滤纸过滤,而细菌则可用醋酸纤维膜等滤膜进行过滤。过滤后,细胞可用少量水洗涤,然后在 40 ℃下真空干燥,称干重。以大肠埃希菌为例,在液体培养物中,细胞浓度可达 2×10^9 个/mL。100 mL 培养物可得 10~90 mg 干重的细胞。

此方法仅用于生物量的估算,很难将微生物细胞和一些颗粒物质用这种方法分开,误差比较大。

2. 间接测定法

(1)比浊法　细菌培养物在其生长过程中,由于原生质含量增加,会引起培养物混浊度的增高。最古老的比浊法是采用麦氏(McFarland)比浊管。这是用不同浓度的 $BaCl_2$ 与稀 H_2SO_4 配制成的 10 支试管,其中形成的 $BaSO_4$ 有 10 个梯度,分别代表 10 个相对的细菌浓度(预先用相应的细菌测定)。某一未知浓度的菌液只要在透射光下用肉眼与某一比浊管进行比较,如果两者透光度相当,即可目测出该菌液的大致浓度。

如果要做精确测定,则可用分光光度计进行。在可见光的 450~650 nm 波段内均可测定。为了对某一培养物内的菌体生长作定时跟踪,可采用不必取样的侧臂三角烧瓶(图 2-13)来进行。测定时,只要把瓶内的培养液倒入侧臂管中,然后将此管插入特制的光电比色计的比色座孔中,即可随时测出生长情况,而不必取用菌液。

此方法仅适用于微生物细胞浓度的粗略估算,不能区分活细胞和死细胞,且样品中可能含有影响光吸收的物质,但它对微生物浓度的估算有一定的参考价值。同时,这种方法的优点是快速,在微生物生长曲线的测定中常采用这种检测方法。

图 2-13　侧臂三角烧瓶

（2）生理指标法　与生长量相平行的生理指标很多,它们都可用作生长测定中的相对值,对特征微生物的检测有一定的积极意义。

① 测含氮量:大多数细菌的含氮量为其干重的 12.5%,酵母菌为 7.5%,霉菌为 6.0%。根据其含氮量再乘以 6.25,即可得其粗蛋白的含量(其中包括了杂环氮和氧化型氮)。测定含氮量的方法很多,如用硫酸、高氯酸、碘酸或磷酸等消化法和杜马斯(Dumas)测氮气法。后者的方法是:将样品与氧化铜混合,在 CO_2 气流中加热后产生氮气,收集在呼吸计中,用 KOH 吸收 CO_2 后即可测出氮气量。

② 测含碳量:将少量(干重为 0.2~2.0 mg)生物材料混入 1 mL 水或无机缓冲液中,用 2 mL 2% 重铬酸钾溶液在 100 ℃下加热 30 min,冷却后,加水稀释至 5 mL,然后在 580 nm 波长下读取光密度值(用试剂作空白对照,并用标准样品作标准曲线),即可推算出生长量。

③ 其他:磷、DNA、RNA、ATP、DAP(二氨基庚二酸)和 N-乙酰胞壁酸等的含量,以及产酸量、产气量、产二氧化碳量(用标记葡萄糖作基质)、耗氧量、黏度和产热等指标,都可用于生长量的测定。

（二）微生物繁殖或数量的测定

与测定微生物的生长量不同,对繁殖来说,一定要计算微生物的个体数目,所以微生物繁殖或数量的测定只适宜于单细胞微生物或产孢微生物所产生的孢子。

1. 直接测定法

直接测定法是指在显微镜下直接观察细胞并进行计数的方法,所得的结果一般包括死细胞在内的总菌数,但也可以通过染色的方法区分死细胞和活细胞。

（1）比例计数法　这是一种很粗略的计数方法。将已知细胞(如霉菌孢子或细菌细胞)浓度的液体与一待测细胞浓度的菌液按一定比例均匀混合,在显微镜视野中数出各自的数目,然后求出未知菌液中的细胞浓度。

此方法的难度在于能否将已知浓度和未知浓度的微生物细胞均匀地混合,且很难对体积进行定量。

（2）计数板计数法　是用来测定一定体积中的细胞总数目的常规方法。用特制的细胞计数器或血球计数器进行计数。将菌液加到计数器的计数室内,然后在显微镜下进行计数。由于计数室的体积是一定的,所以可根据计测的菌体数目换算成菌液的菌体浓度(图 2-14)。

此方法常用于对单细胞浓度的估算,尤其是对酵母细胞的浓度估算。另外,此方法对细胞

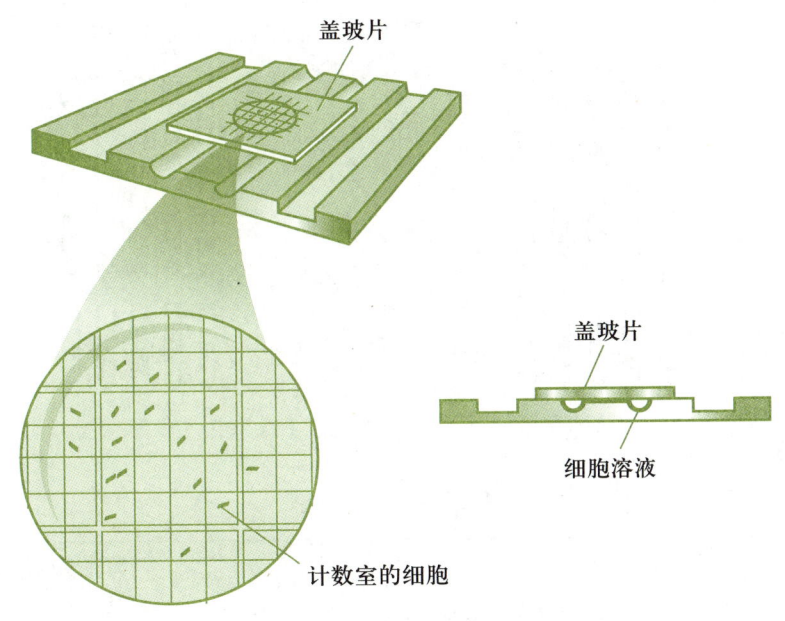

盖玻片

盖玻片

细胞溶液

计数室的细胞

图 2-14　计数板计数法

浓度有一定的要求,浓度过高或过低都会带来较大的误差。

（3）自动计数法　此法用电子细胞计数器来计数。电子计数是通过测定一个小孔中液体的电阻来进行的。小孔仅能通过一个细胞,当细胞通过这个小孔时,电阻明显增加,并作为一个脉冲记录在一个电子标尺上。将一份已知体积含有待测细胞的液体通过这个小孔,细胞的数量就会自动被记录下来。

此方法不能区分活细胞和死细胞,且对仪器和操作都有较高的要求。

2. 间接测定法

这是一种活菌计数法,是根据活细胞通过生长繁殖引起液体培养基混浊,或单细胞在平板培养基上繁殖而形成肉眼可见菌落的原理而设计。

（1）液体稀释法　对未知菌样作连续的 10 倍系列稀释。根据估计数,从最适宜的 3 个连续的 10 倍稀释液中各取适量试样,接种到 3 组（每组 5 支试管,共 15 支）（图 2-15）装有培养液的试管中（一般每管接入 1mL）。经培养后,记录每个稀释度出现生长的试管数,然后查 MPN(most probable number,最大可能数量）表（表 2-26）,再根据样品的稀释倍数就可计算出其中的活菌含量。

此方法常用于大肠菌群的数量测定,且通过查 MPN 表的方式对微生物数量进行估算。

（2）平板菌落计数法　是一种最常用的活菌计数法,也是微生物数量测定国家标准中常用的方法。取一定体积的稀释菌液,加入到空平皿中,然后再加入适量的固体培养基,并均匀混合。经培养后,计数平板上（内）出现的菌落数,再乘以菌液的稀释度,即可计算出原菌液的含菌数。在一个 9 cm 直径的培养皿上,一般以出现 30~300 个菌落为宜。

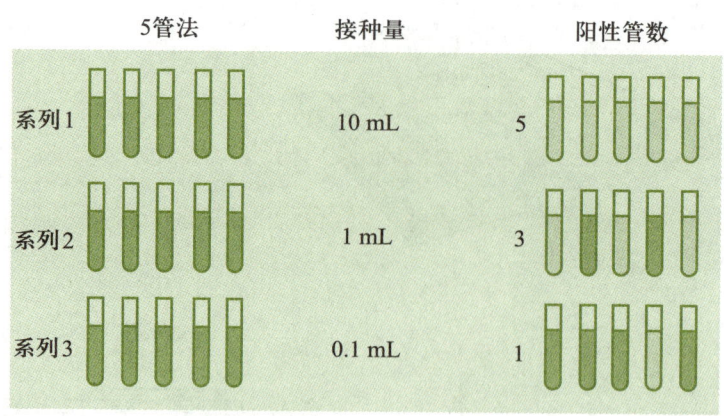

图 2-15 MPN 稀释系列

表 2-26   MPN 表

阳性管数	MPN 指数 /100 mL	95% 置信区间	
		下限	上限
4-2-0	22	6.8	50
4-2-1	26	9.8	70
4-3-0	27	9.9	70
4-3-1	33	10	70
4-4-0	34	14	100
5-0-0	23		70
5-0-1	31	10	70
5-0-2	43	14	100
5-1-0	33	10	100
5-1-1	46	14	120
5-1-2	63	22	150
5-2-0	49	15	150
5-2-1	70	22	170
5-2-2	94	34	230
5-3-0	79	22	220
5-3-1	110	34	250
5-3-2	140	52	400

这种方法有较高的操作技术要求,其中最重要的是样品要充分混匀,并在样品稀释过程中每支移液管只能接触一个稀释度的菌液。有人认为,对原菌液浓度为 10^9 个/mL 的微生物来说,如果第一次稀释即采用 10^{-4} 级(用 10 μL 毛细吸管直接吸取 10 μL 菌液至 100 mL 无菌水中),第二次采用 10^{-2} 级(吸 1 mL 上述稀释液至 100 mL 无菌水中),然后再吸此菌液 1.0 mL 进行表面涂布和菌落计数,则所得的结果最为精确。其主要原因是,一般的吸管壁常因存在油脂而影响计数的精确度(有时误差竟高达 15%)。这一稀释过程的示意图见图 2-16。

虽然平板菌落计数法存在方法较烦琐、需要操作者有熟练的技术等缺点,但是此法测定准确,不确定度小,是微生物数量测定的国家标准方法,即权威方法。在微生物数量测定结果出现争议时,常以此法的测定结果作为仲裁的依据。

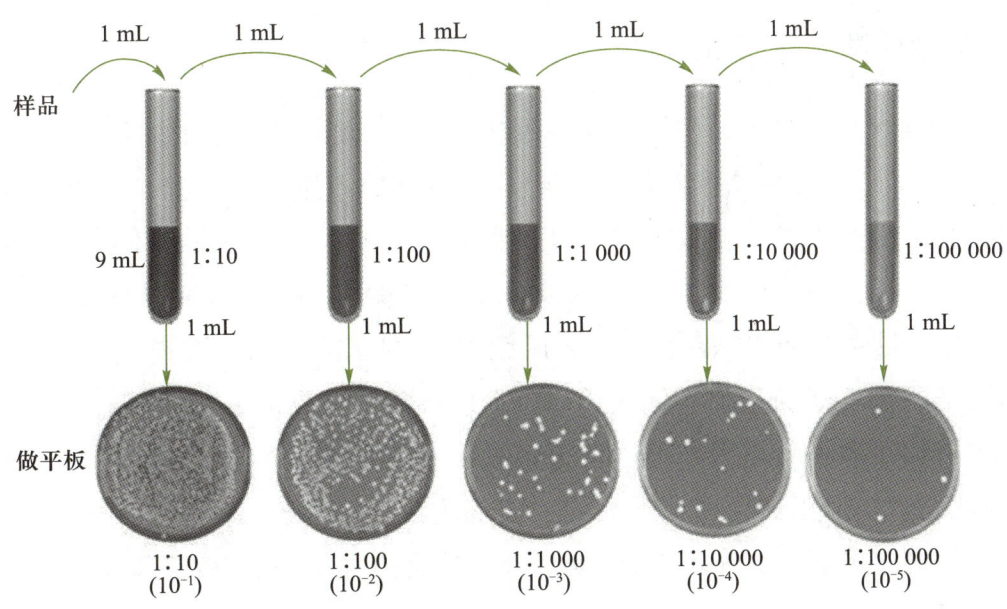

图 2-16　样品稀释和平板菌落计数方法示意图

　　另外,平板菌落计数法对严格厌氧菌不适用,如产甲烷菌。测定严格厌氧菌的数量要应用严格厌氧技术,例如亨盖特(Hungate)滚管技术进行稀释、培养和菌落计数,这个过程对环境和微生物培养的操作有非常高的技术要求。

　　除平板菌落计数法可以对活菌进行计数外,借助于特殊染料,还可较方便地在显微镜下进行活菌计数,例如酵母活细胞计数,可用美蓝染色液染色后在显微镜下进行观察,结果活细胞为无色,死细胞为蓝色。又如,荧光染色,细胞样品经吖啶橙染色,在荧光显微镜下观察细胞的荧光,活细胞发橙色荧光,死细胞则发绿色荧光。

　　近年来,出现了多种小型的商品化产品供快速计数用,形式主要有滤纸片($1\ cm^2$)或琼脂片($2\ cm \times 5\ cm$)方法等。其原理主要是在滤纸或琼脂片中吸有合适的培养基,其中还加有活菌指示剂——2,3,5-氯化三苯基四氮唑(2,3,5-triphenyl tetrazolium chloride,TTC,无色)。其测定过程:用滤纸或琼脂片蘸取测试菌液后,置于密封包装袋或瓶内,经短期培养,在滤纸或琼脂片上就会出现一定密度的玫瑰红色微小菌落。将它与标准纸版上的图谱进行比较,即可估算出该样品的含菌量,而不必数其具体菌落。这类商品灵敏快速,不经过专门微生物学操作训练的任何人员都可应用。

　　以上是测定微生物的生长量或计数的主要方法。其中,最常用的为测浊度(用分光光度计)、用计数板测总菌数以及用平板菌落计数法测活菌数等方法。必须指出的是,不管采用什么方法,都有其优缺点和使用范围。所以,在使用前,一定要根据不同的研究对象和研究目的,选用最合适的方法。

三、 产品中的微生物限量标准

微生物限量标准是定义产品中微生物的可接受水平,此可接受水平则是基于单位质量、体积、面积或批次产品中的微生物和它们的毒素及代谢物的数量。食品安全标准是根据适合在市场上流通的食品中所含微生物数量的可接受水平制定的。由于在食品生产、包装、运输和其他操作中不可避免地会染上微生物,而通过良好的卫生操作,可以将微生物的污染降到最低程度。因此,微生物限量标准作为食品安全风险管理的工具,可以用来支持良好卫生规范(GHP)以及危害分析和关键控制点系统(HACCP),有效促进食品安全。

由于消费者购买即食食品后不再进行灭菌处理,因此不同的国家与地区规定了即食食品中指示菌和致病菌限量,以确保即食食品的安全。另外,不同国家根据自身国情的不同,对微生物限量标准的制定依据也有所不同,但大部分是从食品加工工艺、食品类别和用途等方面提出微生物的限量要求。

欧盟对食品安全的监控不仅仅体现在产品检验,更主要的是通过预防措施来确保食品安全,例如实施良好操作规范和应用基于 HACCP 原理的体系。可以用微生物限量标准来确认和验证 HACCP 程序和其他卫生控制措施。食品企业应对食品生产、加工和分销(包括零售)的每一个阶段采取措施以确保原材料和加工过程满足卫生标准,产品在货架期内能够满足适当的食品安全标准。

2012 年,我国制定了《食品标准清理工作方案》(卫办监督函〔2012〕913 号),成立了专项工作组。工作组对我国现行 562 项各类标准中的致病菌指标、限量和采样方案进行了梳理,结合国家食品安全风险监测结果和 2005—2011 年引发食物中毒的高危食品和致病菌组合的危害特征,参考分析了国际食品法典委员会(CAC)、欧盟、日本、美国、中国香港和台湾地区等即食食品中的致病菌限量标准及其规定,在考虑食品中致病菌或其代谢产物对健康造成实际或潜在危害的证据的基础上,对致病菌指标进行了删减、增加或修改。同时,参考国际食品微生物标准委员会(ICMSF)(1996)关于各种致病菌的生物学特征描述,分析致病菌对各类食品可能产生的风险,提出采用二级或三级采样方案。GB 29921—2021《预包装食品中致病菌限量》于 2021 年 9 月 7 日正式发布,2021 年 11 月 22 日开始实施。

针对非预包装即食食品,我国于 2021 年发布了《散装即食食品中致病菌限量》(GB 31607—2021),明确了散装即食食品的定义和类别,规定了致病菌指标及其限量要求和检测方法,并于 2022 年 3 月 7 日开始实施。

关于食品中致病菌限量请参考 GB 29921—2021《预包装食品中致病菌限量》,日常生活中部分常见食品与饲料的微生物限量标准及检验方法,见表 2-27(来源于相关产品的国家标准),以供参考。

表 2-27　部分食品的微生物限量标准及检验方法

产品名称	微生物限量					
	项目	采样方案及限量				检验方法
		n	c	m	M	
饼干	菌落总数/(CFU/g)	5	2	10^4	10^5	GB 4789.2
	大肠菌群/(CFU/g)	5	2	10	10^2	GB 4789.3 平板计数法
	霉菌/(CFU/g)≤	50				GB 4789.15
	样品的采集及处理按 GB 4789.1 执行					
糕点、面包	菌落总数/(CFU/g)	5	2	10^4	10^5	GB 4789.2
	大肠菌群/(CFU/g)	5	2	10	10^2	GB 4789.3 平板计数法
	霉菌/(CFU/g)≤	150				GB 4789.15
	样品的采集及处理按 GB 4789.1 执行					
食用淀粉	菌落总数/(CFU/g)	5	2	10^4	10^5	GB 4789.2
	大肠菌群/(CFU/g)	5	2	10^2	10^3	GB 4789.3
	霉菌和酵母/(CFU/g)≤	10^3				GB 4789.15
	样品的采集及处理按 GB 4789.1 执行					
淀粉制品	菌落总数/(CFU/g)	5	2	10^5	10^6	GB 4789.2
	大肠菌群/(CFU/g)	5	2	20	10^2	GB 4789.3 平板计数法
	样品的采集及处理按 GB 4789.1 执行					
食醋	菌落总数/(CFU/g)	5	2	10^3	10^4	GB 4789.2
	大肠菌群/(CFU/g)	5	2	10	10^2	GB 4789.3
	样品的采集及处理按 GB 4789.1 执行					
酱油	菌落总数/(CFU/g)	5	2	$5×10^3$	$5×10^4$	GB 4789.2
	大肠菌群/(CFU/g)	5	2	10	10^2	GB 4789.3 平板计数法
	样品的采集及处理按 GB 4789.1 执行					
调制乳	菌落总数/(CFU/g)	5	2	50 000	10^5	GB 4789.2
	大肠菌群/(CFU/g)	5	2	1	5	GB 4789.3 平板计数法
	金黄色葡萄球菌/(CFU/g)	5	0	0/25 g	—	GB 4789.10 定性检验
	沙门菌/(CFU/g)	5	0	0/25 g	—	GB 4789.4
	样品的分析及处理按 GB 4789.1 和 GB 4789.18 执行					
炼乳	菌落总数/(CFU/g)	5	2	10^4	10^5	GB 4789.2
	大肠菌群/(CFU/g)	5	2	10	100	GB 4789.3 平板计数法
	金黄色葡萄球菌/(CFU/g)	5	0	0	—	GB 4789.10 定性检验
	沙门菌/(CFU/g)	5	0	0	—	GB 4789.4
	样品的分析及处理按 GB 4789.1 和 GB 4789.18 执行					

续表

产品名称	微生物限量					
	项目	采样方案及限量				检验方法
		n	c	m	M	
巴氏杀菌乳	菌落总数/（CFU/g）	5	2	50 000	10⁴	GB 4789.2
	大肠菌群/（CFU/g）	5	2	1	5	GB 4789.3 平板计数法
	金黄色葡萄球菌/（CFU/g）	5	0	0/25 g	—	GB 4789.10 定性检验
	沙门菌/（CFU/g）	5	0	0/25 g	—	GB 4789.4
	样品的分析及处理按 GB 4789.1 和 GB 4789.18 执行					
乳粉	菌落总数/（CFU/g）	5	2	50 000	200 000	GB 4789.2
	大肠菌群/（CFU/g）	5	1	10	100	GB 4789.3 平板计数法
	金黄色葡萄球菌/（CFU/g）	5	2	10	100	GB 4789.10 平板计数法
	沙门菌/（CFU/g）	5	0	0/25 g	—	GB 4789.4
	样品的分析及处理按 GB 4789.1 和 GB 4789.18 执行					
发酵乳	大肠菌群/（CFU/g）	5	2	1	5	GB 4789.3 平板计数法
	金黄色葡萄球菌/（CFU/g）	5	0	0/25 g	—	GB 4789.10 定性检验
	沙门菌/（CFU/g）	5	0	0/25 g	—	GB 4789.4
	酵母/（CFU/g） ≤	100				GB 4789.15
	霉菌/（CFU/g） ≤	30				GB 4789.15
	样品的分析及处理按 GB 4789.1 和 GB 4789.18 执行					
生乳	菌落总数/（CFU/g） ≤	2×10^6				GB 4789.2
	样品的分析及处理按 GB 4789.1 执行					
乳清粉和乳清蛋白粉	金黄色葡萄球菌/（CFU/g）	5	2	10	100	GB 4789.10 平板计数法
	沙门菌/（CFU/g）	5	0	0/25 g	—	GB 4789.4
	样品的分析及处理按 GB 4789.1 和 GB 4789.18 执行					
发酵酒及其配制酒	金黄色葡萄球菌/（CFU/mL）	5	0	0/25 mL	—	GB 4789.25
	沙门菌/（CFU/mL）	5	0	0/25 mL	—	GB 4789.25
	样品的分析及处理按 GB 4789.1 执行					

产品名称	项目	限量	检验方法
生活饮用水	总大肠菌群/（MPN/100 mL 或 CFU/100 mL）	不应检出	GB/T 5750.12
	大肠埃希菌/（MPN/100 mL 或 CFU/100 mL）	不应检出	GB/T 5750.12
	菌落总数/（CFU/mL）	100	GB/T 5750.12
	样品的分析及处理按 GB/T 5750.4 ~ GB 5750.13 执行		

续表

产品名称	项目		限量	检验方法
饲料	谷物及其加工产品	霉菌（CFU/g）	$<4\times10^4$	GB/T 13092
	饼粕类饲料原料（发酵产品除外）		$<4\times10^3$	
	乳制品及其加工副产品		$<1\times10^3$	
	鱼粉		$<1\times10^4$	
	其他动物源性饲料原料		$<2\times10^4$	
	动物源性饲料原料	细菌总数（CFU/g）	$<2\times10^6$	GB/T 13093
	饲料原料和饲料产品	沙门菌（25 g 中）	不得检出	GB/T 13091

【知识链接】

采 样 方 案

采样方案分为二级和三级采样方案。二级采样方案设有 n、c 和 m 值，三级采样方案设有 n、c、m 和 M 值。

n：同一批次产品应采集的样品件数；

c：最大可允许超出 m 值的样品数；

m：微生物指标可接受水平限量值（三级采样方案）或最高安全限量值（二级采样方案）；

M：微生物指标的最高安全限量值。

注 1：按照二级采样方案设定的指标，在 n 个样品中，允许有 $\leq c$ 个样品的相应微生物指标检验值大于 m 值。

注 2：按照三级采样方案设定的指标，在 n 个样品中，允许全部样品中相应微生物指标检验值小于或等于 m 值；允许有 $\leq c$ 个样品的相应微生物指标检验值在 m 值和 M 值之间；不允许有样品的相应微生物指标检验值大于 M 值。

例如：$n=5$，$c=2$，$m=100$ CFU/g，$M=1\,000$ CFU/g。含义是从一批产品中采集 5 个样品，若 5 个样品的检验结果均小于或等于 m 值（≤100 CFU/g），则这种情况是允许的；若 ≤2 个样品的结果（X）位于 m 值和 M 值之间（100 CFU/g$<X\leq1\,000$ CFU/g），则这种情况也是允许的；若有 3 个及以上样品的检验结果位于 m 值和 M 值之间，则这种情况是不允许的；若有任一样品的检验结果大于 M 值（$>1\,000$ CFU/g），则这种情况也是不允许的。

任务实施 >>>

一、 微生物的平板划线分离

自然界中,不同种类的微生物绝大多数都是混杂生活在一起,当我们希望获得某一种微生物时,就必须从混杂的微生物类群中分离它,以得到只含有这一种微生物的纯培养。目前常用的方法有稀释涂布平板法和平板划线分离法等,其中平板划线分离法因操作简单而经常用来纯化菌种。

1. 材料准备

牛肉膏蛋白胨培养基、枯草芽孢杆菌、培养皿、接种环、记号笔、恒温培养箱等。

2. 人员组织

1~2 人组成一组,每组一套材料。

3. 操作步骤

① 制备培养基	制备牛肉膏蛋白胨培养基(参见附录 1),制备量根据需要而定
② 灭菌	将培养基装入三角瓶中,灭菌,然后放入 50 ℃的水浴锅中备用
③ 倒平板	将融化的培养基倒入平皿中,冷却凝固备用
④ 划线	用记号笔将平板分成三个区(即①②③区),然后用接种环或接种针挑取一些菌液,在①区开始划"Z"字形线直至①区末尾;然后用火焰灼烧接种环或接种针,冷却后,通过划交叉线的方法将①区划线上的微生物引入到②区;②区划完后,再用同样的方法将②区的微生物引入到③区
⑤ 培养	将划好线的平板放入培养箱倒置培养(37 ℃、18 h)
⑥ 结果	观察平板上单菌落多少的情况。一般在②区会出现单菌落
⑦ 写报告	报告形式参见任务 1.1"任务实施",并在规定的时间内完成报告的撰写

4. 注意事项

（1）划线时，平板上不能有水，否则会引起菌落蔓延，很难得到单菌落。

（2）划线时，只在划①区时用接种环或接种针挑取菌液，在其他区都是用划交叉线的方法将上区的微生物引入到本区，且在引入之前需要烧针。

（3）培养的结果，要求平板上能出现 10 个及以上的单菌落，且都位于线上，如果线外有菌落出现，证明平板被污染，需要重新实验。同时，注意设置空白对照。

5. 技能评价

技能评价以过程评价为主，具体见表 2-28。

表 2-28　微生物的平板划线分离技能评价表

考核项目		技能要求	分值	评分标准	得分
关键考核点	制备培养基	会计算培养基的配制量，能快速调节好 pH	10分	计算称量正确（5分） pH 调节迅速（5 min 内完成）（5分）	
	灭菌	会设置灭菌参数，判断冷空气排除情况	10分	参数设置正确（5分） 冷空气排完（5分）	
	倒平板	培养基的厚度控制在 4 mm 左右，且温度不低于 40 ℃，不高于 50 ℃	10分	培养基厚度符合要求（3~5 mm）（5分） 没有结块现象（5分）	
	划线	不划破培养基；线条清晰布满整个区域；前一区划完，烧针冷却后才能划下一个区	20分	线条疏密得当，且布满整个区域（5分） 没有划破培养基（5分） 每区划线完后烧针，并冷却后再开始划下一区（10分）	
	结果	结果出现 10 个及以上单菌落，且没有污染	20分	出现 10 个以上单菌落（10分） 线外没有菌落出现（10分）	
	实验桌面整洁情况	物品摆放有序，卫生良好	10分	物品摆放有序（5分） 卫生良好（5分）	
其他考核点	检测过程	操作规范，熟练	10分	操作规范（5分） 操作熟练（5分）	
	卫生值日	干净整洁，物品还原	10分	干净整洁（5分） 物品还原（5分）	
合计			100分		

二、 显微计数法测定微生物数量

如果将溶液中微生物细胞的数量在显微镜下直接数出来,再结合上样品的体积,就可以计算出溶液中微生物细胞的浓度,这就是显微计数法。目前,常用的显微计数板(参见图2-14)有两种,一种是细菌计数板,另一种是血球计数板。其中血球计数板在单细胞真菌计数上应用最为广泛。

血球计数板是一块特制的厚载玻片,载玻片上有4条槽而构成3个平台。中间的平台较宽,其中间又被一短横槽分隔成两半,每个半边上面各有一个方格网。每个方格网共分9大格,正中间的一大格称为计数室,被用作微生物的计数。计数室的刻度有两种:一种是一个大方格分为16个中方格,每个中方格再分成25个小方格;另一种是一个大方格分成25个中方格,每个中方格再分成16个小方格。但是不管计数室是哪一种构造,它们都有一个共同特点,即每个大方格都由400个小方格组成。计数室的边长为1 mm,面积为1 mm²。盖上盖玻片后,盖玻片与计数室底部之间的高度为0.1 mm,所以计数室的体积为0.1 mm³。使用血球计数板直接计数时,不可能全部数出计数室中微生物细胞的数量,只需要数出代表性的中方格中微生物细胞的数量,再通过计算,就可得出计数室中微生物细胞的数量,然后再换算成每毫升菌液(或每克样品)中微生物细胞的数量即可。

对于16×25规格的计数板,需要数出计数室四角的4个中方格中的微生物细胞数量,再通过计算,得出样品中微生物细胞的浓度。计算公式如下:

$$细胞浓度（个/mL）= \frac{4个中方格中细胞数量之和}{4\times25}\times10^4\times400\times样品稀释倍数$$

对于25×16规格的计数板,需要数出计数室四角的4个中方格,再加上正中间的一个,即共5个中方格中的微生物细胞数量,再通过计算,得出样品中微生物细胞的浓度。计算公式如下:

$$细胞浓度（个/mL）= \frac{5个中方格中细胞数量之和}{5\times16}\times10^4\times400\times样品稀释倍数$$

1. 材料准备

酵母菌液、血球计数板、盖玻片、显微镜、胶头滴管、吸水纸、吹风机等。

2. 人员组织

1~2人组成一组,每组一套材料。

3. 操作步骤

| ① 清洗血球计数板 | 将血球计数板从浓度75%乙醇溶液中取出,用水冲洗干净。再用手蘸取洗衣粉或去污剂清洗血球计数板,重点清洗血球计数板的网格部位 |

② 干燥、检查 　将血球计数板用吹风机吹干,然后放在显微镜下(10倍物镜)观察,如果不干净,继续清洗,直到洗干净为止

③ 盖上盖玻片 　将盖玻片盖在血球计数板的计数室上,且盖玻片的边缘位于血球计数板边缘斜坡的1/2处

④ 进样 　选取合适稀释度的样液,摇匀,并用胶头滴管反复抽吸 10 次以上后,再吸取样液。将胶头滴管的下端紧贴血球计数板边缘斜坡的 1/2 处(盖有盖玻片,见③),轻轻挤出约 1/5 滴,由于虹吸效应,挤出的样液会迅速进入并布满计数室

⑤ 静止 　将进样后的血球计数板放到显微镜的载物台上,静止 5 min

⑥ 计数 　在显微镜下(40倍物镜)找到要计数的中方格,进行计算

⑦ 写报告 　报告形式参见任务 1.1"任务实施",并在规定的时间内完成报告的撰写

4. 注意事项

(1)清洗时,血球计数板要洗干净,否则会影响计数结果。

(2)进样时,样液不能溢出到盖玻片上,否则严重影响计数结果。

(3)计数时,如果一个细胞在要计数的中方格的刻度线上,按一个细胞计,且只计中方格下线和左线上的,或只计右线和上线上的。

5. 技能评价

技能评价以过程评价为主,具体见表 2-29。

表 2-29 　显微计数法测定微生物数量技能评价表

考核项目		技能要求	分值	评分标准	得分
关键考核点	清洗血球计数板	血球计数板干净	10分	显微镜 10 倍物镜下观察,干净(10分)	

续表

考核项目		技能要求	分值	评分标准	得分
关键考核点	盖盖玻片	盖玻片上和进样边没有油污;进样边的边缘在血球计数板边缘斜坡的1/2处	10分	盖玻片上和进样边,没有油污(5分) 放置位置正确(5分)	
	进样	胶头滴管吸样前需先抽吸10次以上;盖玻片上没有样液	20分	吸取的样液均匀(10分) 盖玻片上没有样液(10分)	
	静止	静止5min	5分	静止5 min(5分)	
	计数和计算	选取四角的四个中方格和中间的一个中方格(或无);计数不漏记、不多计;应用计算公式正确	25分	中方格选取正确(10分) 计数正确(10分) 计算正确(5)	
	实验桌面整洁情况	物品摆放有序,卫生良好	10分	物品摆放有序(5分) 卫生良好(5分)	
其他考核点	检测过程	操作规范,熟练	10分	操作规范(5分) 操作熟练(5分)	
	卫生值日	干净整洁,物品还原	10分	干净整洁(5分) 物品还原(5分)	
合计			100分		

三、 比色法测定微生物数量

比色法的基本原理是朗伯-比尔定律(Lambert-Beer law),即光吸收的基本定律,适用于所有的吸光物质,包括气体、固体、液体、分子、原子和离子。该定律阐述为:光被介质吸收的比例与入射光的强度无关;在光程上每等厚层介质吸收相同比例值的光。

$$A = \lg(1/T) = Kbc$$

式中:A 为吸光度;T 为透射比,即透射光强度与入射光强度之比;c 为吸光物质的浓度,单位 mol/L;b 为吸收层厚度,单位 cm;K 为吸光系数,是常数。

即当一束平行单色光垂直通过某一均匀非散射的吸光物质时,其吸光度 A 与吸光物质的浓度 c 及吸收层厚度 b 成正比。

微生物细胞可以被看作颗粒物,溶液中细胞数量越多,吸收的光越多,即吸光度越大(图2-17)。在一定的细胞浓度范围内,可以根据朗伯-比尔定律计算微生物细胞在溶液的浓度。

1. 材料准备

分光光度计,细胞浓度已知溶液(5~7个浓度梯度,用于制作标准曲线),细胞浓度未知溶

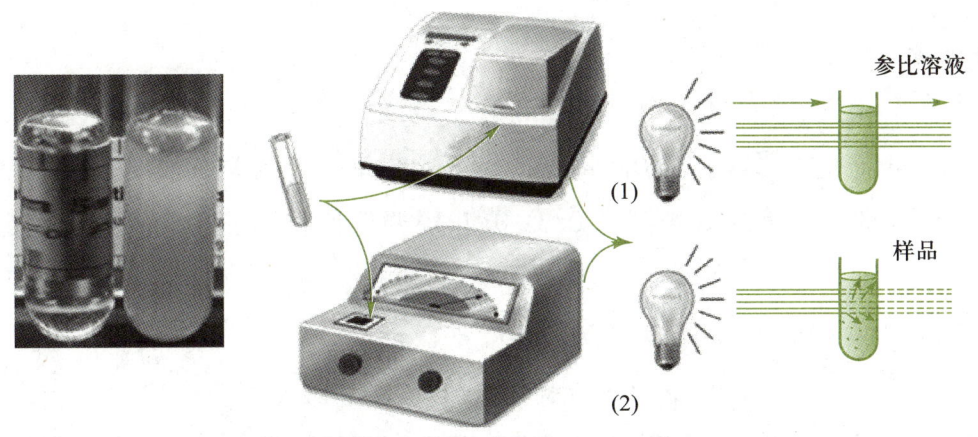

参比溶液

样品

(1)

(2)

图 2-17　比色法测定溶液中的微生物细胞浓度

液(待测样品),洗涤瓶,吸水纸等。

2. 人员组织

3～5 人组成一组,每组一套材料。

3. 操作步骤

① 预热分光光度计	根据分光光度计的操作手册进行仪器预热,从而保证仪器运行中的稳定性
② 制作标准曲线	调整波长到 600 nm,用蒸馏水作空白对照,分别测定已知浓度的样品的吸光度,吸光度控制在 0.2～0.8。对于吸光度超过 0.8 的样品,需要进行稀释处理。然后以吸光度为纵坐标,以细胞浓度为横坐标,画出标准曲线 由于不同种类的微生物细胞大小不同,吸收的光照强度也不同,所以测定的样品最好是纯培养物溶液
③ 测定样品吸光度	测定波长为 600 nm,测定样品的吸光度。如果样品的吸光度超过 0.8,则需要稀释处理,吸光度最好控制在 0.3～0.7
④ 计算样品浓度	从标准曲线上获知样品的浓度,或通过标准曲线的方程,计算出上机样品的细胞浓度。再乘以稀释倍数,得到样品中的细胞浓度
⑤ 写报告	报告形式参见任务 1.1"任务实施",并在规定的时间内完成报告的撰写

4. 注意事项

（1）分光光度计要充分预热，否则仪器不稳定，测定结果会有大的误差。

（2）制作标准曲线时，数据点不能少于 5 个。标准曲线的相关系数要大于 0.9。

（3）待测样品的吸光度最好控制在 0.3~0.7，即要保证在标准曲线的线性范围之内。

5. 技能评价

技能评价以过程评价为主，具体见表 2-30。

表 2-30　比色法测定微生物数量技能评价表

考核项目		技能要求	分值	评分标准	得分
关键考核点	朗伯-比尔定律	写出公式及参数的含义	10 分	写出公式（5 分） 写出参数的含义（5 分）	
	仪器使用前准备	预热；调整零点	10 分	充分预热（按仪器要求进行）（5 分） 调整仪器零点（5 分）	
	吸光度限值	能确定吸光度限值	10 分	写出吸光度限值（10 分）	
	样品稀释	稀释前，样品要摇匀，每稀释一个稀释度更换一支吸量管	20 分	稀释时，样品摇匀且量取准确（10 分） 稀释时，每个稀释度更换一支吸量管（10 分）	
	确定检测波长	标准曲线的相关系数达到 0.9 以上，且能画出误差棒	10 分	相关系数大于 0.9（5 分） 正确画出误差棒（5 分）	
	样品测定	数据可信度高	10 分	数据在限值范围内（5 分） 多次（5 次及以上）重复测定数据的相对误差≤5%（5 分）	
	实验桌面整洁情况	物品摆放有序，卫生良好	10 分	物品摆放有序（5 分） 卫生较好（5 分）	
其他考核点	检测过程	操作规范，熟练	10 分	操作规范（5 分） 操作熟练（5 分）	
	卫生值日	干净整洁，物品还原	10 分	干净整洁（5 分） 物品还原（5 分）	
合计			100 分		

四、细菌典型生长曲线的制作

细菌生长曲线（bacterial growth curve）是将少量的单细胞微生物接种到一定容积的液体培

养基后,在适宜的条件下培养,定时取样测定细胞数量(图 2-18)。然后以时间为横坐标,以活菌数的对数为纵坐标,绘制出的一条生长曲线。

细菌生长曲线一般分为 4 个时期(图 2-19):迟缓期、对数期、稳定期和衰亡期。

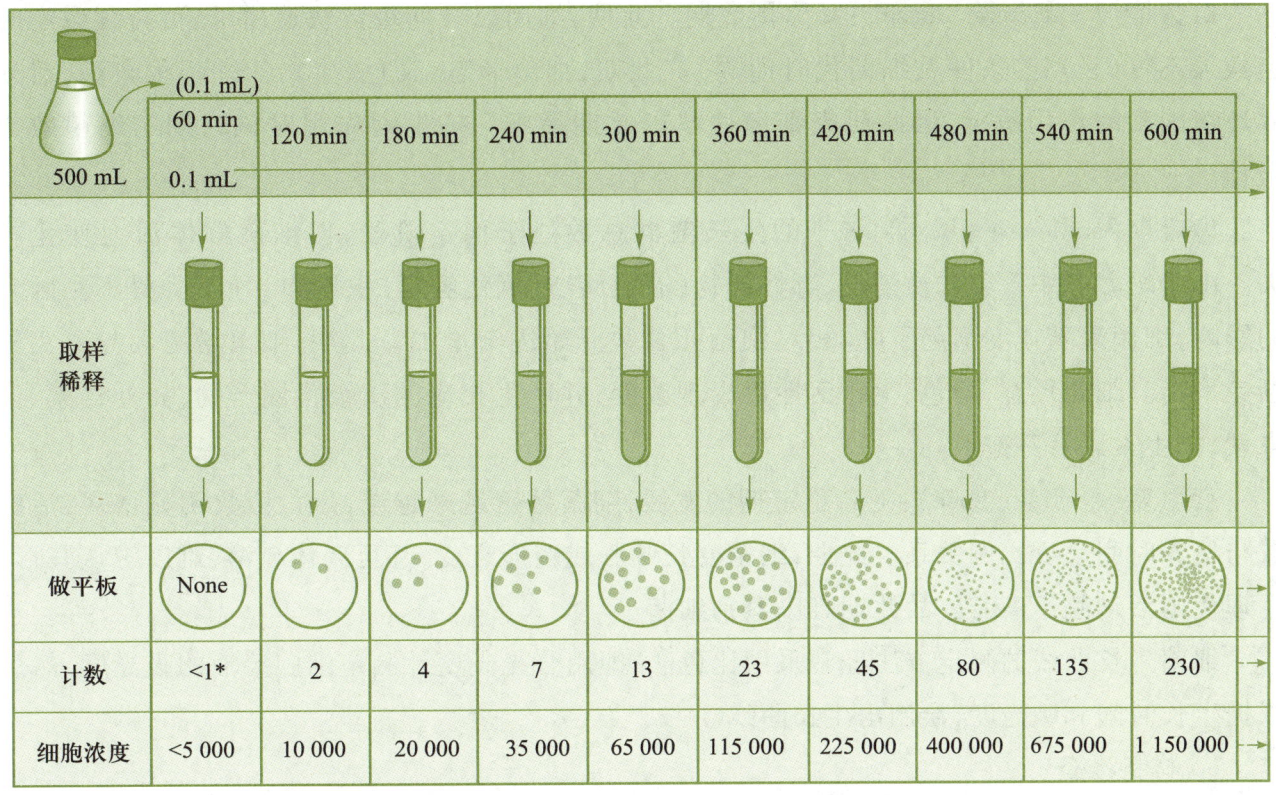

图 2-18　细菌生长曲线绘制的取样检测过程

注:＊表示不确定性高,是估计值。

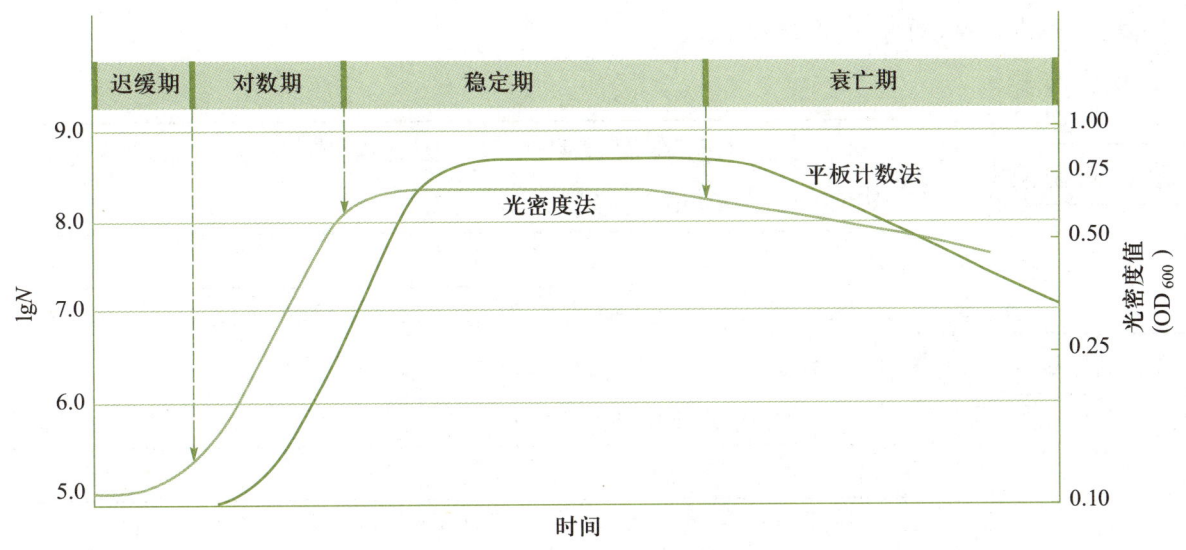

图 2-19　细菌的典型生长曲线

迟缓期(lag phase):又称调整期。细菌接种至培养基后,对新环境有一个短暂适应的过程

（不适应者可因转种而死亡）。此期曲线平坦稳定,细菌繁殖极少。迟缓期的长短因菌种、接种菌量、菌龄以及营养物质等的不同而异,一般为 8 h。此期,细菌体积增大,代谢活跃,为细菌的分裂增殖合成、储备充足的酶、能量及中间代谢产物。

对数期(logarithmic phase):又称指数期。此期,细菌以几何级数快速增长,可持续数小时至数天不等(视培养条件及细菌代时而异)。此期,细菌形态、染色、生物活性都很典型,对外界环境因素的作用敏感,因此研究细菌性状以此期最好。抗生素作用对该时期的细菌效果最佳。

稳定期(stationary phase):该期的生长菌群总数处于稳定阶段,但细菌群体活力变化较大。由于培养基中营养物质消耗、毒性产物(有机酸、过氧化氢等)积累和 pH 下降等不利因素的影响,细菌繁殖速度渐趋下降,相对细菌死亡数开始逐渐增加。此期,细菌增殖数与死亡数渐趋平衡。细菌形态、染色、生物活性可出现改变,并产生相应的次级代谢产物,如外毒素、内毒素、抗生素以及芽孢。

衰亡期(decline phase):随着稳定期的发展,细菌繁殖越来越慢,死亡菌数明显增多,活菌数与培养时间呈反比例关系。此期,细菌变长肿胀或畸形衰变,甚至菌体自溶,难以辨认其形,生理代谢活动趋于停滞。故此期难以鉴别细菌。

细菌生长曲线的测定方法经常采用比色法,即用分光光度计测定细胞溶液的吸光度,然后根据生长时间和吸光度,绘制出生长曲线。

1. 材料准备

牛肉膏蛋白胨培养基,大肠杆菌,分光光度计,恒温摇床,洗涤瓶,吸水纸等。

2. 人员组织

3~5 人组成一组,每组一套材料。

3. 操作步骤

① 制备菌液 —— 取大肠杆菌斜面菌种 1 支,接入牛肉膏蛋白胨培养液中(250 mL/500 mL),静置培养 18 h

② 标记编号 —— 取试管 24 个,分别编号为:空白、0、1、2、4、6、8、9、10、11、12、13、14、16、18、20、22、28、34、40、46、60、68、72 h
编号为培养物的取样时间

③ 接种培养 —— 用 2 mL 无菌吸管分别准确吸取 2 mL 菌液加入三角瓶中,于 37 ℃下振荡培养。然后分别按对应时间从三角瓶中取出 10 mL 菌液注入试管中,立即放冰箱中贮存,待培养结束时一同测定 OD 值

④ 测定生长量

将未接种的牛肉膏蛋白胨培养基（空白）倾倒入比色皿中，选用 600 nm 波长分光光度计上调节零点，作为空白对照，并对不同时间的培养液从 0 起依次进行测定

OD 值控制在 0.2~0.8 以内（超过 0.8 后需要进行稀释），经稀释后测得的 OD 值要乘以稀释倍数，才是培养液实际的 OD 值

⑤ 绘制生长曲线

以培养时间为横坐标，以 OD 值为纵坐标，绘制生长曲线

⑥ 写报告

报告形式参见任务 1.1"任务实施"，并在规定的时间内完成报告的撰写

4. 注意事项

（1）制备菌液的培养时间严格控制在 18~20 h，过长或过短都会影响生长曲线。

（2）取样时间要严格控制，在取样时间的设计上要根据生长曲线的 4 个时期来安排取样时间的疏密。

（3）待测样品的吸光度要控制在 0.2~0.8，超过 0.8 后需要进行稀释。

5. 技能评价

技能评价以过程评价为主，具体见表 2-31。

表 2-31　微生物生长曲线的制作技能评价表

	考核项目	技能要求	分值	评分标准	得分
关键考核点	朗伯-比尔定律	写出公式及参数的含义	10 分	写出公式（5 分） 写出参数的含义（5 分）	
	制备菌液	菌液的培养时间在 18~20 h	10 分	培养时间控制在 18~20 h（10 分）	
	吸光度限值	会确定吸光度的限值	10 分	确定吸光度限值（10 分）	
	样品稀释	稀释前，样品要摇匀；每稀释一个稀释度更换一支吸量管	20 分	稀释时，样品摇匀且量取准确（10 分） 稀释时，每个稀释度更换一支吸量管（10 分）	
	绘制生长曲线	曲线能反映出微生物的生长规律，能计算出代时	20 分	曲线正确（出现四个时期）（10 分） 计算出代时（10 分）	
	实验桌面整洁情况	物品摆放有序，卫生良好	10 分	物品摆放有序（5 分） 卫生较好（5 分）	

续表

考核项目		技能要求	分值	评分标准	得分
其他考核点	检测过程	操作规范,熟练	10分	操作规范(5分) 操作熟练(5分)	
	卫生值日	干净整洁,物品还原	10分	干净整洁(5分) 物品还原(5分)	
		合计	100分		

五、 食品中菌落总数的测定(国标法)

测定方法说明:测定方法来自 GB 4789.2—2022《食品微生物学检验　菌落总数测定》。

食品中的菌落总数是指食品检样经过处理,在一定条件下(如培养基、培养温度和培养时间等)培养后,所得每克(毫升)检样中形成的微生物菌落总数。

任何微生物培养基都有选择性,任何培养条件也具有选择性,因此微生物菌落总数是相对于特定的培养基和培养条件而言的。

1. 材料准备

待测样品(食品类,本实验可用牛乳),高压蒸汽灭菌锅,平板计数琼脂(PCA)培养基,生理盐水,吸量管(1 mL、10 mL 若干),天平(精度 0.01),恒温培养箱,超净工作台,均质器,三角瓶(250 mL、500 mL 若干),试管(若干),培养皿(直径 9 cm),pH 试纸,酒精灯,消毒棉球等。

2. 人员组织

3~5 人组成一组,每组一套材料。

3. 操作步骤

① 物品准备

　　PCA 培养基准备(培养基配方参见附录1):每个培养皿(直径 9 cm)的培养基用量为 15~20 mL,每组根据培养皿的数量,确定培养基的用量并配制

　　生理盐水准备:每个稀释用的试管中需要生理盐水 9 mL,每组根据需要稀释的试管数量准备生理盐水

　　吸量管准备:在稀释过程中,每一个稀释度需要更换一支吸量管(1 mL),另外在将稀释液转移到培养皿中时,每一个稀释度也需要一支吸量管(1 mL),每组根据需要的数量准备并包扎

　　培养皿准备:每组根据实验安排,准备相应数量的培养皿并包扎

　　其他要准备的物品:三角瓶、试管等

② 高压蒸汽灭菌

将准备好的物品进行高压蒸汽灭菌,灭菌参数为 121.5 ℃、20 min

③ 样品稀释

初步稀释:将 25 g 样品放入 225 mL 的稀释液中,均质

梯度稀释:从初步稀释液中取 1 mL,加入盛有 9 mL 生理盐水的试管中,摇匀;然后进行试管系列的 10 倍梯度稀释

④ 做平板

采用混菌法,即取适宜稀释度的样品稀释液 1mL,加入已灭菌的空培养皿中,再加入 PCA 培养基,摇匀,放至凝固

至少选择两个连续的稀释度做平板,同时,要做空白对照

⑤ 培养

将做好的平板倒置放入培养箱中培养,培养参数为 36 ℃、48 h

⑥ 计数

选取菌落数在 30~300 CFU、无蔓延菌落生长的平板计数菌落总数。低于 30 CFU 的平板记录具体菌落数,大于 300 CFU 的可记录为多不可计。每个稀释度的菌落数应采用两个平板的平均数

如果一个平板有较大片状菌落生长时,则不宜采用,而应以无片状菌落生长的平板作为该稀释度的菌落数;若片状菌落不到平板的一半,而其余一半中菌落分布又很均匀,即可计算半个平板后乘以 2,代表一个平板菌落数

如果平板上出现菌落间无明显界线的链状生长时,则将每条单链作为一个菌落计数

⑦ 计算结果

若只有一个稀释度平板上的菌落数在适宜计数范围内,则计算两个平板菌落数的平均值,再将平均值乘以相应稀释倍数,作为每 g(mL)样品中菌落总数结果

若有两个连续稀释度的平板菌落数在适宜计数范围内时,按下式计算:

$$N = \frac{\sum C}{(n_1 + 0.1 n_2)d}$$

式中:

N——样品中菌落数

$\sum C$——平板(含适宜范围菌落数的平板)菌落数之和

n_1——第一稀释度(低稀释倍数)平板个数

n_2——第二稀释度(高稀释倍数)平板个数

d——稀释因子(第一稀释度)

⑧ 数据处理

菌落数小于 100 CFU 时,按"四舍五入"原则修约,以整数报告

菌落数大于或等于 100 CFU 时,第 3 位数字采用"四舍五入"原则修约后,取前 2 位数字,后面用 0 代替位数;也可用 10 的指数形式来表示,按"四舍五入"原则修约后,采用两位有效数字

若所有平板上为蔓延菌落而无法计数,则报告菌落蔓延

若空白对照上有菌落生长,则此次检测结果无效

称重取样以 CFU/g 为单位报告,体积取样以 CFU/mL 为单位报告

⑨ 写报告

报告形式参见任务 1.1"任务实施",并在规定的时间内完成报告的撰写

4. 注意事项

(1)样品均质 样品必须进行均质处理,因为样品中的微生物经常以聚集体的形式存在,且在空间分布上不均衡,均质处理是为了使样品达到均一性,减少误差。

(2)样品稀释 在稀释过程中要保持稀释样品的均一性,并避免环境或人为的微生物污

染,否则会产生较大的误差。

（3）计数　若所有稀释度的平板上菌落数均大于 300 CFU,则对稀释度最高的平板进行计数,其他平板可记录为多不可计,结果按平均菌落数乘以最高稀释倍数计算;若所有稀释度的平板菌落数均小于 30 CFU,则应按稀释度最低的平均菌落数乘以稀释倍数计算;若所有稀释度（包括液体样品原液）平板均无菌落生长,则以小于 1 乘以最低稀释倍数计算;若所有稀释度的平板菌落数均不在 30~300 CFU 之间,其中一部分小于 30 CFU 或大于 300 CFU 时,则以最接近 30 CFU 或 300 CFU 的平均菌落数乘以稀释倍数计算。

（4）培养　在培养箱中要倒置培养,否则会出现蔓延菌落。

（5）结果计算　严格按照培养的结果选择计算的方法。

5. 技能评价

技能评价以过程评价为主,具体见表 2-32。

表 2-32　食品中菌落总数的测定（国标法）技能评价表

考核项目		技能要求	分值	评分标准	得分
关键考核点	物品准备	物品齐全,包扎完整	10 分	齐全（5 分） 包扎完整（5 分）	
	灭菌	会设置灭菌参数,会判断冷空气排除情况	10 分	灭菌参数正确（5 分） 冷空气排完（5 分）	
	样品稀释	计算出适宜的稀释度;稀释过程没有液体洒落;稀释时样品要摇匀且量取准确;每稀释一个稀释度更换一支吸量管	30 分	写出适宜的稀释度（10 分） 稀释过程中没有液体滴落到桌面（5 分） 稀释过程中摇匀且量取准确（10 分） 稀释过程中每一个稀释度更换一支吸量管（5 分）	
	做平板	做空白对照;混菌法制备平板	10 分	有空白对照（5 分） 倒平板时,培养基的温度在 45 ℃ 左右,倒后摇匀（5 分）	
	培养	按实验要求设置培养条件;倒置培养	10 分	培养条件（36~37 ℃,2 d）正确（5 分） 倒置培养（5 分）	
	结果	能对数据进行正确处理	10 分	结果计算依据正确（10 分）	
其他考核点	实验桌面整洁情况	物品摆放有序,卫生良好	10 分	物品摆放有序（5 分） 卫生良好（5 分）	
	卫生值日	干净整洁,物品还原	10 分	干净整洁（5 分） 物品还原（5 分）	
合计			100 分		

六、 食品中大肠菌群的测定(国标法)

测定方法说明:测定方法来自 GB 4789.3—2016《食品微生物学检验 大肠菌群计数》。

食品中的大肠菌群是指在一定培养条件下能发酵乳糖、产酸产气的需氧和兼性厌氧革兰阴性无芽孢杆菌。

大肠菌群数量的测定有两种方法,一是 MPN 法,MPN 法是统计学和微生物学结合的一种定量检测法,待测样品经系列稀释并培养后,根据其未生长的最低稀释度与生长的最高稀释度,应用统计学概率论推算出待测样品中大肠菌群的最大可能数;二是平板计数法,大肠菌群在固体培养基中发酵乳糖产酸,在指示剂的作用下形成可计数的红色或紫色、带有或不带有沉淀环的菌落。

本任务以平板计数法来实施食品中大肠菌群数量的测定过程。

1. 材料准备

高压蒸汽灭菌锅,结晶紫中性红胆盐琼脂(VRBA)培养基、煌绿乳糖胆盐(BGLB)肉汤培养基、生理盐水、吸量管(1 mL、10 mL 若干)、天平(精度 0.01)、恒温培养箱、超净工作台、均质器、三角瓶(250 mL、500 mL 若干)、试管(若干)、小导管、培养皿(直径 9 cm)、酒精灯、消毒棉球等。

2. 人员组织

3~5 人组成一组,每组一套材料。

3. 操作步骤

① 物品准备

(培养基配方参见附录1)。

VRBA 培养基准备:每个培养皿(直径 9 cm)的培养基用量为 15~20 mL,每组根据培养皿的数量,确定培养基的用量并配制 VR-BA 培养基,现用现配,煮沸消毒(具体参照标签上的配制说明)

BGLB 肉汤培养基准备:每个试管的培养基用量为 10 mL,每组根据具体情况确定 BGLB 培养基的用量

生理盐水准备:每个稀释用的试管中需要生理盐水 9 mL,每组根据需要稀释的试管数量准备生理盐水

试管准备:分为盛放 BGLB 的试管和生理盐水的试管,每组根据需要确定试管的数量

吸量管准备:在稀释过程中,每一个稀释度需要更换一支吸量管(1 mL),另外在稀释液转移到培养皿中时,每一个稀释度也需要一支吸量管(1 mL),每组根据需要的数量准备并包扎

培养皿准备:每组根据实验安排,准备相应数量的培养皿并包扎

其他要准备的物品:三角瓶等

② 高压蒸汽灭菌

将准备好的物品进行高压蒸汽灭菌,灭菌参数为 121.5 ℃、20 min

③ 样品稀释

初步稀释:将 25 g 样品放入 225 mL 的稀释液中,均质

梯度稀释:从初步稀释液中取 1 mL,加入盛有 9 mL 生理盐水的试管中,摇匀;然后进行试管系列的 10 倍梯度稀释

④ 做平板

采用混菌法,即取适宜稀释度的样品稀释液 1 mL,加入已灭菌的空培养皿中,再加入 VRBA 培养基,摇匀,放至凝固

至少选择两个连续的稀释度做平板,同时要做空白对照

⑤ 培养

将做好的平板倒置放入培养箱中培养,培养参数为 36 ℃、24 h

⑥ 计数

选取菌落数在 15~150 CFU 之间的平板,分别计数平板上出现的典型和可疑大肠菌群菌落(如菌落直径较典型菌落小则为可疑菌落)

典型菌落为紫红色,菌落周围有红色的胆盐沉淀环,菌落直径为 0.5 mm 或更大,最低稀释度平板低于 15 CFU 的记录具体菌落数

⑦ 证实试验

从 VRBA 平板上挑取 10 个不同类型的典型和可疑菌落,少于 10 个菌落的挑取全部典型和可疑菌落。分别移种于 BGLB 肉汤管内,36 ℃±1 ℃培养 24~48 h,观察产气情况。若 BGLB 肉汤管产气,即可报告为大肠菌群阳性

⑧ 数据处理

经最后证实为大肠菌群阳性的试管比例乘以计数的平板菌落数,再乘以稀释倍数,即为每克(毫升)样品中大肠菌群数

例:10^{-4} 样品稀释液 1 mL,在 VRBA 平板上有 100 个典型和可疑菌落,挑取其中 10 个接种 BGLB 肉汤管,证实有 6 个阳性管,则该样品的大肠菌群数为:$100 \times \dfrac{6}{10} \times 10^4 = 6.0 \times 10^5$ CFU/g(mL)

若所有稀释度(包括液体样品原液)的平板均无菌落生长,则以小于 1 乘以最低稀释倍数计算

⑨ 写报告 ┄┄┄ 报告形式参见任务 1.1"任务实施",并在规定的时间内完成报告的撰写

4. 注意事项

（1）样品均质   样品必须进行均质处理,因为样品中的微生物经常以聚集体的形式存在,且在空间分布上不均衡,均质处理是为了使样品达到均一性,减少误差。

（2）样品稀释   在稀释过程中要保持稀释样品的均一性,并避免环境或人为的微生物污染,否则会产生较大的误差。

（3）平板计数   选择平板上的可疑菌落计数,这些菌落还需要进行下一步的验证,验证实验以是否产气为判断依据。

（4）结果计算   严格按照培养的结果选择计算的方法。

5. 技能评价

技能评价以过程评价为主,具体见表 2-33。

表 2-33   食品中大肠菌群的测定（国标法）技能评价表

考核项目		技能要求	分值	评分标准	得分
关键考核点	物品准备	物品齐全,包扎完整	10 分	齐全(5 分) 包扎完整(5 分)	
	灭菌	按要求设置灭菌参数;会判断冷空气排除情况;灭菌后小导管中无气泡	15 分	灭菌参数正确(5 分) 冷空气排完(5 分) 小导管中无气泡(5 分)	
	样品稀释或移取	计算出适宜的稀释度;稀释时,样品要摇匀且量取准确;每稀释一个稀释度更换一支吸量管;稀释过程没有液体洒落	20 分	写出适宜的稀释度(5 分) 稀释过程中摇匀且量取准确(5 分) 稀释过程中每一个稀释度更换一支吸量管(5 分) 稀释过程中无液体滴落到桌面(5 分)	
	做平板	做空白对照、阳性对照;混菌法制备平板	15 分	做了空白对照(5 分) 做了阳性对照(5 分) 平板厚度 4 mm 左右,且无结块(5 分)	
	培养	按实验方案设置培养条件;倒置培养	10 分	培养参数设置正确(5 分) 倒置培养(5 分)	
	结果	能对数据进行正确处理	10 分	数量处理正确(10 分)	

续表

考核项目		技能要求	分值	评分标准	得分
其他考核点	实验桌面整洁情况	物品摆放有序,卫生良好	10 分	物品摆放有序(5 分) 卫生良好(5 分)	
	卫生值日	干净整洁,物品还原	10 分	干净整洁(5 分) 物品还原(5 分)	
合计			100 分		

 任务反思 〉〉〉

1. 比色法测定微生物细胞浓度时,吸光度控制在什么范围内? 为什么?
2. 微生物数量测定过程中,样品稀释非常重要,如何保证样品稀释的均匀性?
3. 菌落总数和大肠菌群测定方法设计的基本依据分别是什么?

任务 2.4　微生物的生存环境条件

 任务目标 〉〉〉

知识目标:理解环境因素对微生物生长的影响。
技能目标:会判断微生物对其生长环境的喜好。

任务准备 〉〉〉

一、微生物在其生长环境中的存在状态

多年来,经典微生物学主要是研究浮游生长微生物。人们对微生物的研究多是在实验室营养丰富的培养条件下,观察浮游状态或单菌种微生物菌落的形态学与生理学特性。然而,自然界中绝大多数微生物并非以浮游状态或单菌种菌落的方式生长,而是不同种属的微生物共同定植于生物或非生物载体表面,并分泌胞外聚合物(extracellular polymeric substance,EPS)将其自身包裹成微菌落,形成生物膜(biofilm)。实际上在自然界所分布的微生物中,98%以上都是以生物膜群体的方式存在的。然而,自然界大多数生物膜中可人工培养的菌种不到1%,目前对不同菌种间的相互关系进行全面有效的研究也是空白。

生物膜的形成过程可分为五个阶段:① 浮游阶段:即微生物自由游动、尚未附着到载体表

面;② 附着阶段:微生物附着在载体表面,但最初的附着是不牢固的,即可逆性附着,后期可通过一系列复杂机制形成牢固的附着,即不可逆性附着;③ 生物膜形成初期:即微生物不断附着至载体表面并生长繁殖,形成散在的微菌落;④ 生物膜成熟阶段:微菌落持续发展增大并相互融合形成大菌落,大菌落中的微生物通过胞外聚合物相互黏结,其中也包含一些死亡微生物的残片和胞外 DNA(extracellular DNA,eDNA)。典型的大菌落呈蘑菇样突起结构,有充满液体的水道穿插其中,在环境的影响下大菌落也可形成更加适宜的形状,如在流速较高的水生环境中,生物膜可呈扁平状或流线型,以缓冲较高的流体剪切力;⑤ 散播阶段:生物膜中的微生物可散播到外界环境中,从而回到浮游状态,并开始新的附着、新的循环。

自然界中,生物膜形成过程的各个阶段并无绝对界限,且不同阶段可同时存在、同时进行。生物膜作为一个开放的系统,其形成不仅有赖于其内部微生物之间的非线性相互作用,同时也离不开微生物与外界环境的相互交流。

二、 环境因素对微生物生长的影响

对微生物生长产生影响的环境因素很多,这里主要介绍温度、pH、氧气、湿度、渗透压和超声波等。

1. 温度

温度是影响微生物生长与存活的重要因素之一,高温可杀死微生物,低温可抑制微生物生长。一般而言,温度越高,微生物生长速率越快(图 2-20)。

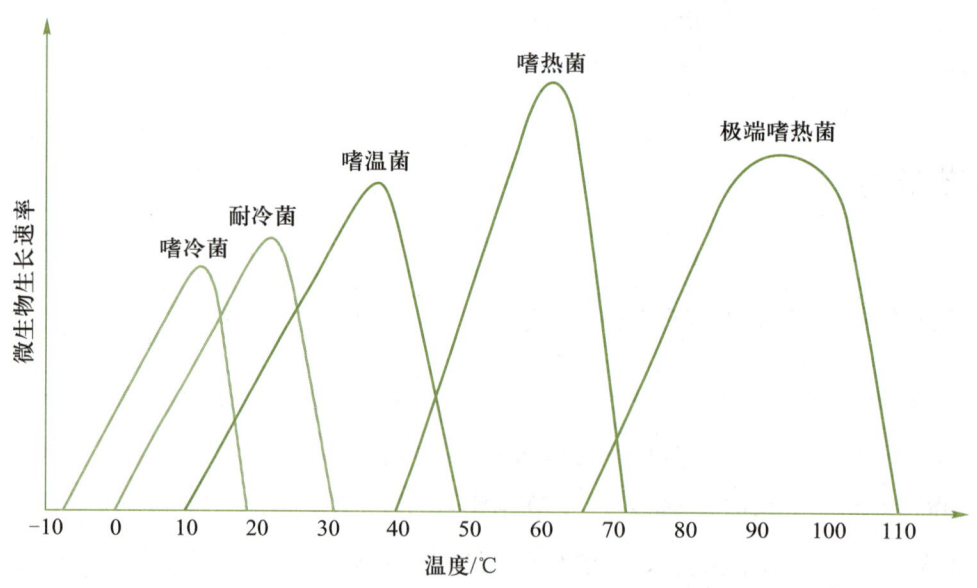

图 2-20   温度对微生物生长的影响

微生物可生长的温度范围很广,可在-10~95 ℃之间,但每一种微生物只在一定的温度范围内生长。

按微生物的生长速度,每种微生物都有三个温度界限,即最低生长温度、最适生长温度、最高生长温度。超出最低与最高的温度范围,微生物的生命活动就要中断。根据微生物最适生长温度可将它们划分为 3 大类(表 2-34)。

表 2-34 微生物生长的温度范围

微生物类群		最低生长温度	最适生长温度	最高生长温度	存在环境
嗜热微生物		25~45 ℃	50~55 ℃	70~90 ℃	土壤、堆肥、温泉中
嗜温微生物	室温型	10~20 ℃	25~30 ℃	40~45 ℃	土壤中、植物体内等环境中
	体温型	10~20 ℃	37~40 ℃	40~45 ℃	人及温血动物体内等环境中
嗜冷微生物		−10~5 ℃	10~20 ℃	25~30 ℃	水、冷藏物中

嗜热微生物适宜在较高温度下生长,常见于温泉、堆肥、土壤及其他腐烂有机物中,以芽孢杆菌、放线菌为主,它们常造成罐头工业中的灭菌困难。

嗜温微生物适宜在 10~45 ℃的温度下生长,绝大多数微生物都属于这一类。如发酵工业上应用的微生物菌种、引起人及动物疾病的病原微生物、引起食品原料和成品腐败变质的微生物等。

嗜冷微生物适宜在较低的温度下生长,常出现于地球两极地区的水域和土壤中,也见于海洋深处、冷泉、冰箱和其他低温场所。它们对深水中有机物的分解起重要作用,也是造成冷藏食品腐败的主要原因。

值得注意的是,最适生长温度并不等于最适发酵温度,即工业发酵中,前期(种子培养)、后期(发酵)的温度控制不完全相同。如酒精酵母的最适生长温度为 28 ℃,最适发酵温度则为 32~33 ℃。

(1)低温对微生物的影响 一般来说,微生物对低温(0 ℃以下)的敏感性比高温弱,有些微生物在低温下会死亡,但大部分微生物在低温状态下只是减弱或降低新陈代谢活动,处于休眠状态,生命活力依然保存,若对其激活,仍能良好地生长繁殖。利用此原理,可以进行菌种保藏,如目前实验室普遍使用的冷冻法或真空冷冻干燥法。冰冻时,由于细胞内的游离水转变为冰晶,致使细胞脱水,原生质浓缩,黏度增大,pH、胶体状态发生变化,蛋白质部分变性;同时,冰晶对细胞结构造成机械损伤,所以菌体不能生存。一般认为,降温速度和方式、培养基成分、含氧量、菌体自身的抵抗力都会影响冰冻效果。

(2)高温对微生物的影响 加热会引起蛋白质变性,即酶失活,造成代谢受阻而导致微生物死亡。故在实际的工作中,加热可以杀死微生物。但微生物的种类、生长阶段、所处的基质等条件都会对加热效果产生影响。一般来说,老龄菌比幼龄菌抗热;基质中有机物含量高时菌体较抗热。多数微生物的营养体和病毒在 50~65 ℃、10 min 内死亡,放线菌和霉菌的孢子一般在 80 ℃、10 min 内死亡,细菌的芽孢须在 121 ℃ 以上的温度下经过一定的时间才会死亡。

2. pH

环境的 pH 会影响菌体细胞膜的带电荷性质、膜的稳定性及膜对物质的吸收能力,使菌体表面蛋白质变性或水解,破坏酶的活性,从而影响细胞的代谢作用。如酵母菌在 pH 4.5~5.0 时产物为乙醇,而在 pH 7.6 时产物为甘油;黑曲霉在 pH 2~3 时产物为柠檬酸,而在 pH 近中性时产物为草酸。

各种微生物都有其可以生长和适宜生长的 pH 范围(表 2-35),因此,配制培养基时,应注意调节合适的 pH。

表 2-35   各类微生物生长的最适 pH 及范围

微生物种类	最低 pH	最适 pH	最高 pH
细菌和放线菌	5.0	7.0~8.0	10.0
酵母菌	2.5	3.8~6.0	8.0
霉菌	1.5	3.0~6.0	10.0

微生物在生命活动中由于新陈代谢作用,会改变环境中的 pH,进而影响自身的生长繁殖及代谢产物的积累。因而,在发酵工业中,控制发酵液的 pH 是控制生产的指标之一。常用配制基质时加缓冲性物质,生产过程中适时流加无机酸碱或生理活性物质的方法控制 pH。如在谷氨酸发酵中,进入产酸阶段 pH 就会降低,每当降到 6.0~7.2 时就流加尿素,尿素分解放出氨,使 pH 升高,氨被利用后 pH 又下降,如此反复,既调节了发酵液中的 pH,又供给了必要的氮源。

3. 氧气

微生物对氧气的需要和耐受能力在不同的类群中差异很大(图 2-21),根据它们和氧气的关系可以分为好氧微生物、厌氧微生物和兼性厌氧微生物。大多数微生物属于好氧型,必须有氧气才能生长。厌氧微生物又可分为耐氧厌氧和专性厌氧两个类群,耐氧厌氧微生物不利用氧气,但氧气对它们无害;专性厌氧微生物不仅不能利用氧气,而且只能在完全无氧的环境中生长,因为氧气对它们有害。兼性厌氧微生物在有氧或无氧时都能生长,但条件不同时代谢途径不同,产物也就不同。

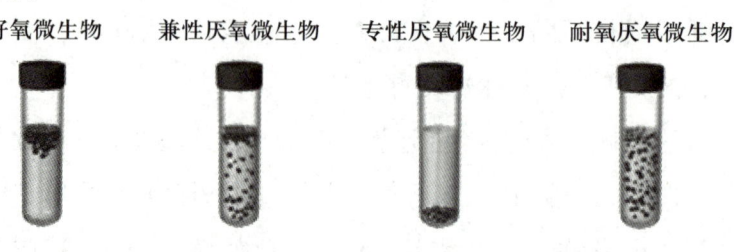

好氧微生物   兼性厌氧微生物   专性厌氧微生物   耐氧厌氧微生物

图 2-21   氧气对微生物生长的影响

4. 湿度

水是微生物细胞不可缺少的组分,干燥可以引起细胞失水,细胞内盐分浓度增高,蛋白质变性,进而导致生命活动的减弱或死亡。在日常生活中,常用烘干、晒干或熏干等手段来保存食品和食品发酵工业原料。

不同的微生物对干燥的抵抗力不同。醋酸菌失水后很快死亡,酵母菌失水后可保存数月,霉菌的孢子、细菌的芽孢对干燥的抵抗力更大,可保存数年至数十年。

同种微生物对干燥的抵抗力也会因所处基质、温度等环境因素的不同而有所改变。如细菌在玻璃上干燥则很快死亡,在牛奶、肉汤中虽完全干燥,但存活率仍很高。

5. 渗透压

渗透压对微生物生长有很大的影响(图 2-22),微生物的生活环境必须具有与其细胞大致相等的渗透压,超过一定限度或骤然改变渗透压,对微生物都是有害的,甚至可导致其死亡。

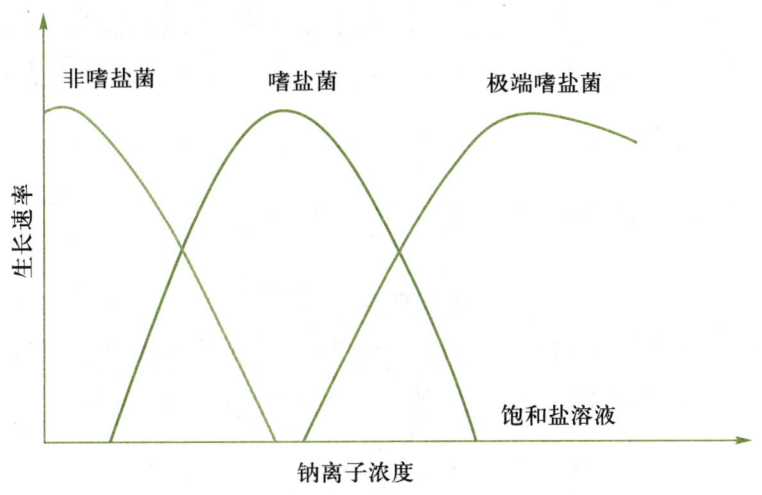

图 2-22　渗透压对微生物生长速率的影响

当微生物处于与其自身细胞液渗透压相等的环境中,细胞保持原形,不收缩也不膨胀,有利于微生物的生长;在高渗溶液中微生物细胞会收缩(图 2-23)。常用的生理盐水(浓度 0.85%～0.90% 的 NaCl)就是等渗溶液。

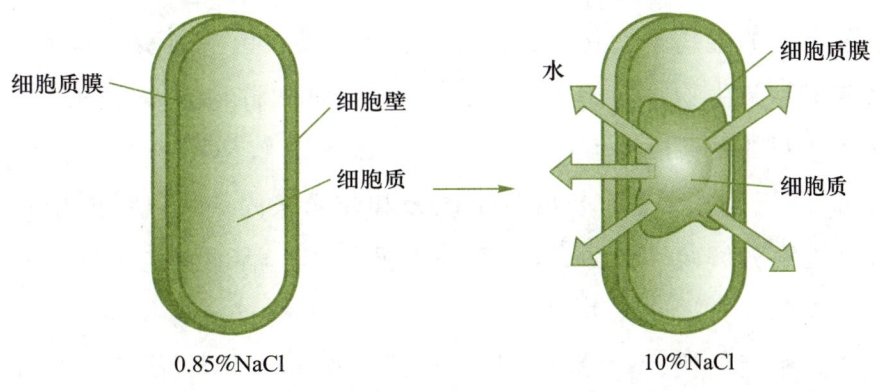

图 2-23　微生物细胞在等渗和高渗溶液中的状态

当微生物处于比其自身细胞液渗透压高的环境中,细胞内的水分渗透到细胞外,因而严重失水,原生质体收缩,细胞质变稠发生质壁分离现象,影响它的生理活动甚至死亡。人们常常利用这一原理用高渗溶液来保存食品,如腌渍蔬菜和肉类(5%~30%的食盐)、制作蜜饯(30%~80%的糖)。但也有一些微生物能在高渗环境中生长,如花蜜酵母和某些霉菌能在60%~80%的糖液(渗透压为4.6~9.1 MPa)中生长,这就是蜜饯食品腐败的原因;有些嗜盐菌在20%的盐浓度下仍能生长。

当微生物处于比其自身细胞液渗透压低的环境中,溶液中的水分不断向细胞内渗透,会使细胞吸水膨胀甚至破裂。

6. 超声波

频率在20 000 Hz以上的特殊声波称为超声波。它有强烈的生物学作用,这主要是超声波产生的强烈振荡及热效应引起,可以使细胞膜破裂。几乎所有的微生物都能被超声波破坏,但受影响的程度各不相同。如球菌、细菌芽孢、病毒不易被超声波破坏。

由于超声波有杀菌作用,可利用它来处理食品。如经一般消毒的牛乳再经超声波处理,冷藏条件下可保存18个月。

三、 微生物群体之间的关系对微生物生长的影响

在自然界中,微生物极少单独存在,总是较多种群聚集在一起,当微生物的不同种类或微生物与其他生物出现在一个限定的空间内,它们之间互为环境,表现出复杂的关系,彼此影响。这种影响可能是有利的或有害的或中性的,概括起来可分为以下四种。

1. 寄生

一种生物在另一种生物体内吸取营养、生长繁殖并使之损害的现象称为寄生。前者称为寄生物,被损害的生物称为寄主或宿主。有的微生物脱离寄主就不能生长,它们是专性寄生菌,如病毒;有的寄生菌没有寄主时还能靠腐生生活,它们是兼性寄生菌。植物、动物的病原微生物与植物、动物之间的关系,噬菌体与细菌、放线菌之间的关系就是寄生关系。

2. 互生

两种可以单独生活的生物生活在一起时,互相提供或仅由一方提供有利条件的现象称为互生。高等植物与根际微生物之间的关系,人体肠道正常菌群与人体之间的关系,土壤中纤维素分解菌与固氮菌之间的关系就是互生关系。如纤维素分解菌可分解纤维素产生有机酸,不利于自身的生长,而固氮菌可利用有机酸作为碳源和能源来固定大气中的单质氮,并将固定后的有机氮化物供纤维素分解菌作氮源,双方互为对方创造生活条件。

3. 共生

互生关系发展到相互依赖,不可缺少,甚至形成一个具有特异形态结构的生理整体,这种关系称为共生。豆科植物与根瘤菌之间的关系,反刍动物与瘤胃微生物之间的关系,某些真菌

与藻类之间的关系就是共生关系。如真菌从藻类得到有机养料,同时从基质吸收水分和无机养料供自身及藻类利用,藻类利用这些水和无机物进行光合作用及固氮作用,将产物供真菌使用,两者共生形成地衣。

4. 拮抗

一种微生物在其生命活动中,产生某种代谢产物或改变环境条件,从而抑制其他微生物的生长繁殖,甚至杀死其他微生物的现象,称为拮抗。根据拮抗作用的选择性,分为特异性拮抗关系和非特异性拮抗关系。非特异性拮抗关系是指抑制作用没有一定的专一性。如酸菜、泡菜和青贮饲料的制作过程中,由于乳酸菌大量繁殖产生了大量的乳酸,降低了 pH,使得大多数不耐酸的腐败菌不能生长。特异性拮抗关系是指通过产生特异性的代谢产物选择性地抑制或杀死其他微生物的现象,各种微生物所产生的这种特殊代谢物的性质各不相同,统称为抗生素。它在医疗方面意义重大,在畜牧业、食品保藏方面也有应用。

微生物之间的生态学关系非常复杂。在自然状态下,生长在同一环境下的微生物之间不仅有营养上的相互竞争,还有分泌到胞外的代谢产物之间的相互影响。在共培养状态下,微生物之间的协同代谢、互惠共生、相互竞争,代谢物中的信号分子、抗生素、毒素等的相互作用都对共培养体系中目标产物的产量和新物质的产生有影响。

目前,生产上应用的共培养菌株之间往往具有协同代谢作用或者诱导作用,而对互有拮抗或竞争作用的微生物间共培养现象的研究还很少。

 ## 任务实施 〉〉〉

温度、pH 和抗生素对枯草芽孢杆菌生长的影响

枯草芽孢杆菌(*Bacillus subtilis*)是芽孢杆菌属的一种,CCTCC(中国典型培养物保藏中心)编号 AB 90008,是模式菌种。好氧菌,单个细胞,着色均匀。无荚膜,周生鞭毛,能运动,革兰阳性菌。菌落表面粗糙不透明,污白色或微黄色。在液体培养基中生长时,常形成皱醭。广泛分布在土壤及腐败的有机物中,易在枯草浸汁中繁殖。

1. 材料准备

枯草芽孢杆菌、牛肉膏蛋白胨培养基(液体)、注射用磷霉素钠、NaOH 溶液(1%)、HCl 溶液(1%)、分光光度计、冰箱、恒温水浴锅(2 台)、温度计(2 支)、pH 计、吸量管(1 mL、10 mL 若干)、天平(精度 0.01)、恒温培养箱、高压蒸汽灭菌锅、超净工作台、均质器、三角瓶(250 mL、500 mL 若干)、试管(若干)、试管架、酒精灯、消毒棉球等。

2. 人员组织

3~5 人组成一组,每组一套材料。

3. 操作步骤

① 制备菌液

　　取枯草芽孢杆菌斜面菌种 1 支,接种入牛肉膏蛋白胨培养液中(250 mL/500 mL),静置培养 18 h

② 标记编号

　　取三个试管架,分别放置温度、pH 和抗生素实验系列的试管

　　温度实验系列:取试管 4 个,分别编号为:空白、4 ℃、37 ℃、45 ℃,编号为培养物的培养温度

　　pH 实验系列:取试管 4 个,分别编号为:空白、pH 4、pH 7、pH 10,编号为培养物的 pH

　　抗生素实验系列:取试管 4 个,分别编号为:空白、0.1%、0.5%、1%,编号为培养物的抗生素浓度

③ 接种培养

　　分别用 5 mL 无菌吸管准确吸取 5 mL 菌液,分别加入已编号的盛有培养液的三个系列的试管中,然后按如下调整实验条件:

　　温度实验系列:于相应的温度下培养,培养 16 h

　　pH 实验系列:用酸或碱调节至相应的 pH,于 37 ℃下振荡培养,培养 16 h

　　抗生素实验系列:加入相应浓度的抗生素,于 37 ℃下振荡培养,培养 16 h

④ 测定生长量

　　将未接种的牛肉膏蛋白胨培养基(空白)倾倒入比色皿中,选用 600 nm 波长分光光度计,调节零点,作为空白对照,并测定培养液 OD 值

　　OD 值控制在 0.2~0.8 以内(超过 0.8 后需要进行稀释),经稀释后测得的 OD 值要乘以稀释倍数,才是培养液实际的 OD 值

⑤ 写报告

　　报告形式参见任务 1.1"任务实施",并在规定的时间内完成报告的撰写

4. 注意事项

(1) 制备菌液时,培养时间严格控制在 18~20 h,过长或过短都会影响生长曲线。

(2) 接种后的培养时间要控制好,培养时间要控制在 12~18 h。

5. 技能评价

技能评价以过程评价为主,具体见表 2-36。

表 2-36 温度对枯草芽孢杆菌生长的影响技能评价表

考核项目		技能要求	分值	评分标准	得分
关键考核点	朗伯-比尔定律	写出公式及参数的含义	5分	写出公式及参数的含义(5分)	
	制备菌液	培养时间控制在对数期	10分	控制在 18~20 h(10分)	
	吸光度限值	会确定吸光度限值	5分	写出吸光度限值(5分)	
	培养温度	按实验方案设置温度	10分	用校准仪器设定温度(5分) 控制的温度与实验设计一致(5分)	
	pH 控制	按实验方案设置 pH	10分	及时矫正培养液的 pH(5分) 控制的 pH 与实验设计一致(5分)	
	抗生素浓度	按实验方案设置浓度	10分	抗生素浓度与实验设计一致(10分)	
	样品稀释	稀释时,样品要摇匀且量取准确;每稀释一个稀释度更换一支吸量管	10分	稀释时,样品摇匀且量取正确(5分) 稀释时,每个稀释度更换一支吸量管(5分)	
	测定	数据可信度高,数据准确	10分	吸光度在限值范围内(5分) 多次(5次及以上)重复测定数据的相对误差≤5%(5分)	
	实验桌面整洁情况	物品摆放有序,卫生良好	10分	物品摆放有序(5分) 卫生良好(5分)	
其他考核点	检测过程	操作规范,熟练	10分	操作规范(5分) 操作熟练(5分)	
	卫生值日	干净整洁,物品还原	10分	干净整洁(5分) 物品还原(5分)	
合计			100分		

? 任务反思 〉〉〉

1. 在实验中,枯草芽孢杆菌为什么要培养 16 h? 培养时间过长或过短会出现什么现象?

2. 不适宜的温度或 pH 会造成枯草芽孢杆菌的休眠,如何证实?

3. 将枯草芽孢杆菌分别加入纯水和其培养液中,其耐受抗生素的能力相同吗? 为什么?

项 目 小 结

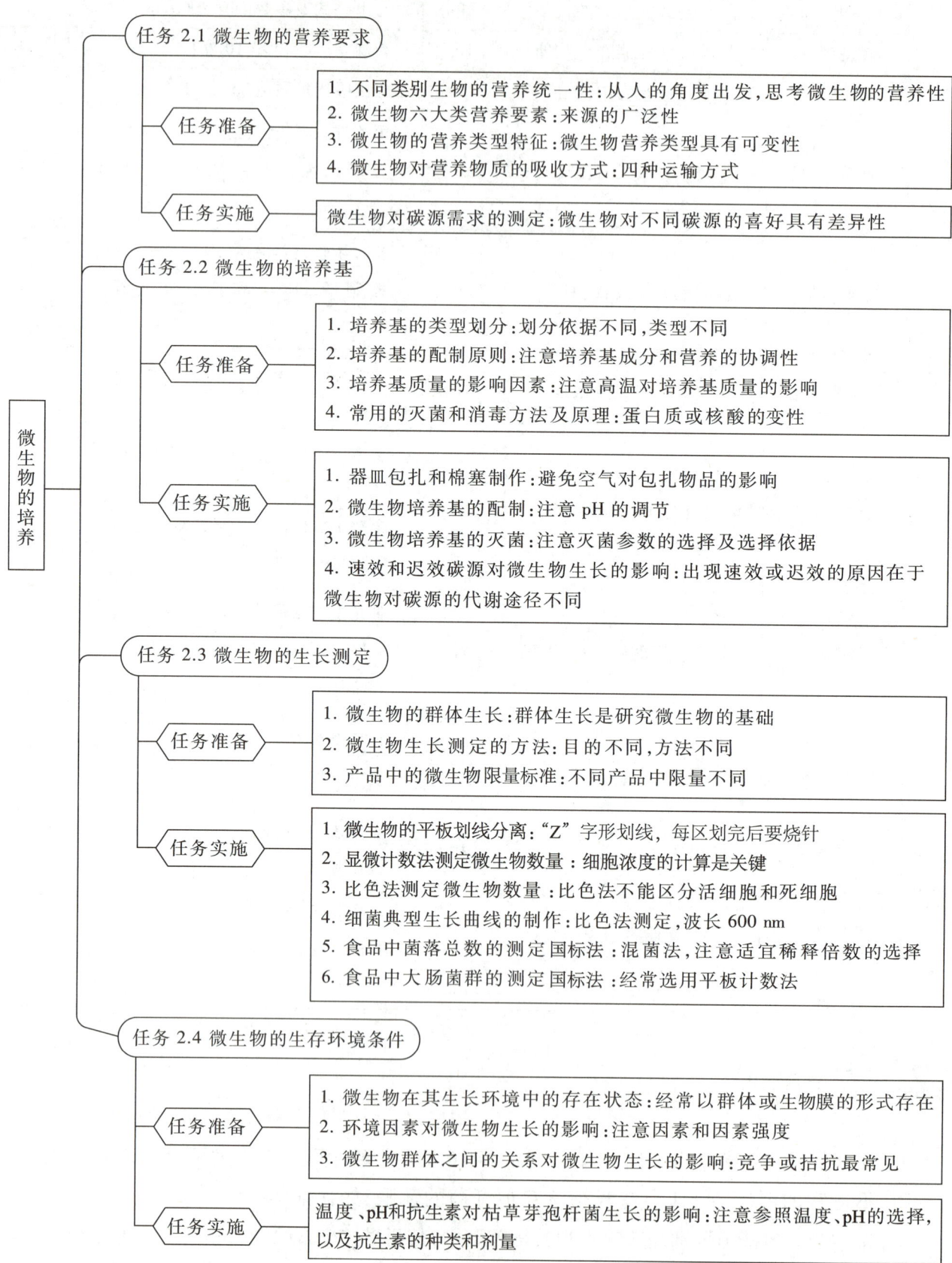

微生物的培养

任务 2.1 微生物的营养要求

- **任务准备**
  1. 不同类别生物的营养统一性：从人的角度出发，思考微生物的营养性
  2. 微生物六大类营养要素：来源的广泛性
  3. 微生物的营养类型特征：微生物营养类型具有可变性
  4. 微生物对营养物质的吸收方式：四种运输方式

- **任务实施**
  微生物对碳源需求的测定：微生物对不同碳源的喜好具有差异性

任务 2.2 微生物的培养基

- **任务准备**
  1. 培养基的类型划分：划分依据不同，类型不同
  2. 培养基的配制原则：注意培养基成分和营养的协调性
  3. 培养基质量的影响因素：注意高温对培养基质量的影响
  4. 常用的灭菌和消毒方法及原理：蛋白质或核酸的变性

- **任务实施**
  1. 器皿包扎和棉塞制作：避免空气对包扎物品的影响
  2. 微生物培养基的配制：注意 pH 的调节
  3. 微生物培养基的灭菌：注意灭菌参数的选择及选择依据
  4. 速效和迟效碳源对微生物生长的影响：出现速效或迟效的原因在于微生物对碳源的代谢途径不同

任务 2.3 微生物的生长测定

- **任务准备**
  1. 微生物的群体生长：群体生长是研究微生物的基础
  2. 微生物生长测定的方法：目的不同，方法不同
  3. 产品中的微生物限量标准：不同产品中限量不同

- **任务实施**
  1. 微生物的平板划线分离："Z"字形划线，每区划完后要烧针
  2. 显微计数法测定微生物数量：细胞浓度的计算是关键
  3. 比色法测定微生物数量：比色法不能区分活细胞和死细胞
  4. 细菌典型生长曲线的制作：比色法测定，波长 600 nm
  5. 食品中菌落总数的测定国标法：混菌法，注意适宜稀释倍数的选择
  6. 食品中大肠菌群的测定国标法：经常选用平板计数法

任务 2.4 微生物的生存环境条件

- **任务准备**
  1. 微生物在其生长环境中的存在状态：经常以群体或生物膜的形式存在
  2. 环境因素对微生物生长的影响：注意因素和因素强度
  3. 微生物群体之间的关系对微生物生长的影响：竞争或拮抗最常见

- **任务实施**
  温度、pH和抗生素对枯草芽孢杆菌生长的影响：注意参照温度、pH的选择，以及抗生素的种类和剂量

项 目 测 试

一、名词解释

群体生长;分离;培养;嗜热微生物;最适生长温度;灭菌;菌落总数

二、填空题

1. 根据细菌生长繁殖的速率不同,可将单细胞微生物的生长曲线划分为_____、_____、_____、_____四个阶段。

2. 根据微生物对氧的要求不同,可分为_____、_____、_____三类。

3. 当微生物细胞在高渗溶液中,会发生_____现象;在低渗溶液中,会发生_____现象。

4. 嗜温型微生物的最适生长温度一般是_____,最高生长温度一般是_____。

三、单项选择题

1. 在土壤中,纤维素分解菌和固氮菌的关系是(　　)。

A. 寄生　　　　　　B. 互生　　　　　　C. 共生　　　　　　D. 拮抗

2. 下列方法中,属于直接计数的方法是(　　)。

A. 血球计数法　　　B. 平板计数法　　　C. 比浊法　　　　　D. 干重法

3. 微生物细胞形态典型,生理生化反应稳定,并开始积累贮存物质是(　　)阶段。

A. 缓慢期　　　　　B. 对数期　　　　　C. 稳定期　　　　　D. 衰亡期

4. 85 ℃/30 min 是一种(　　)杀菌方法。

A. 煮沸消毒　　　　B. 间歇灭菌　　　　C. 巴氏消毒　　　　D. 高压蒸汽灭菌

5. 菌落总数测定的国家标准中,适宜稀释度的平板上的菌落数量是(　　)CFU。

A. 50～150　　　　B. 20～200　　　　C. 30～300　　　　D. 50～200

四、简答题

1. 如何测定微生物的数量?

2. 怎样绘制单细胞微生物的典型生长曲线?

3. 为什么高浓度的糖和盐可以用于食品的防腐?

4. 简述 pH 对微生物生长的影响。

5. 简述大肠菌群数量测定的基本原理(国标法)。

拓 展 阅 读

微生物连续培养与分批培养

分批培养是指在整个微生物培养过程中,只有一次投入,同时也只有一次收获;连续培养是指在微生物培养过程中,不断地投入,不断地收获。连续培养是相对于细菌典型生长曲线时所采用的那种单批培养或密闭培养而言的培养模式。

连续培养是在研究典型生长曲线的基础上,通过认识稳定期到来的原因,并采取相应的有效措施而实现的。具体地说,就是当微生物以单批培养的方式培养到指数期的后期时,一方面以一定速度连续流进新鲜培养基,并立即搅拌均匀,另一方面,利用溢流的方式,以同样的流速不断流出培养物。这样,培养物就达到动态平衡,其中的微生物就可长期保持在指数期的平衡生长状态和稳定的生长速率上(图 2-24)。

恒浊器和恒化器是两种连续培养器,简单介绍如下。

(1) 恒浊器   这是根据培养器内微生物的生长密度,并借光电控制系统来控制培养液流速,以取得菌体密度高、生长速率恒定的微生物细胞的连续培养器。在这一系统中,当培养基的流速低于微生物生长速率时,菌体密度增高,这时通过光电控制系统的调节,可促使培养液流速加快,反之亦然,并以此来达到恒密度的目的。因此,这类培养器的工作精度是由光电控制系统的灵敏度来决定的。

在恒浊器中的微生物,始终能以最高生长速率进行生长,并可在允许范围内控制不同的菌体密度。在生产实践上,为了获得大量菌体或与菌体生长相平行的某些代谢产物,如乳酸、乙醇时,都可以利用恒浊器。

(2) 恒化器   与恒浊器相反,恒化器是一种设法使培养液流速保持不变,并使微生物始终在低于其最高生长速率条件下进行生长繁殖的一种连续培养装置。这是一种通过控制某一种营养物质的浓度,使其始终成为生长限制因子的条件下达到的,因而可称为外控制式的连续培养装置。可以设想,在恒化器中,一方面菌体密度会随时间的增长而增高,另一方面,限制生长因子的浓度又会随时间的增长而降低,两者互相作用的结果是出现微生物的生长速率正好与恒速流入的新鲜培养基流速相平衡。这样,既可获得一定生长速率的均一菌体,又可获得虽低于最高菌体产量,却能保持稳定菌体密度的菌体。

恒化器(图 2-25)主要用于实验室科学研究中,尤其用于与生长速率相关的各种理论研究中。

连续培养如用于生产实践上,就称为连续发酵。连续发酵与单批发酵相比有许多优点:① 高效,它简化了装料、灭菌、出料、清洗发酵罐等许多单元操作,从而减少了非生产时间,提高了设备的利用率;② 自控,便于利用各种仪表进行自动控制;③ 产品质量较稳定;④ 生长与代谢产物形成的两种类型节约了大量动力、人力、水和蒸汽,且使水、气、电的负荷均匀合理。

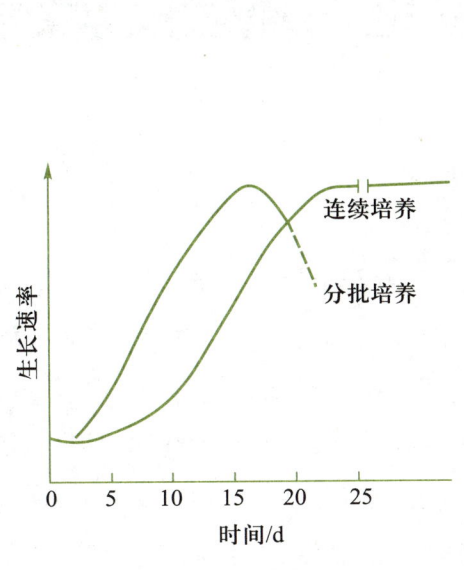

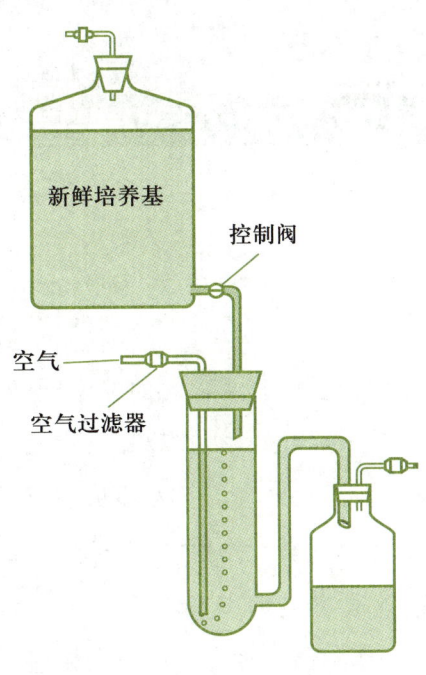

图 2-24 分批培养与连续培养的关系   图 2-25 恒化器结构示意图

连续培养或连续发酵也有其缺点。首先,最主要的是菌种易于退化。可以设想,处于如此长期高速繁殖下的微生物,即使其自发突变概率极低,也无法避免变异的发生,尤其发生比原生产菌株生长速率高、营养要求低和代谢产物少的负变类型。其次是易遭杂菌污染。可以想象,在长期运转中,要保持各种设备无渗漏,尤其是通气系统不出任何故障,是极其困难的。因此,所谓"连续"是有时间限制的,一般可达数月至一两年。最后,在连续培养中,营养物质的利用率一般也低于单批培养。

在生产实践上,连续培养技术已广泛应用于酵母菌体的生产,乙醇、乳酸和丙酮、丁醇等发酵,以及用假丝酵母(*Candida* spp.)进行石油脱蜡或是污水处理。国外还把微生物连续培养的原理扩大运用于提高浮游生物的产量,并取得了良好的效果。

项 目 导 入

微生物具有独特和高效的生物转化能力,能产生多种代谢产物,其产物中的一些生物活性物质在医药、食品和化工工业中有着不可取代的地位。但野生微生物菌种的代谢产物远不能满足工业生产需要,必须选育优良的生产菌种。我国诸多科学家在这方面做出了卓越的贡献,如陈华癸、方心芳、阎逊初等人,他们励精图治、潜心科研,奠定了我国在农业、工业、制药等领域发展的基础。

因微生物世代时间短,所以在工业生产或传代过程中易发生突变、性状衰减、死亡等,造成工业菌种的退化。因此,必须做好菌种的保藏工作,使菌种不变异、不死亡、不被杂菌污染,满足菌种研究、交换和使用等多方面的需要。

思考:菌种为何会出现退化的现象?

本项目学习内容为:(1) 微生物的筛选;(2) 微生物的衰退和复壮;(3) 菌种保藏。

任务 3.1　微生物的筛选

任务目标 〉〉〉

知识目标:掌握微生物筛选或诱变的基本原则。

技能目标:会筛选特定功能的微生物。

任务准备 〉〉〉

一、 自然界中微生物的分布

微生物所具有的个体微小、代谢营养类型多样、适应能力强等特点使其分布广泛。无论在高山、陆地、淡水、海洋、空气还是动植物体上,都有它们的存在。也可以说在其他生物可以生存的环境中有它们的足迹,在其他生物不能生存、甚至极端的环境中也有它们的足迹。

在自然界中分布广,是微生物的重要特性之一,这一特性是由微生物的特点所决定的:① 微生物形体微小,易于传播,空气和河流可以把微生物及其孢子传播到几千公里以外;② 微生物营养类型多,适应能力强,所以它们能利用各种不同的基质,在各种不同的环境中生长;③ 微生物可以形成各种类型的休眠体,以抵抗不良的环境并适合其传播,如细菌的芽孢,黏细菌的孢囊,真菌的分生孢子、厚壁孢子和菌核。

(一) 土壤中的微生物

1. 土壤是微生物活动的主要场所

土壤是自然界微生物活动的主要场所,因为土壤具备微生物生存的基本条件。

(1) 水　土壤中的水以两种方式存在:一是吸附在土壤表面的吸附水,二是在土粒间以薄膜形式存在的自由水。不同土壤对水的吸收和保持能力有很大变化,利于不同的微生物生存。

(2) 营养　大多数微生物不能进行光合作用,需要靠有机物来生活,土壤中的有机物为微生物提供了良好的碳源、氮源和能源。土壤中矿质元素的含量也适于微生物的生长发育。微生物的活动力在含有丰富有机物的土壤表层和靠近植物根系的区域最大,在深层矿质土壤中,微生物数量和活动力最小,该处的微生物可能呈休眠状态,并且很可能呈芽孢状态。

(3) 酸碱性　土壤一般为中性,符合微生物生长的酸碱度要求。在一些酸性红壤或碱性盐碱地中,也有其适合生存的微生物类群。

(4) 温度　土壤的保温性能好,与空气相比,土壤的昼夜温差和季节温差不大。在表土几毫米以下,微生物便可免于被阳光直射致死。

(5) 空气　土壤空隙中充满着空气,为微生物的生长提供了良好的环境。

所以土壤有"微生物天然培养基"之称,土壤中的微生物数量最大,类型最多,是人类最丰富的"菌种资源库"。

2. 土壤中微生物的种类和数量

土壤中微生物的种类很多,包含细菌、放线菌、真菌、藻类和原生物等类群,以细菌最多,占70%~90%,放线菌、真菌次之,藻类和原生物等较少。土壤中微生物的代谢活动可改变土壤的理化性质,影响土壤肥力。

土壤中细菌的数量因土壤性质不同而变化,在有机物含量丰富的黑土、草甸土、磷质石灰土和植被茂盛的暗棕土壤中,微生物的数量较多;在西北干旱地区的棕钙土,华中、华南地区的红壤和砖红壤,沿海地区的滨海盐土中,微生物的数量较少(表3-1)。

表 3-1　几种土壤中常见微生物的数量　　　　　　　　　单位:万/g 干土

土壤	地点	细菌	放线菌	真菌
暗棕壤	黑龙江呼玛	2327	612	13
棕壤	辽宁沈阳	1284	39	36
黄棕壤	江苏南京	1406	271	6

续表

土壤	地点	细菌	放线菌	真菌
红壤	浙江杭州	1103	123	4
砖红壤	广东徐闻	507	39	11
磷质石灰土	西沙群岛	2229	1105	15
黑土	黑龙江哈尔滨	2111	1024	19
黑钙土	黑龙江安达	1074	319	2
棕钙土	宁夏宁武	140	11	4
草甸土	黑龙江亚沟	7863	29	23
塿土	陕西武功	951	1032	4
白浆土	吉林蛟河	1598	55	3
滨海盐土	江苏连云港	466	41	0.4

在土壤的不同深度,微生物的分布也不相同。其主要原因是土壤不同层次中的水、营养、空气、温度等因素的差异。微生物数量随土层深度增加而减少。表土中微生物数量少,因为这里缺水,受紫外线照射微生物易死亡;在 5~20 cm 土壤层中微生物数量最多;20 cm 以下,土壤因营养成分减少、缺少空气等,不利于微生物生长(表 3-2)。

表 3-2   不同深度花园土壤中微生物的菌落数   单位:CFU/g

深度/cm	细菌	放线菌	真菌	藻类
3~8	9750000	2080000	119000	25000
20~25	2179000	245000	50000	5000
35~40	570000	49000	14000	500
65~75	11000	5000	6000	100
135~145	1400	—	3000	—

(二)水中的微生物

水具有微生物生命活动适宜的温度、pH、氧气等。因此,水中生长着众多的微生物类群。

1. 种类

微生物在水体中表现为水平分布和垂直分布的规律。

水中存在的微生物 90% 为革兰阴性菌,主要有弧菌、假单胞菌、黄杆菌等。鞘细菌及有柄附生细菌也常见于水体中。与其他水体相比,河水及溪水中革兰阳性菌相对较多,这是因为陆地微生物冲洗污染的缘故。水体中的致病性微生物一般并不是水中原有微生物,大部分是从外界环境污染而来,特别是人和其他温血动物的粪便污染。通过水体传播的病原微生物主要有沙门菌属、志贺菌属、霍乱弧菌等。因此,做好水的卫生学检查至关重要。

2. 数量

水中微生物的含量对水源的饮用价值影响很大。一般认为,作为良好的饮用水,其细菌含量应在 100 个/mL 以下,当超过 500 个/mL 时,即不适合作饮用水了。因此,在饮用水的微生物学检验中,不仅要检查其总菌数,还要检查其中所含的病原菌数。由于水中病原菌的含量总是较少,难以直接找到,故常通过检查水样中的指示菌——大肠埃希菌($E.coli$)数,来指示该水源被粪便污染程度,并间接推测其他病原菌存在的概率。根据我国 GB 5749—2022《生活饮用水卫生标准》中水质常规指标及限值的规定,自来水中菌落总数不可超过 100 个/mL(37 ℃,培养24 h),总大肠菌群(MPN/100 mL 或 CFU/100 mL)不应检出(37 ℃,培养 24 h)。

3. 作用

地球表面约有71%为水所覆盖,由此可知水体中微生物的作用及影响是巨大的。在多数水生环境中,主要的光合生物是微生物。在有氧区域以蓝细菌和藻类占优势;而在无氧区域则以光合细菌居多。这些微生物通过光合作用将无机物转变成有机物,组成其本身,被称为一级生产者。而浮游动物以光合生物体为食料,合成自身有机体。继后,这些浮游动物又被较大的无脊椎动物吞食,无脊椎动物又循此作为鱼类的食料。最后,任何植物或动物的尸体,都能被微生物分解,这样就形成了食物链(food chain)。内陆水,特别是河流,常被含有大量植物的陆地区域所包围,有机物有很多不是来自一级生产者,而是来自周围陆地上的死叶片、腐殖质和其他有机腐质。这些物质主要是受细菌和真菌的作用,并且被部分地转变成为微生物蛋白质。在这样的水体中,食物链可能不是由光合生物开始,而是从这些异养微生物开始。

海水渗透压较淡水高,因此海水中的微生物与淡水中的微生物在耐渗透压能力方面有很大的差别,深海中的微生物还能耐很高的静水压,例如,少数微生物可以在 600 atm 下生长,如水活微球菌、浮游植物弧菌。另外,海水中的细菌对纤维素和蛋白质等复杂物质具有很强的分解能力,对推动自然界生物地球化学循环起着重要的作用。

从以上可看出,微生物在水生环境的食物链中起着关键的作用,为鱼类和浮游动物提供了丰富的食料,具有重要的经济意义。

(三) 空气中的微生物

空气中不仅没有微生物生长繁殖所需要的营养物质和充足的水分,还存在日光中有害的紫外线的照射,因此空气不是微生物良好的生存场所。但空气中却飘浮着许多微生物。土壤、水体、各种腐烂的有机物以及人和动植物体上的微生物,都可随着气流的运动被携带到空气中去,并随空气流动传播。

1. 数量

微生物在空气中的分布很不均匀,尘埃多的空气中,微生物也多。一般在畜舍、医院、宿舍、城市街道上空,微生物数量较多,而在海洋、高山、森林地带、终年积雪的山脉或高纬度地带,微生物数量甚少。空气的温度和湿度也影响微生物的种类和数量,夏季气候湿热,微生物繁殖旺盛,空气中的微生物比其他季节多。下雨、下雪时,空气中微生物的数量大为减少。不同区域空气中的微生物量见表3-3。

表 3-3　不同区域 1 m³ 空气的微生物量

区域	微生物数量
畜舍	$1×10^6 \sim 2×10^6$
宿舍	20 000
城市街道	5 000
市区公园	200
海洋上空	$1 \sim 2$
北极（北纬 80°）	0

微生物数量与海拔高度有着密切的关系。在 20 世纪 30 年代，人们首次通过飞机证实在 20 km 的高空存在着微生物；70 年代中期又发现在 30 km 的高空存在着微生物；70 年代末，人们用地球物理火箭，从 74 km 的高空采集到处在同温层和大气中层的微生物，其中包括两种细菌和四种真菌，它们是白色微球菌（*Micrococcus albus*），藤黄分枝杆菌（*Mycobacterium luteum*），蝇卷霉（*Circinella muscae*），黑曲霉（*Aspergillus niger*），特异青霉（*Penicillium notatum*，即点青霉），以及异形丝甚霉（*Papulaspora anomala*）等。后来，又从 85 km 的高空找到了微生物。但基本规律是越接近海平面的空气中，微生物含量越多。

2. 种类

室外空气中的微生物，主要有各种球菌、芽孢杆菌、产色素细菌和对干燥和射线有抵抗力的真菌孢子等，室内空气中的病原菌含量较高，尤其是医院的病房、门诊间，病原菌较多。

在发酵工厂中，在空气进入空气压缩机前有时要用粗过滤器过滤，以去掉微生物。

测定空气中微生物的数目可用培养皿沉降或液体阻留等方法进行。凡须进行空气消毒的场所，例如医院的手术室、病房、微生物接种室或培养室等处，可以用紫外线消毒、福尔马林等药物熏蒸或喷雾消毒等方法进行。为防止空气中的杂菌对微生物培养物或发酵罐内的纯种培养物产生污染，可用棉花、纱布（8 层以上）、石棉滤板、活性炭或超细玻璃纤维过滤纸进行空气过滤。

（四）正常人体及动物体上的微生物

1. 正常菌群

正常人体及动物体上都存在着许多微生物，这些微生物生活在健康动物的各个部位，数量大、种类较稳定，一般是无害微生物，称为正常菌群。例如，在动物的皮毛上经常有葡萄球菌、链球菌和双球菌，在肠道中存在着大量的拟杆菌、大肠杆菌、双歧杆菌、乳杆菌、粪链球菌、产气荚膜菌、腐败梭菌和纤维素分解菌等，它们都属于动物体上的正常菌群。

人体的皮肤、黏膜，与外界相通的孔道如口腔、鼻咽腔、消化道和泌尿生殖道中存在许多正常的菌群。

2. 正常菌群的转化

一般情况下，正常菌群与人体保持平衡状态，且菌群之间互相制约，维持相对的平衡。它们与人体的关系一般表现为互生关系。但是,所谓正常菌群,也是相对的、可变的和有条件的。当机体防御机能减弱时,如皮肤大面积烧伤、黏膜受损、机体受凉或过度疲劳时,一部分正常菌群会成为病原微生物。另一些正常菌群由于其生长部位发生改变也可导致疾病的发生,如因外伤或手术等原因,大肠杆菌进入腹腔或泌尿生殖系统,可引起腹膜炎、肾炎或膀胱炎等炎症。还有一些正常菌群由于某种原因破坏了正常菌群内各种微生物之间的相互制约关系,也能引起疾病,如长期服用广谱抗生素后,肠道内对药物敏感的细菌被抑制,而不敏感的或耐药性细菌则大量繁殖,从而引起病变。这就是通常所说的菌群失调症。因此在进行治疗时,除使用药物来抑制或杀灭致病菌外,还应考虑调整菌群,恢复肠道正常菌群生态平衡。

二、 微生物筛选的基本原则和方法

菌种有时可以根据资料直接向有关科研单位或工厂索取,并通过生产性能测定,选取其中符合要求者,用于生产。但是,现有菌种是有限的,而且其性能也不一定完全适应生产,所以选择新菌种是一项必需而又重要的任务。选种是根据微生物的特性,采用各种分离筛选方法,从自然界中或从生产实践中选出符合人们要求的菌种。

(一) 从自然界中筛选

从自然界分离筛选新菌种的一般步骤是:采样、增殖培养、培养分离和筛选。如果产物与食品制造有关,还需对菌种进行毒性试验。

1. 采样

从何处采样,这要根据筛选的目的、微生物的分布概况及菌种的主要特征与外界环境关系等,进行综合的、具体的分析来决定。例如,到堆积枯枝、落叶和朽木的地方分离产纤维素酶的菌种,从果皮上、果树下的土壤中分离酒精酵母,从豆科植物根系周围的土壤中分离根瘤菌,从油田附近的土壤中得到石油酵母,从污泥中得到甲烷产生菌,从海洋中可分离到耐盐和低温生产菌等。如果预先不了解某种生产菌的具体来源,一般可以从土壤中分离。由于 1 g 表土中含微生物约有几百万至几十亿个,而且微生物种类也随土质差异有所不同,因此,在采样时应注意以下几方面。

(1) 地理环境　一般含有机质较多的土壤,微生物数量也多。在田园土和耕作过的土中,以细菌和放线菌为主;在有很多动植物残体的土壤中,酵母菌和霉菌较多。采土的深度不同,其通风、养分、水分、光照等情况就不同。表层土由于日光直接照射,水分很少,受外界因素影响较大,不利于微生物生长,所以微生物种类和数量均少,一般距表层 5～20 cm 深处的土壤含微生物最多。土壤的植被情况与微生物的类型有着一定关系。如,果园土壤中酵母较多,豆科植物下的土中根瘤菌较多。在采样时应加以注意。

(2) 季节与气候　由于春秋两季的温度、湿度最适宜微生物生长繁殖,因此土壤中微生物数量最多,所以春秋两季采样是合适的。在采样时,还应注意水分的问题。土壤中水分过多,往往造成缺氧状态,因此,即使有适宜的温度和湿度,也不会利于好氧微生物(如酵母菌和霉菌)的生长。放线菌也是在水分较少的情况下繁殖得好。由此可知,一般应避免雨季采土,而以温度适中、雨量不多的秋初为好。除此以外,也应注意土壤的酸碱度,细菌和放线菌在中性或微碱性土壤中较多,而酵母菌和霉菌则在偏酸性土壤中居多。

（3）采样方法　在选好适当地点后,用无菌小铲除去表土,取距地面 5～20 cm 处的土数十克,装入预先消毒过的牛皮纸袋中或塑料袋中,扎好,标记,记录采样时间、地点、环境情况等,以备考察。一般土壤中芽孢杆菌、放线菌和霉菌的孢子忍耐不良环境能力较强,因此不太容易死亡。但是由于采样后的环境条件与天然条件有着不同程度的差异,微生物会逐渐死亡而减少,种类也会发生变化,所以应尽快分离。

2. 增殖培养

采集到的样品中,往往是所需菌类含量不多,而不需要的微生物却大量存在,这就必须设法增大分离的概率,增加所需菌种的数量,进行增殖培养。所谓增殖培养就是给混合菌种提供一些有利于所需菌株生长或不利于其他菌株生长的条件,以促使所需菌株大量繁殖,从而有利于分离它们。如果一次增殖增量还太少,就可以再次或多次进行增殖培养,直至达到分离要求。当然,如果样品中需要的菌种类型本来就多,就不需要增殖培养,可直接进行分离。

增殖培养常用的两个方法,一是控制一定的养分,二是控制一定的培养条件。例如,控制利用的碳源,可选定糖、淀粉、纤维素或石油等,以其中的一种为唯一的碳源。那么只有能利用这一碳源的微生物才能大量生长,而其他微生物就可能死亡或被淘汰。如果控制增殖培养基的 pH,也有利于排除不需要的微生物,例如把土样加入含糖浓度高的培养基中,并把 pH 调到 4 以下,就可使酵母菌得到增殖;在筛选碱性脂肪酶产生菌时,将增殖培养基的 pH 调至 9,可抑制嗜酸性或嗜中性菌的生长,提高分离效率。此外,控制增殖培养的温度,也是提高分离效率的一条途径。

3. 培养分离

培养分离的目的是从含有混杂各种微生物的样品中,分离出所需要的菌种。尽管通过了增殖培养,但微生物仍处于混杂生长状态。在增殖过程中,即使培养条件不适合大多数种类微生物的繁殖,但它们并不会完全死亡。微生物的孢子,特别是细菌的芽孢,能在没有养分的情况下长久地保持活力,一遇到适合的条件就能生长繁殖。因此,通过增殖培养,具有某一特性的微生物大量的存在,但它们不是唯一的,仍有其他类型的微生物与之共存。为了取得所需微生物的纯种菌株,增殖培养后就必须进行分离纯化。

纯种分离的方法很多,常用的有划线法、稀释法、单孢直接挑取法和菌丝尖端切割法。划线法是比较简便常用的分离纯化方法,即用接种环挑取少量菌种在固体培养基表面做有规则的划线,如扇形划线法、方格划线法及平行划线法等,菌样经过多次从点到线的稀释,最后经培养得到单菌落。稀释法是将含菌样品经过多次充分稀释,使每一微生物都远离其他微生物,吸取 0.2 mL 菌液至平板上,用涂布棒均匀涂布,经培养后即可生长出单菌落。单孢直接挑取法是从待分离材料中只挑取一个细胞或孢子来进行培养。将一台显微挑取器装在显微镜上,把一滴样品置于载玻片上,用装在显微挑取器上的极细的毛细吸管在显微镜下对准一个单独的细胞或孢子,直接将其挑取移接在培养基上培养,就可得到纯培养物。菌丝尖端切割法是借助于放大镜,将不产生孢子而又生长迅速的霉菌用无菌解剖刀在菌丝尖端割下,再移于培养基上培养,即得纯菌株。

4. 筛选

分离后获得菌种是筛选工作的关键,在菌种分离中获得了大量的各种纯菌种,虽然它们可能有一些共同的特点,但不一定具有生产上所要求的性能,只有进一步进行生产性能的测定,才能确定哪些菌株适合生产要求,可用于生产。例如,筛选生产酶制剂的一种菌种,首先要测定该菌种产生酶的活力大小,即选择的主要标准就是产酶的活力要高,此外还要考虑到培养方法应简便,性能稳定不易发生退化等问题。

由于纯种分离后,得到的菌株数量很大,往往有数百株到数千株,如果对每株都作全面或精确的性能测定,工作量将巨大,而且是不必要的。所以,测定的方法一般分两步进行,即初筛和复筛,经过多次重复筛选直至获得 1~3 株较好的菌株,供发酵条件的摸索和生产试验,并进而作为育种的出发菌株。

(1)初筛　是在培养皿内将菌种进行比较粗放的测定,这仅是筛选的第一步骤。初筛主要起着定性的作用,它只能测出某些菌株有无所需要的性能而不能精确测出性能强弱。菌种初筛的方法很多,如筛选产酶菌时可在培养基上添加目的酶作用的底物,从观察底物的变化情况来确认菌种的产酶能力。例如,在筛选产 α-淀粉酶的菌种时,可在琼脂培养基中加 1% 的可溶性淀粉,再在培养基上涂布菌悬液,经一定时间后喷上 I_2-KI 溶液,产生淀粉酶的菌周围就出现透明圈,无活力者呈蓝色,透明圈越大,表示活力越高。此法快速简便,能在短时间内淘汰不产生所需要物质的菌株,但缺点是不够准确。

(2)复筛　是将初筛选出的菌株精确地测出其发酵性能。一般采用接近生产工艺条件的液体摇瓶、固体培养基或小型台式发酵罐进行发酵,然后测定发酵液进行比较,选出较为理想的生产菌种。

5. 毒性试验

自然界的一些微生物是在一定条件下产毒的,在将其作为生产菌种时应当十分当心,尤其与食品发酵工业有关的菌种,更应慎重。有些国家规定,微生物中除啤酒酵母、脆壁酵母、米曲霉、黑曲霉和枯草杆菌作为食用无须做毒性试验外,其他微生物作为食用时,均需通过两年以上的毒性试验。

(二)从生产中选种

在生产过程中,应经常注意那些菌体形态或菌落性状以及某些生理性能可自然发生变异的微生物,将它们挑选出来,进行比较试验,有时可以选出更加理想的菌种。如某酒厂的糖化菌种原来是用宇佐美曲霉3758,孢子为黑色。在其生产过程中,技术人员发现了一种由于自然突变而变成白色孢子的变异菌株,并及时进行分离纯化,获得了一株比原来糖化率高、培养条件粗放、孢子丰满的"上酒白种"。

三、 微生物诱变的基本原则

经筛选出来的菌种,往往还不完全符合工业生产的要求,如产量低、副产物多、生产周期长等,在这种情况下,还要进行育种。诱变育种是利用物理或化学诱变剂处理均匀分散的微生物细胞,促进其突变频率大幅度提高,然后从中筛选出符合育种目的的突变菌株的一种育种方法。

诱变育种具有极其重要的实践意义。当今发酵工业和其他生产单位所使用的高产菌株,几乎毫无例外地都是通过诱变育种而大大提高了生产性能。诱变育种不仅为发酵工业生产提供了各种类型的突变株,提高了发酵单位,还可以改进产品质量、扩大品种和简化生产工艺,去除多的代谢产物等,从而使抗生素、氨基酸、核苷酸、有机酸、酶制剂、维生素、生物碱、动植物生长激素、脂肪、蛋白质和其他生理活性物质等产品的产量大幅度增长,经济效益显著提高,同时它又涉及一系列微生物潜在资源的广泛利用和开发,对国民经济产生重大的影响。

1. 诱变育种的基本原理

诱变育种的基本原理是利用突变。所谓突变就是遗传物质——核酸中的核苷酸发生了稳定的可遗传的变化。突变主要包括基因突变(又称点突出)和染色体畸变两大类。基因突变是由于DNA链上的一对或少数几对碱基发生改变而引起的,而染色体的畸变则是DNA的大段变化(损伤)现象,表现为染色体的插入、缺失、易位、倒位、重复和断裂等。根据突变发生的原因又可分为自然突变和诱发突变。所谓自然突变是指在自然条件下出现的基因突变,而诱发突变是指用各种物理、化学因素人工诱发的基因突变。诱变因素的种类很多,分为物理、化学和生物三大类(表3-4)。经诱变处理后,微生物的遗传物质DNA和RNA的化学结构发生改变,从而引起微生物的变异。

表3-4 常用诱变剂及其类别

物理 诱变剂	化学诱变剂			生物 诱变剂
	碱基类似物	与碱基反应 的物质	在DNA分子中插入或缺 失一个或几个碱基物质	
紫外线 快中子 X射线 γ射线 激光	2-氨基嘌呤 5-溴尿嘧啶 (5-Bu)	硫酸二乙酯(DES) 甲基磺酸乙酯(EMS) 亚硝基胍(NTG) 甲基亚硝基脲(NMU) 乙基亚硝基脲(ENU) 亚硝酸(NA) 氮芥(NM)	吖啶类物质	噬菌体

2. 诱变育种的一般步骤

人工诱变能提高突变频率,但它的缺点是缺乏定向性。如果筛选方法得当,能定向地获得好的变异株。

诱变育种的一般程序如图 3-1 所示,整个流程主要包括诱变和筛选两个部分。经初步筛选(初筛)和重复筛选(复筛)进行生产性能测定和菌种保存(即将筛选出来的高产菌种保藏好),因此可以认为,诱变育种的整个过程主要是诱变和筛选的不断重复,直至获得比较理想的高产菌株。

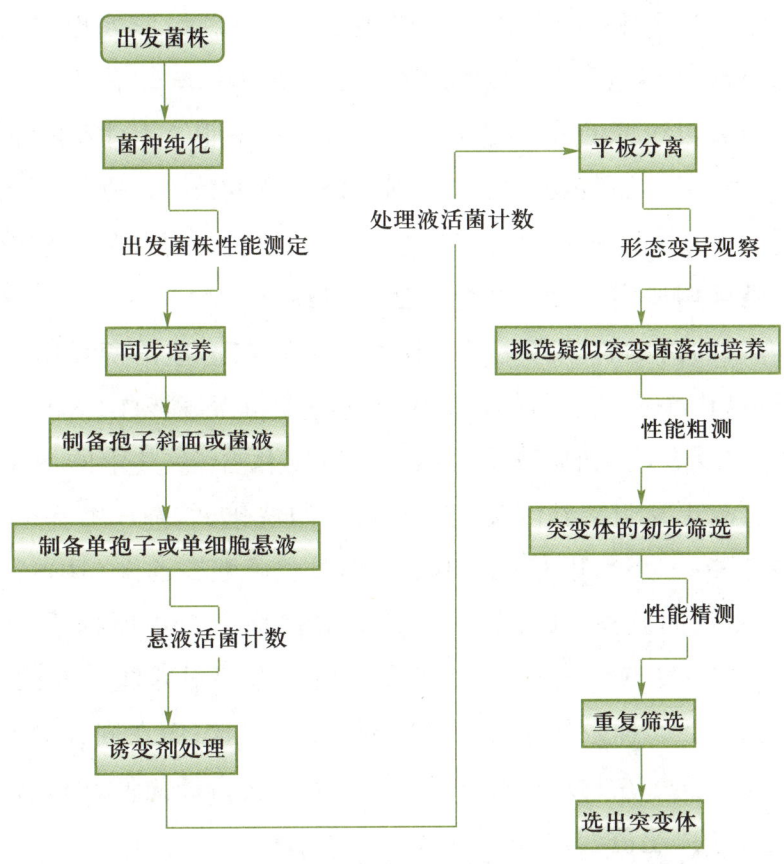

图 3-1　诱变育种的程序

3. 诱变育种中几个原则

(1)选择优良的出发菌株　出发菌株就是用来进行诱变试验的原始菌株。诱变的目的是提高代谢最终产物或中间产物的产量,改进质量或改变原有代谢途径,产生新的代谢产物。在许多情况下,微生物是比较稳定的,其遗传物质耐诱变剂的作用强。这类菌株用于生产上是很有益的,而用作出发菌株则不适宜。出发菌株常有以下三类:① 新从自然界分离的野生型菌株,这类菌株的特点是对诱变因素敏感,容易发生变异,而且容易向好的方向变异,即产生正突变。② 在生产中由于自发突变而经筛选得到的菌株,这类菌株似野生型菌株,容易得到好的效果。③ 对已经诱变过的菌株进行再诱变,也可以获得较好的效果。

（2）处理单孢子（或单细胞）悬液　在诱变育种中，所处理的细胞必须是均匀的、单细胞悬液。这是因为分散状态的细胞可以均匀地接触诱变剂，同时又可避免长出不纯菌落。在某些微生物中，即使用这种单细胞悬液来处理，还是很容易出现不纯的菌落，这是由于许多微生物细胞内同时含有多个核。有时，虽已处理了单核的细胞或孢子，但由于诱变剂一般只作用于DNA双链中的某一条单链，故某一突变还是无法反映在当代的表型上。只有当经过DNA的复制和细胞分裂后，这一变异才会在表型上表达出来，于是出现了不纯菌落，这就是表型延迟（phenotypic lag）。这类不纯菌落的存在，也是诱变育种工作中初分离的菌株经传代后很快出现生产性状"衰退"的主要原因。因此，在诱变霉菌或放线菌时，应处理它们的孢子，对芽孢杆菌则应处理它们的芽孢（因芽孢只有一个核质体，而营养体一般却有两个核质体）。细菌一般以对数期为最好；霉菌或放线菌的分生孢子一旦形成，一般都处于休眠状态，所以培养时间的长短对孢子的影响不大，但稍加萌发后的孢子则可提高诱变效率。在实际工作中，要得到均匀分散的细胞悬液，通常可用无菌的玻璃珠来打碎成团的细胞，然后再用脱脂棉过滤。至于诱变后出现的不纯菌落，则可用适当的分离纯化方法加以纯化。

（3）选择简便有效的诱变剂　诱变剂的种类很多。在物理诱变剂中，有非电离辐射类的紫外线、激光和离子束（由小型加速器提供）等，能够引起电离辐射的X射线、γ射线和快中子等；在化学诱变剂中，主要有烷化剂、碱基类似物和吖啶化合物，其中的烷化剂因可与巯基、氨基和羧基等直接反应，故更易引起基因突变。最常用的烷化剂有N-甲基-N'-硝基-N-亚硝基胍（NTG）、甲基磺酸乙酯（EMS）、甲基亚硝基脲（NMU）、硫酸二乙酯（DES）、氮芥、乙烯亚胺和环氧乙酸等。有些诱变剂如氮芥、硫芥和环氧乙烷等被称为拟辐射物质（radiomemetic chemical），原因是它们除了能诱发点突变外，还能诱发一般只有辐射才能引起的染色体畸变。在选用理化因素作诱变剂时，在同样效果下，应选用最简便的因素；而在同样简便的条件下，则应选用最高效的因素。实践证明，在物理诱变剂中，尤以紫外线为最简便；而在化学诱变剂中，一般可选用公认效果较显著的"超诱变剂"，如NTG。

（4）选用最适的诱变剂剂量　一般说来，随着剂量的增加，诱变率也升高。但超过一定限度，随着剂量的增加，诱变率反而下降。因此可以用致死率作为选择适宜剂量的依据。

（5）充分利用复合处理的协同效应　在微生物诱变育种中，可利用物理、化学诱变因素来处理菌种。对野生型菌株，单一诱变因素有时也能取得好的效果，但对老菌种，重复使用单一诱变因素时突变的效果不高，这时可利用复合因素来扩大诱变幅度，提高诱变效果。因为，诱变因素复合处理常常呈现一定的协同效应（表3-5）。复合处理有三类：一类是两种或多种诱变剂的先后使用；第二类是同一种诱变剂的重复使用；第三类则是两种或多种诱变剂的同时使用。

表 3-5　诱变因素的复合处理及其协同效应　　　　　　　　　单位:%

菌种	单独处理		复合处理	
	诱变剂	突变率	诱变剂	突变率
土曲霉	紫外线 X 射线	21.3 19.7	X 射线+紫外线	42.8
土曲霉	氮芥 紫外线	不明显 4.7	氮芥+紫外线	11.0
链霉菌	紫外线 γ 射线	31.0 35.0	紫外线+γ 射线	43.6
金色链霉菌 (2U-84)	二乙烯三胺 硫酸二乙酯 紫外线	6.06 1.78 12.5	二乙烯三胺+紫外线 硫酸二乙酯+紫外线	26.6 35.86
灰色链霉菌 (JIC-1)	紫外线	9.8	紫外线+可见光照射 1 次 紫外线+可见光照射 6 次	9.7 16.6

（6）设计高效筛选方案　通过诱变处理,在微生物群体中会出现各种突变型个体,但从产量变异的角度来讲,其中绝大多数都是负变株。要从中把极个别的、产量提高较显著的正变株筛选到手,可能要比沙里淘金还难。因此,必须设计简便、高效的科学筛选方案。在实际工作中,常把筛选工作分为初筛与复筛两步进行。前者以量为主（选留较多有生产潜力的菌株）,后者以质为主（对少量潜力大的菌株的代谢产物量做精确测定）。

4. 变异菌株的筛选

诱变育种工作的一个主要任务是获得高产变异菌株。从经诱变的大量个体中挑选优良菌种是一件十分复杂的工作。因为不同菌种表现的变异形式是不同的,一个菌种的变异规律不一定适合另一个菌种。因此,挑选菌株一般应从菌落形态、生理特性等方面着手,去发现那些与产量有关的特性。

（1）形态、色素、酶活性和拮抗性等变异菌株的筛选　形态和色素的变异容易看到,在挑菌时,一般避免挑取形态发生变化的菌落,特别是不产孢子的菌落。因为孢子对于菌种保藏、生产接种、诱变育种等都非常重要。诱变后生理生化方面的变异不容易直接辨认,实践中常采用特别方法加以测定。例如,在含有酪蛋白的培养基上,是否有透明圈出现,以及透明圈的大小可用来判断该菌是否能产生蛋白酶以及酶活力的强弱。在抗生素生产菌株筛选中,把供试菌直接接种到含有指示菌的平板上,由抑菌圈的大小和菌落直径的比值来筛选高产菌株。

（2）营养缺陷型变异菌株的筛选　筛选营养缺陷型菌株一般通过 4 个环节:诱变、淘汰野生型、营养缺陷型菌株的检出和鉴定。其中,营养缺陷型菌株的检出,常用的有以下四种方法:① 影印培养法;② 夹层培养法;③ 限量补充培养法;④ 逐个测定法。鉴定营养缺陷型的菌株,最常用的是生长谱法。

　　总之,在诱变育种过程中要正确处理出发菌株、诱变因素和筛选条件三者的关系。这三者之间在诱变育种中有紧密的内在联系。当然,在不同情况下考虑的重点应有所不同,当其中一个因素改变后,对其他两个因素也要作相应改变以适应新的需要。全面辩证地考虑上述三者之间的关系,是诱变育种获得理想效果的关键。

 任务实施 〉〉〉

一、 土壤中乳酸菌的筛选

　　乳酸菌在自然界是普遍存在的,引起动植物的汁液或浸汁自然发酵,大多是乳酸菌的作用。乳酸菌为兼性厌氧菌,细胞为杆状,革兰染色呈阳性,生长繁殖时需要多种氨基酸、维生素及微量氧。其分离培养相对比较困难,在一般琼脂培养基表面形成微小的菌落,不易观察,所以分离乳酸菌时,先进行富集培养并选择合适的分离培养基培养,才能比较容易地获得菌株。

　　分离培养基一般可添加番茄、酵母膏、油酸、吐温(Tween)80 等物质,这些物质都可促进乳酸菌生长。分离培养基也常常添加醋酸盐,因醋酸盐能抑制某些细菌的生长,但对乳酸菌无害。在营养丰富的碳酸钙培养基上,乳酸菌产生的乳酸可以溶解培养基中的碳酸钙,在菌落周围形成明显的透明圈,很容易鉴别和分离。其产生的乳酸可以用纸层析的方法鉴别。

1. 材料准备

　　(1)样品制备　将 10 g 土壤样品加入装有 90 mL 灭菌水和约 20 颗直径 4～6 mm 玻璃珠的 250 mL 三角瓶中振荡 30 min,形成土壤悬浊液(10^{-1}),取 1 mL 悬浊液加入装有 9 mL 灭菌水的试管中振荡形成 10^{-2} 稀释,依次将土壤样品稀释为 10^{-3}、10^{-4}、10^{-5}、10^{-6}、10^{-7}、10^{-8} 系列。

　　(2)培养基　麦芽汁碳酸钙琼脂培养基、麦芽汁培养基。

　　(3)试剂　0.1 mol/L 氢氧化钠溶液,1% 酚酞,2% 标准乳酸,正丁醇,甲酸,3% 溴酚蓝酒精溶液(pH 6.8～7.2),滤纸等。

　　(4)器皿　微量注射器,培养皿,细口瓶,吸管,试管,带胶帽毛细管,无菌水等。

2. 人员组织

　　3～5 人组成一组,每组一套材料。

3. 操作步骤

① 物品准备

培养基:麦芽汁碳酸钙琼脂培养基、麦芽汁培养基,根据用量计算,一般每个培养皿(直径 9 cm)为 15~20 mL,每个试管 10 mL

培养皿:根据实际用量准备

试管:根据实际用量准备(稀释用和筛选保藏用)

吸量管:根据实际用量和规格准备并包扎

其他:其他需要准备的物品

② 灭菌

将物品进行高压蒸汽灭菌(121 ℃、20 min)

③ 富集培养

称取样品 1 g 于无菌细口瓶中,加入无菌的麦芽汁至瓶口处,加塞密封,置于 25 ℃培养 24 h。观察生长现象,如培养液内出现有绢丝样的波动,镜检细胞为杆状,革兰染色阳性则可初步判定为乳酸菌。然后以同样的方法移接培养 2~3 代,接种量为 3%~5%

④ 倾注法分离

稀释:菌液稀释至 10^{-7}

做平板:分别吸取 10^{-7}、10^{-6}、10^{-5} 三个稀释度的稀释液 0.5~1 mL,每个稀释度做两个平行,分别置于六个无菌培养皿中。然后加入融化并冷至 45~50 ℃的麦芽汁碳酸钙琼脂培养基 10~12 mL,轻轻摇匀,待凝固后,再覆盖同种培养基 4~5 mL,待凝固

培养:凝固后置于 25 ℃培养 3~5 d,即可出现针头状圆形菌落,菌落周围形成透明圈

挑选保藏:将戴胶帽的无菌毛细管伸入培养基内,选透明圈大的菌落,接入麦芽汁液体培养基中,25 ℃培养 24~48 h。再用穿刺接种法转接至麦芽汁碳酸钙标准琼脂管中于 25 ℃培养 48 h,保藏。其培养液供分析鉴定用

⑤ 乳酸鉴定

镜检:细胞为长杆状、革兰染色阳性

乳酸的鉴定(纸层析法)如下:

a. 点样:将滤纸裁成适当大小,用铅笔在距纸的底边 2~3 cm 处划一直线(称原线),在线上每间隔 2 cm 标上一个点(称为原点),然后分别用微量注射器吸取样液(空白为麦芽汁,发酵液,标准乳酸液)分别轻轻点在各原点上,点的直径以 0.3~0.5 cm 为宜,点样量一般为 10~30 mL

b. 平衡展开:展开剂为正丁醇∶甲酸∶水 = 80∶15∶5,取 40 mL(内加 3%溴酚蓝指示剂 0.4 mL)于分液漏斗中,充分摇匀,乳化后放入层析缸内,将滤纸缝合成筒状,悬挂在缸内且不要蘸上溶液,进行 1~2 h 平衡,然后将滤纸放下进行展开,当溶剂前沿距滤纸上端 0.5 cm 时,取出滤纸,用铅笔在溶剂前沿处划一直线晾干

c. 分析结果:在层析滤纸上,底板呈现蓝色而有机酸呈黄色斑点,被测样斑点的 Rf 值如果与标准乳酸斑点的 Rf 值相等即可确定为乳酸

⑥ 乳酸生成量的测定

用刻度吸管取发酵液 5 mL 于 150 mL 三角瓶中,加水 10 mL,酚酞指示剂 2 滴。用 0.1 mol/L 氢氧化钠标准溶液滴定至微红,计算产酸量

⑦ 写报告

报告形式参见任务 1.1"任务实施",并在规定的时间内完成报告的撰写

4. 注意事项

(1)土壤取样   选择酸性的土壤,比如果园土壤,取样深度一般在地面以下 5~20 cm。

(2)土样制备   要均质,将土壤颗粒细化,以期获得更多的微生物。

(3)培养   乳酸菌主要以厌氧形式存在,在培养时注意去除氧气。

(4)乳酸生产量的测定   实验中的方法只是粗略的测定,因为微生物代谢会产生不同的有机酸,精确的测定可采用色谱法。

5. 技能评价

技能评价以过程评价为主,具体见表 3-6。

表 3-6　土壤中乳酸菌的筛选技能评价表

考核项目		技能要求	分值	评分标准	得分
关键考核点	土壤取样	取样地点酸性（果园）；取样深度 10~20 cm	20 分	酸性土样（10 分） 取样深度 10~20 cm（10 分）	
	样品制备	根据样品特点合理设计均质强度；稀释过程熟练	10 分	均质时玻璃珠数量能覆盖超过 1/2 的瓶底，振荡时间 ≥ 30 min（5 分） 稀释过程 5 min 内完成（5 分）	
	富集培养	能设计富集方法，并出现疑似优势乳酸菌	10 分	出现优势菌株（其微生物数量占比≥5%）（5 分） 出现疑似乳酸菌现象（5 分）	
	分离	倾注平板法操作正确；获得疑似乳酸菌	20 分	倒平板时，培养基温度在 45~50 ℃（10 分） 有透明圈出现（10 分）	
	乳酸鉴定	革兰染色阳性；层析法确定有乳酸	10 分	革兰阳性（5 分） 确定有乳酸（5 分）	
	乳酸生成量的测定	快速测定出乳酸量	10 分	用酸碱滴定法测定出乳酸量，且相对误差<0.1%（10 分）	
其他考核点	实验桌面整洁情况	物品摆放有序，卫生良好	10 分	物品摆放有序（5 分） 卫生较好（5 分）	
	卫生值日	干净整洁，物品还原	10 分	干净整洁（5 分） 物品还原（5 分）	
合计			100 分		

二、　酸乳中乳酸菌的筛选

酸乳中含有大量的乳酸菌,是分离乳酸菌的重要材料。乳酸菌是发酵糖类,主要产物为乳酸的一类无芽孢、革兰染色阳性细菌的总称,大多数不运动,少数以周毛运动,菌体常排列成链,根据细胞形态为球状或杆状,可分为两大类,即乳酸链球菌和乳酸杆菌。

在 1.6% 溴甲酚紫牛乳培养基琼脂平板上,乳酸菌菌落直径 1~3 mm,圆形隆起,表面光滑或稍粗糙,呈乳白色、灰白色或暗黄色;在产酸菌落周围还能产生碳酸钙的溶解圈。乳酸菌革兰染色后呈蓝紫色。

1. 材料准备

（1）酸乳样品　市售乳酸饮料或酸乳。

（2）仪器设备　保温箱,高压蒸汽灭菌锅,水浴锅,培养皿,试管,涂布器,酒精灯等。

（3）实验试剂　脱脂乳试管,溴甲酚紫牛乳培养基等。

注:培养基配置方法参见附录1(三、酸乳中乳酸菌的筛选)。

2. 人员组织

3~5 人组成一组,每组一套材料。

3. 操作步骤

① 物品准备

培养基:溴甲酚紫牛乳培养基和脱脂乳试管,根据用量计算,一般每个培养皿(直径 9 cm)为 15~20 mL,每个试管 10 mL

培养皿:根据实际用量准备

试管:根据实际用量准备(稀释用和筛选保藏用)

吸量管:根据实际用量和规格准备,并包扎

涂布器:根据实际用量准备

其他:其他需要准备的物品

② 灭菌

溴甲酚紫牛乳培养基按照制备说明进行灭菌操作,其他进行高压蒸汽灭菌(121 ℃、20 min)

③ 样品稀释

稀释到 10^{-6},选择 10^{-5} 和 10^{-6} 两个稀释度作平板涂布

④ 平板涂布培养

用无菌移液管分别吸取 10^{-5}、10^{-6} 的稀释菌悬液和无菌生理盐水各 1 mL,对号接种于与之对应的无菌溴甲酚紫牛乳培养基平板中。尽快用无菌玻璃涂棒将菌液在平板上涂布均匀,平放于试验台上 20 min,然后倒置于 40 ℃恒温箱中培养 48 h

⑤ 初步检测

恒温培养 48 h 过后,取出培养平板,选择菌落分布较好的平板,先对其菌落形态进行观察,初步找出乳酸菌菌落。乳酸菌的菌落很小,圆形隆起,表面光滑或稍粗糙,在产酸菌落周围还能产生碳酸钙的溶解圈。如出现圆形稍扁平的黄色菌落及其周围培养基变为黄色者,初步定为乳酸菌

⑥ 分离纯化

培养选取乳酸菌典型菌落转至脱脂乳试管中,于 40 ℃ 培养 8~24 h,若牛乳出现凝固,无气泡,显酸性,涂片镜检细胞为杆状或链球状,革兰染色显阳性,则可将其连续传代 3 次,最终选择出在 3~6 h 能凝固的牛乳管,作菌种待用

⑦ 写报告

报告形式参见任务 1.1"任务实施",并在规定的时间内完成报告的撰写

4. 注意事项

(1) 灭菌　不同的物品对灭菌的要求不同,要注意灭菌参数的选择。

(2) 培养　乳酸菌是厌氧菌,培养时注意氧气的去除。

5. 技能评价

技能评价以过程评价为主,具体见表 3-7。

表 3-7　酸乳中乳酸菌的筛选技能评价表

考核项目		技能要求	分值	评分标准	得分
关键考核点	物品准备	准备齐全,没有遗漏	10 分	齐全(10 分)	
	灭菌	会设置灭菌参数,判断冷空气排除情况;灭菌过程正确	20 分	参数选择正确(10 分) 冷空气排完(10 分)	
	稀释、涂布	稀释时,样品要摇匀且量取准确,每稀释一个稀释度更换一支吸量管,稀释过程不能有液体洒落;涂布操作规范,涂布器要无菌,样品要涂布均匀,且从加样品到完成涂布时间<2 min	20 分	稀释规范(10 分) 涂布规范(10 分)	
	初步检测	菌落分布均匀;出现透明圈	20 分	菌落分布均匀(10 分) 有较大透明圈(10 分)	
	分离纯化	获得较优良的乳酸菌	10 分	3~6 h 凝固牛乳(10 分)	
其他考核点	实验桌面整洁情况	物品摆放有序,卫生良好	10 分	物品摆放有序(5 分) 卫生较好(5 分)	
	卫生值日	干净整洁,物品还原	10 分	干净整洁(5 分) 物品还原(5 分)	
合计			100 分		

任务反思 〉〉〉

1. 从自然界中筛选到所需微生物的筛选方案,设计原则是什么?
2. 微生物诱变的本质是什么?
3. 在乳酸菌的筛选中,如何保证操作过程中乳酸菌的厌氧要求?

任务 3.2　微生物的衰退和复壮

任务目标 〉〉〉

知识目标:理解微生物衰退的原因及防止其衰退的措施。
技能目标:会进行微生物的复壮操作。

任务准备 〉〉〉

一、微生物的衰退

1. 微生物的衰退现象

常见的微生物衰退现象表现在以下几个方面:

(1)菌落和细胞形态改变　每一种微生物在一定的培养条件下,都有一定的形态特征。如果典型的形态特征逐渐减少,就表现为衰退。如某些放线菌或霉菌在斜面上多次传代后产生"光秃"型,出现生长不齐或不产生孢子的衰退,会造成生产上用孢子接种困难,同时对菌种选育和保藏也很不利。

(2)生产性能下降　生产菌种如果生产性能下降,在生产上是十分不利的。例如,黑曲霉的糖化力降低,抗生素生产的发酵单位减少,各种发酵的代谢产物减少等,都是明显的菌种退化。

(3)对生长环境的适应能力减弱　例如,抗噬菌体菌株变为敏感菌株,能利用某种物质的能力降低等。

2. 微生物衰退的原因

(1)基因的负突变　菌种衰退的主要原因是有关基因发生负突变。若是控制产量的基因发生负突变,就会引起产量下降;若是控制孢子生成的基因发生负突变,将使菌种产孢子的性能下降等。这里所说的负突变是指自发的负突变。自发突变的频率是很低的,特别是对某一特定基因来说,突变频率就更低了。因此,不能认为群体中个体发生生产性能突变是很容易的。但就一个经常处于旺盛生长状态的细胞而言,发生突变的概率要比处于休眠状态的细胞大得多,尤其是处于一定条件下,群体多次繁殖,可使退化细胞在数量上逐渐占优势,于是退化性状的表现就更加明显,最终成为一株衰退了的菌株。

（2）育种后未经很好地分离纯化　由于许多微生物细胞中含有一个以上的核,经诱变处理后,往往容易形成不纯的菌落;即使是单核细胞,也会出现不纯的菌落。这些不纯的菌落,如果未经很好地分离纯化,再经过几次移种传代,很容易导致核分离,使生产性状发生变化。如果某一个高产菌株是来自一个以上的孢子或细胞形成的菌落,而其中只有一个是高产突变孢子或细胞,那么经过传代,也会导致其产量的降低。

（3）培养条件的改变　培养条件包括温度、pH、培养基等。如果一个菌种长期生长在不适宜的条件下,其优良性状不易保持,会向相反的方向退化。例如"5406"菌种,据试验,在大麦麸皮琼脂培养基上培养不易退化,而在用小麦麸皮做的培养基上,就很容易产生退化。再如菌种保藏的温度,其基因突变率随温度的降低而减少。

（4）污染杂菌　如果高产菌株污染了杂菌,或感染了噬菌体,则很容易产生退化。

菌种的衰退是一个从量变到质变逐步演化的过程。开始时,在群体中只有个别细胞发生负突变,这时如不及时发现并采取有效措施,而一味地移种传代,则群体中这种负突变个体的比例逐渐增高,最后占据了优势,从而使整个群体发生严重的衰退。

3. 防止微生物衰退的措施

菌种的衰退是一个从量变到质变逐步演变的过程,如果及早地采取措施,可以防止或推迟退化。防止菌种衰退的措施有:

（1）控制传代次数　基因的突变往往发生在菌体繁殖、DNA 复制的过程中。据研究证明,DNA 在复制过程中碱基发生差错的概率低于 5×10^{-4},一般自发突变频率在 $10^{-9} \sim 10^{-8}$。由此可见,菌种传代次数越多,菌体细胞的繁殖就越频繁,DNA 复制的次数也就越多,产生基因突变的概率和菌种发生衰退的机会也随之增加。因此,无论是在实验室还是生产上,应尽量避免不必要的移种和传代,把传代次数降低到最低水平。

（2）利用不易衰退的细胞进行接种传代　在放线菌和霉菌中,由于它们的菌丝细胞常含有多个核,甚至是异核体,故当用菌丝接种时就会出现衰退和不纯的子代。而其孢子是单核的,用它来接种,就不会发生这种现象,因而可以防止菌种衰退。

此外,对构巢曲霉来说,如用它的分生孢子移接传代容易发生衰退,而改用它的子囊孢子移接传代则不易衰退。

（3）选择合适的培养条件　培养条件对菌种衰退有一定的影响,选择一个适宜原种生长的条件可以防止菌种衰退。如培养营养缺陷型菌株时应保证充分的营养成分,尤其是生长因子;培养一些抗性菌株时应在培养基中适当添加有关药物,以抑制其他非抗性的野生菌生长。

要控制碳源、氮源、温度和 pH，避免出现对生产菌不利的条件，限制衰退菌株在数量上的增加。比如在赤霉素产生菌藤仓赤霉的培养基中加入糖蜜、天冬酰胺、5′-核苷酸或甘露醇等丰富的营养物质，具有防止菌种衰退的效果；在栖土曲霉 3.942 的培养中，曾有人用改变培养温度的措施（由 28~30 ℃ 提高到 33~34 ℃）来防止它产孢子能力的衰退。

一般来说，微生物培养时，培养基的营养成分过于丰富或贫乏，各种营养元素的配比失当，培养温度过高，都会促使菌种衰退。

此外，微生物生长过程积累的有害代谢产物也会引起菌种衰退，故不应使用陈旧的培养物。

（4）采用合适的保藏方法　在实验室或生产上，选用合适的菌种保藏方法也可以防止菌种衰退。

由于斜面保藏的时间较短，菌种移接的次数相对较多，故只能作为转接或短期保藏的种子用。而需要长期保藏的菌种，应该采用沙土管、冻干管和液氮管等保藏方法，以便把发生菌种衰退的概率降到最低。

（5）经常进行分离纯化　无论是在育种时，还是在生产使用时，经常进行单细胞的分离纯化，进行生产性能测定是很重要的。这样可以及时淘汰低产菌株，保证菌种纯种，是防止退化的有效措施。

（6）提高菌种选育技术　菌种选育时，应尽可能使用孢子或单核菌株，避免对多核细胞进行处理。这样在采用较高剂量诱变剂处理菌株使单链突变的同时，另一条单链丧失了模板作用，可以减少出现分离回复的现象。同时，在诱变处理后应进行充分的后培养及分离纯化，以保证所获得菌株的纯度。采用遗传学方法选育不易衰退的稳定菌株，是防止菌种衰退的一条重要途径。

二、微生物的复壮

复壮，指对已衰退的菌种进行纯种分离和选择性培养，使其中未衰退的个体获得大量繁殖，重新成为纯种的措施。狭义的复壮是一种消极的措施，一般指对已衰退的菌种进行复壮；广义的复壮是一种积极的措施，即在菌种的生产性状未衰退前就不断地进行纯种分离和生产性状测定，以在群体中获得生产性状更好的自发突变株。

菌种的复壮过程如下：

（1）制备菌悬液　用无菌生理盐水或缓冲液将斜面菌体或孢子洗下制成菌悬液。

（2）平板分离　将菌悬液稀释后，成菌浓度为 50~200 个/mL，取 0.1 mL 注入平板，再倒入适量培养基，摇匀，制成混菌平板，培养后长出单菌落。

（3）纯培养　选取分离培养后长出的各型单菌落，接种斜面后培养。

（4）初筛　将成熟的斜面菌种对应接入发酵瓶，摇床发酵一段时间后测定各菌落生产性能(如抗生素发酵单位)。

(5)复筛　挑选初筛中的高产菌株进行摇瓶复试。重复3~5次后分析确定产量水平。初、复筛都需同时以正常生产菌种做对照,复筛出的菌株产量应比对照菌株提高5%以上,合格后做发酵罐试验。

(6)菌种保藏　将复筛后得到的高产菌株进行保藏。

 任务实施 〉〉〉

啤酒酵母的复壮

复壮是将衰退菌株的优良品性重新恢复的过程。微生物群体会发生自发突变而使该物种原有的一系列微生物性状发生衰退。微生物的衰退是一个量变到质变的过程,掌握菌种衰退的规律,采用纯种分离法可使衰退的菌株复壮。

1. 材料准备

啤酒酵母泥、麦芽汁培养基(固体和液体)、显微镜、超净工作台、电子精密天平、高压蒸汽灭菌锅、三角瓶、移液管、培养皿、试管等。

2. 人员组织

1~2人成一组,每组一套材料。

3. 操作步骤

① 物品准备

麦芽汁培养基:根据实际用量确定用量,一般每个培养皿(直径9 cm)用量15~20 mL,每个试管用量10 mL,每个250 mL三角瓶用量100 mL

三角瓶:根据实际用量确定数量

吸量管:根据实际用量确定数量

试管:根据实际用量确定数量

培养皿:根据实际用量确定数量

其他:根据实际用量确定

② 灭菌

灭菌参数为121 ℃、20 min

③ 稀释涂布、培养

取出啤酒酵母泥1 g,进行10倍梯度稀释至10^{-7},选择10^{-6}和10^{-7}进行平板涂布,于25 ℃倒置培养48 h

④ 初选 ······ 挑选疑似菌落,特征为圆形、边缘整齐、表面光滑透明,色泽乳白、质地润湿的菌落

⑤ 发酵性能测试 ······ 粗测二氧化碳的产气量:测定三角瓶发酵前后的重量差值

⑥ 写报告 ······ 报告形式参见任务 1.1"任务实施",并在规定的时间内完成报告的撰写

4. 注意事项

（1）培养　啤酒酵母是兼性厌氧菌,在厌氧情况下可进行酒精发酵,在进行发酵性能检测时,要注意去除氧气。

（2）可疑菌落　典型的啤酒酵母的菌落特征为圆形、边缘整齐、表面光滑透明,色泽乳白、质地润湿的菌落,在筛选酵母时要注意菌落特征。

5. 技能评价

技能评价以过程评价为主,具体见表3-8。

表 3-8　啤酒酵母的复壮技能评价表

考核项目		技能要求	分值	评分标准	得分
关键考核点	物品准备	准备齐全,没有遗漏	10 分	齐全（10 分）	
	灭菌	会设置灭菌参数,判断冷空气排除情况;灭菌过程正确	20 分	参数选择正确（10 分） 冷空气排完（10 分）	
	稀释、涂布	稀释时,样品要摇匀且量取准确,每稀释一个稀释度更换一支吸量管,稀释过程不能有液体洒落;涂布操作规范,涂布器要无菌,样品要涂布均匀,且从加样品到完成涂布时间<2 min	20 分	稀释规范（10 分） 涂布规范（10 分）	
	初步检测	菌落分布均匀;有典型菌落	20 分	菌落分布均匀（10 分） 有典型菌落（10 分）	
	发酵性能测试	发酵性能良好（原麦汁液度 12°）	10 分	要求双乙酰 ≤0.1 mg/L,酒精度 ≥4.1% vol,总酸 ≤2.6 mL/100 mL（10 分）	

续表

考核项目		技能要求	分值	评分标准	得分
其他考核点	实验桌面整洁情况	物品摆放有序,卫生良好	10分	物品摆放有序(5分) 卫生较好(5分)	
	卫生值日	干净整洁,物品还原	10分	干净整洁(5分) 物品还原(5分)	
		合计	100分		

任务反思 〉〉〉

1. 微生物衰退的根本原因是什么？请举例说明,在工业应用中如何减少菌种衰退对产品质量的影响。

2. 在微生物复壮实验中,应如何保证是纯菌落(即菌落是由一个细胞繁殖而来)？

3. 如果要复壮混合菌株,其复壮过程与单菌株复壮的实验设计有何不同？

任务 3.3　菌 种 保 藏

任务目标 〉〉〉

知识目标:理解菌种保藏的基本原则。

技能目标:会对菌种进行常规实验室保藏操作。

任务准备 〉〉〉

一、 菌种保藏的重要意义

微生物在使用和传代过程中容易发生污染、变异甚至死亡,因而常常造成菌种的衰退,并有可能使优良菌种丢失。菌种保藏的重要意义就在于尽可能保持其原有性状和活力,确保菌种不死亡、不变异、不被污染,以便于研究、交换和使用。

二、 菌种保藏的基本原则

无论采用何种保藏方法,首先,应该挑选典型菌种的优良纯种来进行保藏,最好保藏它们的休眠体,如分生孢子、芽孢。其次,应根据微生物生理、生化特点,人为地创造环境条件,使微生物长期处于代谢不活泼、生长繁殖受抑制的休眠状态。这些人工造成的环境主要是干燥、低温和缺氧,另外,避光、缺乏营养、添加保护剂或酸度中和剂也能有效提高保藏效果。

三、 菌种保藏的方法

(一) 冷冻保藏

冷冻保藏是保藏微生物菌种的最简单而有效的方法,此方法是使微生物处于冷冻状态,使其代谢作用停止以达到保藏的目的。大多数微生物都能通过冷冻进行保藏,细胞体积大者要比小者对低温敏感,而无细胞壁者更敏感。其原因是低温会使细胞内的水分形成冰晶,从而引起细胞,尤其是细胞膜的损伤。进行冷冻时,适当采取速冻的方法,可因产生的冰晶小而减少对细胞的损伤。当从低温下移出并开始升温时,冰晶又会增大,故快速升温也可减少对细胞的损伤。另外,冷冻时的介质对细胞的损伤也有显著的影响。例如,浓度 0.5 mol/L 左右的甘油或二甲基亚砜可透入细胞,并通过降低强烈的脱水作用而保护细胞;大分子物质如糊精、血清蛋白、脱脂牛奶或聚乙烯吡咯烷酮(PVP)虽不能渗入细胞,但可通过与细胞表面结合的方式而防止细胞膜冻伤。因此,在采用冷冻法保藏菌种时,一般应加入各种保护剂以提高培养物的存活率。冷冻保藏的缺点是培养物运输较困难。

一般而言,保藏温度越低,保藏效果越好。常用的冷冻保藏方法有低温冷冻保藏法、超低温冷冻保藏法和液氮冷冻保藏法三种。

1. 低温冷冻保藏法

将液体培养物或从琼脂斜面培养物收获的细胞分别接到试管或指管内,然后储藏于冰箱的冷冻室(-20 ℃)中。或者将菌种接种培养在小的试管或培养瓶斜面上,待生长适度时,将试管或瓶口用橡胶塞严密封好,同样置于-20 ℃的冰箱中保存,用此方法可以维持某些微生物如真菌的活力 1～2 年。应注意的是,经过一次解冻的菌种培养物不宜再用来冷冻保藏。保藏过程中应注意控制保藏温度,培养瓶或试管应严格密封。这一方法虽然简便易行,但不适宜多数微生物的长期保藏。

2. 超低温冷冻保藏法

要求长期保藏的微生物菌种,一般要求在-60 ℃以下进行保藏,在超低温冷藏柜中保藏菌种的一般方法是:

(1) 离心收获对数生长中期至后期的微生物细胞。

(2) 用新鲜培养基重新悬浮所收获的细胞。

(3) 加入等体积的 20%甘油或 10%二甲基亚砜。

(4) 混匀后分装入冷冻指管或安瓿管中,于-60 ℃以下超低温冰箱中保藏。

如果待保藏菌种生长在斜面上,则可用含 10%甘油的新配制液体培养基洗涤收获。超低温冰箱的冷冻速度一般控制在 1～20 ℃/min。一些细菌和真菌菌种可通过此保藏方法保藏 5

年而活力不受影响。

3. 液氮冷冻保藏法

液氮冷冻保藏法是近几年才发展起来的方法。这种方法从适用的微生物范围、存活期限、性状的稳定性等方面来看,是目前使用的各种微生物保藏方法中较理想的一种。尤其是对于一些不产孢子的菌丝体,用其他方法保藏不理想,可用液氮保藏法。

用液氮能长期保存菌种,这是因为液氮的温度可低至-196 ℃,远远低于微生物新陈代谢作用停止的温度(-130 ℃),所以,此时菌种的代谢活动处于停止状态。液氮保藏菌种的效果虽然很理想,其保存期也最长,但需要使用专用器具,保藏费用高,一般仅适合一些专业保藏机构采用。

(二)冻干保藏

水分对各种生化反应和一切生命活动都至关重要,因此,干燥,尤其是深度干燥是微生物保藏技术中另一项经常采用的手段。冻干保藏是利用干燥、低温、缺氧的条件抑制微生物的生命活动来保藏菌种的方法。

冻干(即冷冻干燥)的基本方法是通过在减压条件下使冻结的细胞悬液中的水分升华,使培养物干燥。用冰升华的方式除去水分,细胞受损伤的程度相对较小,存活率及保藏效果均不错。大部分微生物菌种可以在冻干状态下保藏十年之久而不丧失活力。而且经冻干后的菌种无须进行冷冻保藏,便于保存、运输、邮寄和使用。因此,冷冻干燥保藏是目前使用最普遍也是最重要的微生物保藏方法,大多数专业的菌种保藏机构均采用此法作为主要的微生物保存手段。

这种方法的基本操作过程是先将微生物制成悬液,再与保护剂混合,然后放在特制的安瓿管内,用低温乙醇或干冰使其迅速冻结,在低温下用真空泵抽干,最后将安瓿管真空熔封。

在冷冻干燥过程中必须使用冷冻保护剂,目前国内常用脱脂乳和蔗糖,国外有用动物血清等。保护剂的作用可能是在冷冻干燥的脱水过程中代替结合水而稳定细胞质成分(细胞质膜)的构型,防止细胞质膜因为冻结而破坏。保护剂还可以起支持作用,使微生物疏松地固定在它的上面。

冷冻干燥保藏法虽然需要一定设备,要求也比较严格,但对大多数微生物均较为适合、效果较好,保藏时间依不同的菌种而定,有的是几年,时间长的甚至三十多年,因此,国内外都已较普遍地应用。

(三)其他保藏方法

菌种保藏的方法除上述介绍的冷冻保藏和冻干保藏外,还有斜面冰箱保藏法、石蜡油封存法和沙土管保藏法等。

1. 斜面冰箱保藏法

斜面冰箱保藏法是一种短期、过渡的保藏方法。微生物用新鲜斜面接种后,置于最适条件下培养到菌体或孢子生长丰满后,放在 4 ℃冰箱中保存。采用斜面冰箱保藏微生物应注意针对不同的菌种而选择使用其适宜的培养基,并在规定的时间内进行移种,以免由于菌种接种后不生长或超过时间不能接活,丧失微生物菌种。

此法在菌种保藏中是最为简单和经济的方法,且不要求任何特殊的设备,因此成为微生物保藏的基本方法。但此方法易发生培养基干枯、菌体自溶、基因突变。因此要求在基本培养基上传代为好,目的是能淘汰突变株;同时转接菌量应保持较低水平。此法不适宜菌种的长期保藏,一般有孢子的霉菌或放线菌,以及有芽孢的细菌可保存半年左右,酵母菌可保存三个月左右,无芽孢细菌可保存一个月左右。

2. 石蜡油封存法

此方法是将琼脂斜面或液体培养物浸入矿物油中于室温下保藏。此方法简便有效,可用于丝状真菌、酵母菌、细菌和放线菌的保藏。特别对难以冷冻干燥的丝状真菌和难以在固体培养基上形成孢子的担子菌等的保藏更为有效。

此方法的操作要点是首先让待保藏的菌种在适宜的培养基上生长,然后注入经 170 ℃下灭菌 1~2 h 的液体石蜡,以石蜡层高于斜面末端 1 cm 为宜。使用石蜡的目的是使菌种与空气隔绝,降低微生物的新陈代谢水平。用灭菌的橡皮塞代替原来的棉塞,保藏效果会更好。此法适用于不能利用石蜡油作碳源的细菌、霉菌、酵母菌等微生物的保存。一般可保藏一年左右。

3. 沙土管保藏法

这是国内常采用的一种方法,利用细菌的芽孢或霉菌、放线菌的孢子可吸附于干燥、惰性固相载体(如土、沙)的表面上,而获得较长时间的保藏。此法常用于产芽孢的细菌和产孢子的霉菌、放线菌。

制备方法:首先,将沙与土洗净、烘干、过筛后,按沙与土的比例 2∶1 混合均匀,分装于小试管中,装料高度约为 1 cm,于 121 ℃间歇灭菌三次,并作无菌检查,合格后烘干备用。一般沙过 80 目筛,土过 80~100 目筛。其次,将斜面孢子制成孢子悬浮液接入沙土管中,或将斜面孢子刮下直接与沙土混合。最后,置于干燥器中用真空泵抽干,放在冰箱内保存。一般保存期在 1 年左右。

 任务实施 〉〉〉

一、啤酒酵母的斜面冰箱保藏

微生物具有容易变异的特性,因此,在保藏过程中,必须使微生物的代谢处于最不活跃或相对静止的状态,才能在一定的时间内使其不发生变异而又保持生活能力。低温、干燥和隔绝空气是使微生物代谢能力降低的重要因素,所以,菌种保藏方法虽多,但都是根据这三个因素而设计的。

1. 材料准备

酵母菌菌种、麦芽汁培养基斜面、试管、吸量管(1 mL 及 5 mL)、接种环、高压蒸汽灭菌锅、冰箱等。

2. 人员组织

1~2 人成一组,每组一套材料。

3. 操作步骤

① 物品准备	麦芽汁培养基:根据实际确定用量,每个试管用量 10 mL 试管:根据实际用量确定数量(菌种活化和保藏用) 吸量管:根据实际用量确定数量 其他:根据实际用量确定
② 灭菌、做斜面	灭菌参数为 121 ℃、20 min,将试管摆成斜面
③ 菌种活化	将菌种接种至麦芽汁培养基(液体),进行活化培养(25 ℃、48 h)
④ 斜面接种、冰箱保藏	将活化好的菌种接种至斜面上,进行培养(25 ℃、48 h),然后在冰箱中保藏(4 ℃)
⑤ 写报告	报告形式参见任务 1.1"任务实施",并在规定的时间内完成报告的撰写

4. 注意事项

(1)活化　菌种在保藏前进行活化是必须的基本工作。

(2)培养时间　培养时间要控制在菌种生长的对数期。

5. 技能评价

技能评价以过程评价为主,具体见表 3-9。

表 3-9 啤酒酵母的斜面保藏技能评价表

考核项目		技能要求	分值	评分标准	得分
关键考核点	物品准备	准备齐全,没有遗漏	10 分	齐全(10 分)	
	灭菌	会设置灭菌参数,判断冷空气排除情况;灭菌过程正确	20 分	灭菌参数 121 ℃,20 min(10 分) 冷空气排完(10 分)	
	活化	活化温度、时间正确	20 分	活化温度 25 ℃,时间 48 h(10 分) 理解活化的意义(10 分)	
	斜面保藏	保藏方法正确	20 分	保藏温度 4 ℃,且不能贴水箱壁放置(10 分) 理解保藏的原理(10 分)	
其他考核点	实验桌面整洁情况	物品摆放有序,卫生良好	20 分	物品摆放有序(10 分) 卫生较好(10 分)	
	卫生值日	干净整洁,物品还原	10 分	干净整洁(5 分) 物品还原(5 分)	
合计			100 分		

二、 啤酒酵母的冷冻保藏

1. 材料准备

酵母菌菌种、麦芽汁培养基(液体)、甘油、试管、吸量管(1 mL 及 5 mL)、接种环、高压蒸汽灭菌锅、冰箱、冻存管等。

2. 人员组织

1~2 人成一组,每组一套材料。

3. 操作步骤

① 物品准备

麦芽汁培养基:根据实际用量确定用量,每个试管用量 10 mL

试管:根据实际用量确定数量(菌种活化和保藏用)

吸量管:根据实际用量确定数量

冻存管:根据实际用量确定数量(含 0.4 mL 甘油)

其他:根据实际用量确定

② 灭菌

灭菌参数为 121 ℃、20 min

③ 菌种活化 —— 将菌种接种至麦芽汁培养基(液体),进行活化培养(25 ℃、48 h)

④ 接种保藏 —— 将活化好的菌种接种至冻存管(甘油终浓度为 40%),然后在冰箱中保藏(-18 ℃)

⑤ 写报告 —— 报告形式参见任务 1.1"任务实施",并在规定的时间内完成报告的撰写

4. 注意事项

(1) 活化　菌种在保藏前进行活化是必须的基本工作。

(2) 培养时间　培养时间要控制在菌种生长的对数期。

5. 技能评价

技能评价以过程评价为主,具体见表 3-10。

表 3-10　啤酒酵母的冷冻保藏技能评价表

考核项目		技能要求	分值	评分标准	得分
关键考核点	物品准备	准备齐全,没有遗漏	10 分	齐全(10 分)	
	灭菌	会设置灭菌参数,判断冷空气排除情况;灭菌过程正确	20 分	灭菌参数 121 ℃,20 min(10 分) 冷空气排完(10 分)	
	活化	活化温度、时间正确	20 分	活化温度 25 ℃,时间 48 h(10 分) 理解活化的意义(10 分)	
	冷冻剂	冷冻剂浓度正确	10 分	甘油终浓度为 40%(10 分)	
	冷冻保藏	保藏温度正确	10 分	-18 ℃冷冻保藏(10 分)	
其他考核点	实验桌面整洁情况	物品摆放有序,卫生良好	20 分	物品摆放有序(10 分) 卫生较好(10 分)	
	卫生值日	干净整洁,物品还原	10 分	干净整洁(5 分) 物品还原(5 分)	
	合计		100 分		

? 任务反思 〉〉〉

1. 菌种在使用前,为何需要活化? 如何活化?

2. 斜面冰箱保藏和冷冻保藏对样品的基本要求有什么不同?

3. 在菌种冷冻保藏时,如何选择防冻剂?

项 目 小 结

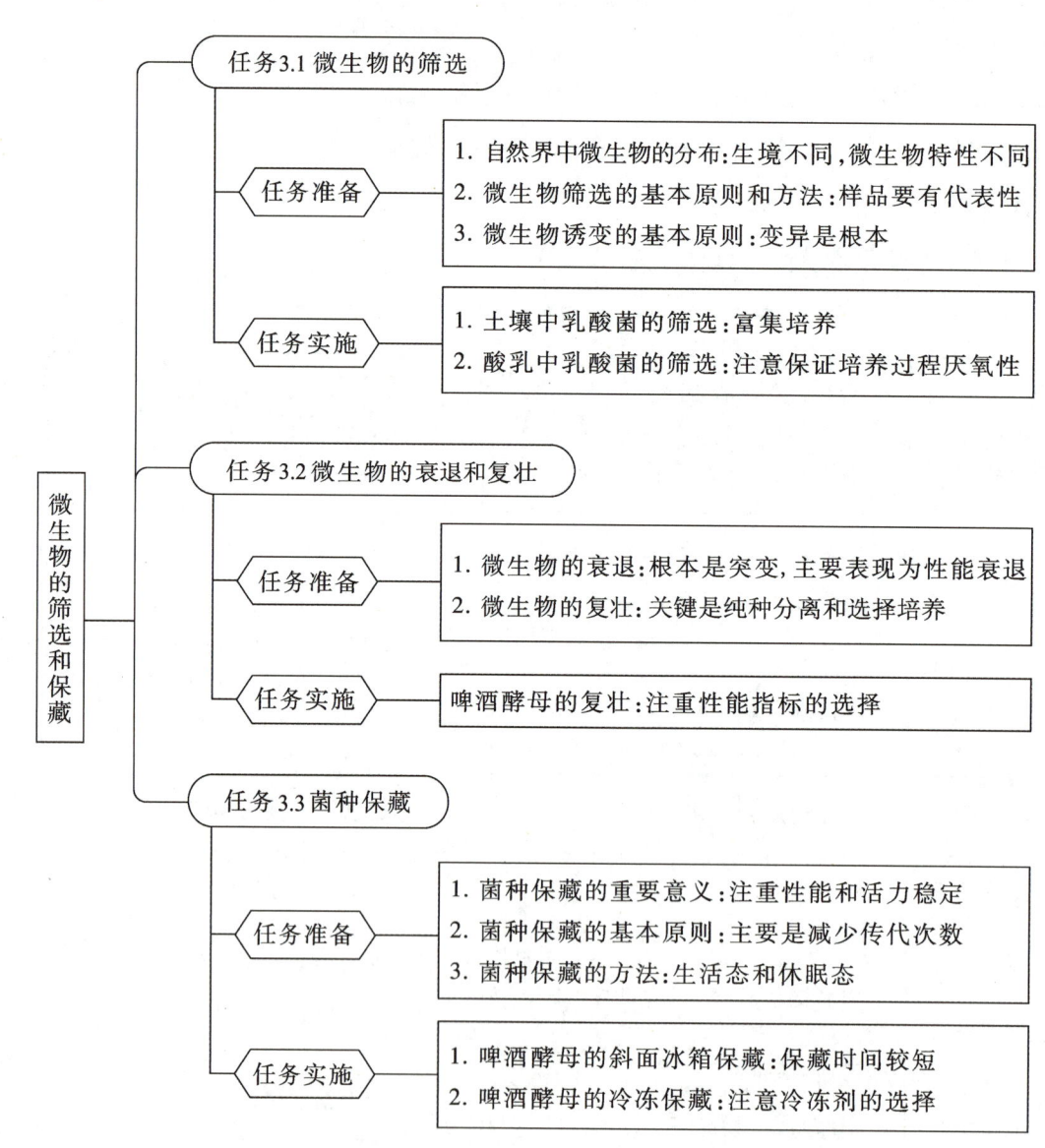

项 目 测 试

一、名词解释

诱变育种；菌种保藏；菌种复壮；诱变剂；超诱变剂

二、填空题

1. 菌种筛选的一般步骤是_____、_____、_____、_____、_____。

2. 纯种分离的方法很多，常用的有_____、_____、_____、_____等。分离纯种时，为了达到良好的筛选效果，应同时选择和控制培养条件，如：_____、_____、_____、_____、_____。

3. 微生物衰退主要表现在_____、_____、_____等方面。

4. 冻干保藏是利用_____、_____、_____的条件抑制微生物的生命活动来保藏菌种。

三、简答题

1. 从自然界中分离筛选新菌种的一般方法是什么？

2. 什么是初筛和复筛？

3. 什么是菌种的复壮？如何使已衰退的菌种重新复壮？

4. 什么是诱变育种？在诱变育种中应注意哪些问题？

四、论述题

1. 什么是营养缺陷型？举例说明营养缺陷型菌种的筛选方法。

2. 菌种保藏的原理是什么？常用哪些方法保藏菌种？

3. 什么是微生物的衰退？衰退的原因是什么？应该如何防止衰退？

拓 展 阅 读

菌种保藏机构

菌种是一个国家的重要资源，世界各国都对菌种极为重视，每个国家都设置了各种专业性保藏机构。

1. 我国的菌种保藏机构

为了推动菌种保藏事业的发展，1979年7月在国家科学技术委员会和中国科学院主持下，我国召开了第一次全国微生物菌种保藏管理工作会议，在会上成立了中国微生物菌种保藏管理委员会（China Committee for Culture Collection of Microorganisms，CCCCM）委托中国科学院负责担负全国菌种保藏管理业务。菌种保藏管理中心及相关参与建设单位或部门如下：

中国普通微生物菌种保藏管理中心(CGMCC)

中国科学院微生物研究所(AS),北京。

中国科学院武汉病毒研究所(AS-IV),武汉。

中国农业微生物菌种保藏管理中心(ACCC)

中国农业科学院农业资源与农业区划研究所(IARRP,CAAS),北京。

中国工业微生物菌种保藏管理中心(CICC)

中国食品发酵工业研究院(IFFI),北京。

中国医学细菌菌种保藏管理中心(CMCC)

中国医学科学院皮肤病研究所(ID),南京。

中国食品药品检定研究院(NIFDC),北京。

中国疾病预防控制中心(CDC),北京。

中国抗生素微生物菌种保藏中心(CACC)

中国医学科学院医药生物技术研究所,北京。

四川抗菌素工业研究所(SIA),成都。

华北制药厂抗生素研究所(IANP),石家庄。

中国兽医微生物菌种保藏管理中心(CVCC)

农业农村部兽药监察研究所(NCIVBP),北京。

中国林业微生物菌种保藏管理中心(CFCC)

中国林业科学研究院林业研究所(RIF),北京。

2. 国外的著名菌种保藏机构

国外的一些发达国家,也成立了众多的菌种保藏机构,主要如下:

(1) ATCC(American Type Culture Collection. Rockvill)美国典型菌种保藏中心,美国马里兰州罗克维尔市。

(2) CSH(Cold Spring Harbor Laboratory)美国冷泉港研究室,美国。

(3) IAM(Institute of Applied Microbiology,University of Tokyo)日本东京大学应用微生物研究所,日本东京。

(4) IFO(Institute for Fermentation)日本发酵研究所,日本大阪。

(5) KCC(Kaken Chemical Company Ltd.)日本科研化学有限公司,日本东京。

(6) NCTC(National Collection of Type Culture)英国国立标准菌种收藏所,英国伦敦。

(7) NIH(National Institutes of Health)美国国立卫生研究所,美国马里兰州贝塞斯达。

(8) NRRL(Northern Utilization Research and Development Division,U. S. Department of Agriculture)美国农业部、北方开发利用研究部,美国皮奥里亚市。

微生物的应用

项目导入

　　微生物与人类的生活息息相关,很早以前,我们的祖先就知道利用微生物来生产食品,如酒类、醋、馒头、面包、酸奶等,当然,他们是凭着日常积累的生活经验来做的,并不完全知道微生物的作用。随着社会的发展,微生物被应用于社会生产的各个领域。农业上,利用微生物研究制造了各种类型的农药、兽药、菌肥、植物生长激素、发酵饲料和农用抗生素。工业上,微生物在食品、皮革、纺织、石油脱蜡、化工、冶金等工业领域,以及综合利用工业废物、工业废水处理等方面,也得到越来越广泛的应用。医药上所用的抗生素几乎全部是微生物的代谢产物。各种疫苗、生理活性物质、临床诊断用酶药盒、单克隆抗体等微生物产品也已大量生产。

　　思考:微生物在各个领域都有哪些应用? 各有怎样的特点?

　　本项目学习内容为:(1) 微生物在食品中的应用;(2) 微生物在医药行业中的应用;(3) 微生物在环境中的应用。

任务 4.1　微生物在食品中的应用

任务目标 >>>

　　知识目标:理解发酵食品中的常见微生物。

　　技能目标:会利用微生物制作相关食品。

任务准备 >>>

一、 引起食品腐败变质的微生物

　　食品的腐败变质从广义上讲,是指食品由于内外因素的影响,原有的化学性质或物理性质发生了改变,使食品的色、香、味和营养从量变发展到质变,食品质量降低或不能食用。从狭义

上讲,食品的腐败变质系指在以微生物为主的各种因素的作用下,食品质量降低或失去食用价值的一切变化。腐败专指在厌氧菌的作用下,蛋白质产生恶臭的变化。

引起食品腐败变质的原因很多,以食品本身的组成和性质为基础,导致其腐败变质的因素归纳起来主要有以下四点:① 因微生物的繁殖,引起食品腐败;② 因空气中氧的氧化作用引起食品成分的氧化变质;③ 因食品内部所含氧化酶、淀粉酶、蛋白酶的作用使食品分解代谢,产生热量、水蒸气和二氧化碳,致使食品逐渐变质;④ 因昆虫的侵蚀、繁殖和有害物质的间接或直接污染,导致食品腐败变质。在引起食品变质的诸多因素中,微生物和酶的作用占首位。微生物来自食品外部,酶却来自食品的内部。我们要讨论的是引起食品腐败变质的微生物。

天然食品内部一般是没有微生物的,其微生物主要来自外界的污染,也就是食品在收购、运输、加工和保藏等过程中受到了微生物的污染。食品被微生物污染后,是否会变质,其变质的性质和程度如何,主要取决于食品的成分及微生物能否利用食品中所含的营养成分,还与食品的结构、物理状态和包装材料的性质及密封程度有关。

食品是由不同的化学物质组成的,其中绝大部分是人体需要的营养物质,如糖、蛋白质、脂肪、维生素、无机盐和水。正是由于食品营养齐全,为微生物的生长、繁殖提供了良好的碳源、氮源、能源、水和无机盐以及维生素。导致微生物在适宜的条件下大量生长繁殖,从而加速食品分解,使食品成为自身的养料,同时向食品排泄其代谢产物,造成食品的腐败变质。

引起食品变质的微生物种类很多,常见的有细菌、酵母菌和霉菌。对于不同的食品,它们引起变质的类型和程度是不同的,这主要取决于微生物的营养类型,因为不同的微生物对营养物质的需要具有选择性。另外还取决于食品体系的其他条件,如 pH、水分、空气等因素。

1. 分解蛋白质的微生物

引起蛋白质分解而使食品腐败变质的微生物主要是细菌,其次是霉菌和酵母菌。细菌基本都有分解蛋白质的能力,但对蛋白质有较强分解能力的,仅限少数几种能够分泌胞外酶的细菌。如下面几种是能引起含水量高、含蛋白质较高的食品腐败的菌种。

(1)芽孢杆菌属   广泛分布于土壤和空气中,以芽孢状态生存,对热抵抗力强,对蛋白质和淀粉的水解能力也很强,常见有枯草芽孢杆菌、马铃薯芽孢杆菌,米饭的腐败、面包的发黏,几乎都是由该类菌属所引起的。

(2)假单胞菌属   主要存在于水中,与鱼类、贝类的腐败关系密切。典型的腐败菌种为荧光假单胞杆菌。

(3)黄杆菌属   产生黄色乃至橙色素的革兰染色阳性杆菌,分运动型和非运动型两类。主要存在于水中,与鱼类、贝类的腐败关系密切。典型菌种为水生黄杆菌。

(4)无色杆菌属   和黄杆菌属同科,为革兰染色阴性杆菌,无色。主要存在于水中,鱼体受伤后迅速进入鱼体内引起腐败。典型菌株为溶胶无色杆菌。

(5)变形杆菌属   其无处不在,腐败肉中 100% 可检出,典型菌株为普通变形杆菌。

（6）梭状芽孢杆菌属　该菌属的某些菌是病原菌，如肉毒梭状杆菌、产气荚膜梭菌。也有非病原菌存在，如梭状芽孢杆菌和腐化梭状生芽孢杆菌。

此外，在大肠杆菌、产气杆菌、产碱杆菌等菌属中，某些菌株也和食品的腐败有密切的关系。它们以蛋白质为主要分解对象，即使没有糖也能够很好地生长。

2. 分解碳水化合物的微生物

能够分解碳水化合物的微生物主要是酵母菌，其次为霉菌和细菌。

蔗糖含量高的食品不适宜细菌生长，而酵母菌则能够生长。酵母菌还能利用有机酸，如果汁、蜂蜜、果酱中的有机酸。

能够分解碳水化合物的细菌不多，主要是芽孢杆菌属、八叠球菌属和梭状芽孢杆菌属中的一部分。

大多数霉菌都有利用简单碳水化合物的能力，几乎全部都有分解淀粉的能力。但能分解纤维素和果胶质的霉菌不多。能分解果胶质的霉菌主要有活性强的曲霉菌属、青霉菌属、毛霉属和镰刀霉属等中的一些种，霉菌还有利用某些简单有机酸或醇的能力。

3. 分解脂肪的微生物

能够分解脂肪的微生物主要是霉菌，其次是细菌和酵母菌。在食品中常见的霉菌有黄曲霉、黑曲霉、烟曲霉、灰绿曲霉、娄地青霉、代氏根霉、无根根菌、解脂毛霉、爪哇毛霉、白地霉和芽枝霉属等。

（1）毛霉和根霉　毛霉是我国制腐乳的主要菌种，根霉是制酒曲的霉菌。它们分布很广，在含水量较多的馒头、糕点、面包和水果中，易生成如毛发状的长菌丝而引起食品腐败。

（2）曲霉　常用于制造酒类、酱油、豆豉等发酵食品，但也常附着于食品上产生有害作用，适合于生长环境含水量较毛霉和根霉少的环境中生长。

（3）青霉　常常对饼干、乳制品、干制品和肉制品等产生有害作用。适合于生长环境含水量较毛霉和根霉少的环境中生长。

由此可见，在自然界中，没有一种腐败性的微生物可以在各种不同成分的食品上生长，同时也没有一种食品能适宜于所有微生物生长。细菌、酵母菌和霉菌三大类群的微生物，对不同营养物质的分解作用，均显示出一定的选择性。

二、发酵食品中的常见微生物

我国常见的发酵食品有以下几类：① 酒精饮料，如蒸馏酒、黄酒、果酒、啤酒；② 乳制品，如酸奶、酸性奶油、马奶酒、干酪；③ 豆制品，如豆腐乳、豆豉、纳豆；④ 发酵蔬菜，如泡菜、酸菜；⑤ 调味品，如醋、黄酱、酱油、甜味剂［天冬氨酸（主要用于合成阿巴斯甜）、赤藓糖醇等］、鲜味剂（肌苷酸、鸟苷酸、味精等）。还有平常吃的椰果，并不是椰子里的椰肉，而是用木醋杆菌在液态培养基中生长所形成的代谢产物，像这类发酵食品，还有许多。

从发酵食品生产使用的菌种来看,主要有纯种发酵和混菌发酵两大类。传统的发酵食品主要是混菌发酵,如陈醋、酱油的生产。现代化大规模生产一般都是纯种发酵,如白醋、啤酒的生产。所用菌种主要是细菌、酵母菌和霉菌。

(一) 细菌

用于食品生产的细菌有许多种,下面介绍醋酸和谷氨酸工业生产有关的细菌。

1. 醋酸菌

醋是人们生活中不可缺少的调味品。醋是由醋酸菌发酵生产的。我国传统醋的生产为混菌发酵,霉菌等将淀粉质原料转化为可发酵性糖,糖在酵母菌的作用下转化为酒精,醋酸菌再将酒精进一步氧化成醋酸。

参与醋酸发酵的微生物主要是细菌,统称为醋酸菌,醋酸菌不是细菌分类学名词。在细菌分类学中主要分布于醋酸杆菌属(Acetobacter)和葡萄糖杆菌属(Gluconobacter),用于酿醋的醋酸菌种大多属于醋酸杆菌属。主要醋酸菌种如下:

(1) 纹膜醋酸杆菌(A. aceti)　纹膜醋酸杆菌是醋酸杆菌的典型种。其常与其他醋酸杆菌一起参与食醋的酿造过程,氧化酒精速度快,能产生醋酸和葡萄糖酸,不再分解醋酸,耐酸性强,产品风味好。该菌是椭圆形的短杆菌,革兰阴性菌,端生鞭毛,不生芽孢,好氧,细胞单独或形成长链。生长适温 38 ℃,最高 42 ℃,最低 4~5 ℃。在液体培养基中于 40~40.5 ℃ 形成细长的丝状细胞,在液体培养基表面形成乳白色、皱褶状的黏性菌膜。纹膜醋酸杆菌对含酒精类饮料有害,它能使葡萄酒、啤酒以及含酒精和糖类的饮料产生醋酸,使其味道变酸。一般粮食发酵、果蔬腐败、酒类及果汁变酸等都有该菌的参与。

(2) 奥尔兰醋酸杆菌(A. orleanense)　法国奥尔兰地区用葡萄酒生产食醋的菌种。生长最适温度为 30 ℃。该菌能产生少量的酯,产醋酸的能力较弱,能由葡萄糖产 5.3% 葡萄糖酸,耐酸能力较强。

(3) 许氏醋酸杆菌(A. schutzenbachii)　国外有名的速酿醋酸菌株,也是目前制醋工业重要的菌株之一。许氏醋酸杆菌氧化酒精速度快、不再分解醋酸、耐酸性强、产品风味好。其菌体细胞较长、较窄,在麦芽汁中培养,菌体略呈弯曲状。产酸率高达 11.5%,生长温度为 25~27.5 ℃,在 37 ℃ 即不再形成醋酸。

(4) 恶臭醋酸杆菌(A. rancens)　是我国醋厂使用的菌种之一。该菌在液面形成菌膜,并沿容器壁上升,菌膜下液体不浑浊。一般能产酸 6%~8%,有的菌株副产 2% 的葡萄糖酸,能把醋酸进一步氧化为二氧化碳和水。

(5) 攀膜醋酸杆菌(A. ascendens)　是葡萄酒、葡萄醋酿造过程中的有害菌,在醋醪中常能分离出来。最适生长温度为 31 ℃,最高生长温度 44 ℃。在液面形成易破碎的膜,菌膜沿容器壁上升得很高,菌膜下液体很浑浊。

(6) 木醋杆菌(A. xylinus)　又称胶膜醋酸杆菌,是一种特殊的醋酸菌,若在酿酒醪液中繁殖,会引起酒酸败、变黏。该菌生成醋酸的能力弱,又会氧化分解醋酸,因此是酿醋的有害菌。在液面上,胶膜醋酸杆菌会形成一层皮革状类似纤维样的厚膜。

(7)醋酸杆菌 AS1.41 醋酸菌　属于恶臭醋酸杆菌,是我国酿醋常用的菌株之一。该菌细胞呈杆状,常呈链状排列,单个细胞大小为(0.3~0.4)μm×(1~2)μm,无运动性,无芽孢。在不良条件下,细胞会伸长,变成线形或棒形,管状膨大。平板培养时菌落隆起,表面平滑,菌落呈灰白色;液体培养时则形成菌膜。该菌生长适宜温度为 28~30 ℃,生成醋酸的最适温度为28~33 ℃,最适 pH 为 3.5~6.0,耐受酒精浓度为 8%(体积分数)。最高产醋酸 7%~9%,产葡萄糖酸能力弱。能氧化分解醋酸为二氧化碳和水。

(8)沪酿 1.01 醋酸菌　是从丹东速酿醋中分离得到的,为我国食醋工厂常用菌种之一。该菌细胞呈杆形,常呈链状排列,菌体无运动性,不形成芽孢。在含酒精的培养液中,常在表面生长,形成淡青灰色薄层菌膜。在不良条件下,细胞会伸长,变成线形或棒状,有的呈膨大状,有分支。该菌由酒精产醋酸的转化率平均达到 93%~95%。

2. 谷氨酸产生菌

我国目前所用的谷氨酸产生菌,大部分是由自然界分离得到野生型菌株,通过诱变筛选而选育出来的。它们均属于细菌门中的真细菌纲(革兰阳性菌)棒状杆菌科和短杆菌科,常用生产菌株如下:

(1)北京棒状杆菌 AS1.299　1965 年从北京某食品厂的淀粉废浆水中分离出来,革兰阳性,无芽孢。初尿可最多加 2%,流加尿素次数少,有利于生产操作。菌体量较大,给等电离交法提取谷氨酸带来不便。

(2)钝齿棒状杆菌 AS1.542　从广州某酿酒厂的土壤中分离出来,脲酶活性强,耐 pH 波动范围较广,初尿加量要少,流加尿素次数在 3~4 次。发酵液菌量较 AS1.299 要少,故对等电离交法提取工艺操作带来方便,收率较高。与 AS1.299 分属不同菌系,噬菌体相互不能侵染。

(3)Hu.7251 菌株　杭州某味精厂自土壤中选取,经鉴定定名为钝齿棒状杆菌。其受AS1.542 菌株的噬菌体侵染,但不受 AS1.299 菌株噬菌体侵染。发酵培养基中要求"稍过量"生物素,产酸可达 5.4%,转化率为 43.02%(对淀粉水解糖)。

(4)B-9 菌株　杭州味精厂以 Hu.7251 菌株为出发菌株,经氯化锂诱变而选育出的新菌种,为我国味精厂常用菌株。要求较高的生物素。产酸 5.9%,转化率为 45%~47%,发酵周期36 h 左右。菌体量较少,便于等电离交法的提取,收率较高。

(5)S-941 菌株　由沈阳味精厂自沈阳果酒厂储存葡萄残渣的土壤中分离得到,经鉴定定名为 S-941 菌,棒状杆菌属。在 pH 5~9 之间生长良好。生物素和维生素 B_1 为生长因子。其特点与 AS1.299 相似。

(6)7338 菌株　是上海天厨味精厂由北京棒杆菌 AS1.299 经多次诱变而来,产酸率可提高 10%~15%,转化率提高 5%~10%。发酵周期较长。7338 菌与 B-9 或 AS1.542 菌的噬菌体相互不能侵染,可将它们轮换使用。

（7）T6-13 菌株 是天津工业微生物研究所筛选出来的一株谷氨酸产生菌。以淀粉水解糖为碳源,尿素为氮源,谷氨酸对糖的收率可达 40% 以上,最佳可达 49.7%。生产性能好,便于发酵管理,而且具有耐高温性能好的等优点,是目前国内应用最广泛的菌株。

（8）FM820-7 菌株   由复旦大学微生物教研室采用 T6-13 菌株作为出发菌株,经过 ^{60}Co 辐射产变处理,从中筛选和分离得到的。当初糖在 15%～16% 时,产酸率可达 7% 以上,转化率在 50% 左右。

（二）酵母菌

酵母菌在日常生活中的应用非常广泛。如用于各种饮料酒的酿造,烘焙食品的生产,添加到婴儿食品、健康食品中作为食品营养强化剂,酵母自溶物可作为肉类、果酱、汤类、乳酪、面包类食品、蔬菜及调味料的添加剂;由酵母自溶浸出物制得的 5'-核苷酸与味精配合可作为强化食品风味的添加剂(鲜味剂)等。

下面介绍食品工业上常用的几种主要类别的酵母菌。

1. 酵母菌属（*Saccharomyces*）

营养型繁殖为多边芽殖,有的有假菌丝,无真菌丝。细胞呈球形、椭圆形、圆柱形或细长形。其能发酵多糖,不能利用乳糖和较高级烃,不能利用硝酸盐。

代表菌种:啤酒酵母（*S. cerevisiae* Hansen）（图 4-1）。

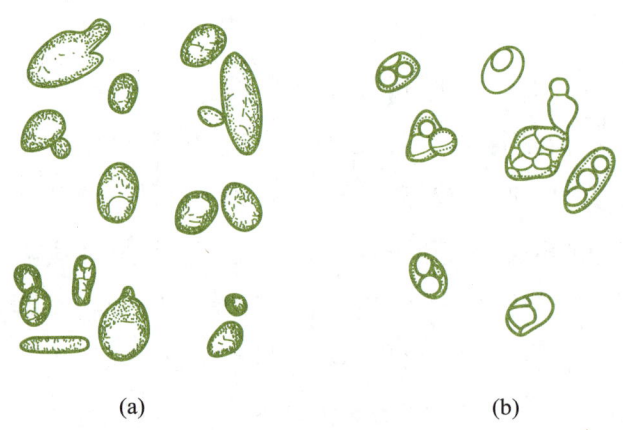

(a)   (b)

图 4-1   啤酒酵母示意图

(a) 营养细胞   (b) 子囊孢子

啤酒酵母既是面包酵母又是酿造酵母,用于生产啤酒、葡萄糖、转化酶、甘油和工业酒精等。其生长在麦芽汁琼脂上的菌落为乳白色,有光泽,平坦,边缘整齐。能发酵多糖而不发酵乳糖和蜜二糖,不同化硝酸盐。

啤酒酵母菌体中维生素、蛋白质含量高,可作食用、药用和饲料酵母;也可用来生产提取核酸、谷胱甘肽、细胞色素 C、辅酶 A、酵母脂肪等。

在啤酒生产中,有上面发酵酵母和下面发酵酵母。下面发酵酵母在发酵终了时几乎全部下沉到容器底部形成沉淀。上面发酵酵母在发酵终了时形成泡盖,很少下沉。

2. 德巴利酵母属（*Debaryomyces*）

营养型繁殖为多边芽殖。有时长假菌丝,细胞呈不同形状。发酵慢、弱或不发酵,不同化硝酸盐。

代表菌种:汉逊德巴利酵母［*D. hansenii*（Zopf）L. et V. R.］

它能氧化正癸烷、正十六烷和石油,可用于石油发酵脱蜡。

3. 汉逊酵母属（*Hansenula* H. et P. Sydow）

无性繁殖,细胞表面多处生芽,细胞呈多种形态,如呈球形、橙形、椭圆形、长方形、圆柱形或细长形,偶尔在细胞一端或两端形成长的细尖,或者细胞明显延长呈线状。有假菌丝,有的种有真菌丝。发酵或不发酵糖;形成或不形成醭;可产生酯;不合成淀粉,能同化硝酸盐。

代表菌种:异常汉逊酵母（*Hansenula anomala*）（图 4-2）

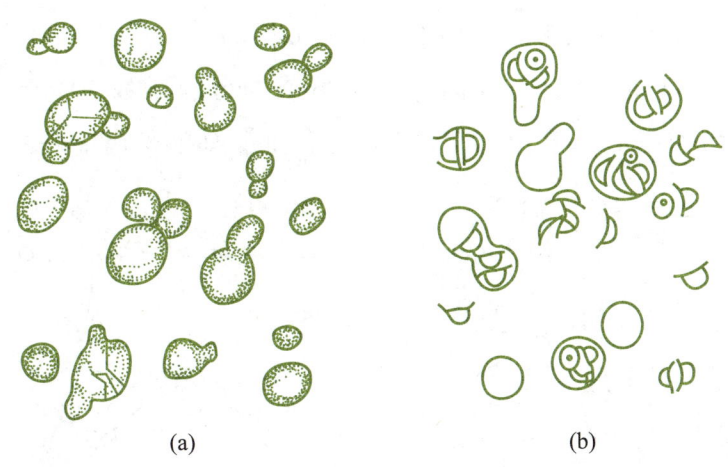

(a)　　　　　　　　(b)

图 4-2　异常汉逊酵母示意图

（a）营养细胞　（b）子囊孢子

该菌细胞为圆形、椭圆形或腊肠形,多边芽殖,发酵,液面有白色菌醭,培养液混浊,有菌体沉淀于管底。

从土壤、树枝、树木中流出的汁液,贮藏的谷物、青饲料,湖水或溪水,污水和蛀木虫的粪便中,可分离到异常汉逊酵母。

该菌能产生乙酸乙酯,并可与葡萄糖产生磷酸甘露聚糖,对调节食品的风味起到一定的作用,常应用在食品工业中。如将其用于无盐发酵酱油可增加产品香味,用于以薯干为原料生产的白酒,可提高白酒的醇和感。国内常用的异常汉逊酵母有 AS2.296、AS2.297、AS2.300 等。可分别培养,与主要的酒精发酵酵母配合使用,但用量不宜过大,否则酯香味过分突出,还会产生具有微苦味的异戊醇。

4. 裂殖酵母属（*Schizosaccharomyces*）

裂殖,无芽殖,细胞为球形至圆柱形,真菌丝能断裂成节孢子。有发酵能力,不同化硝酸盐。

代表菌种:粟酒裂殖酵母(图4-3)

该菌是从甘蔗糖中分离出来的,已用于生产非洲啤酒、工业酒精和牙买加糖酒。细胞呈圆形或圆筒形,末端圆钝,也有的呈椭圆形,大小为(3.55~4.02)μm×(7.11~24.9)μm。营养繁殖为裂殖,无真菌丝,无醭。在麦汁中能发酵,液体混浊有沉淀。

该菌能作用于低分子的寡聚糖而不能发酵多糖,是酿造酒精的优良菌种,能使蜂蜜、无核小葡萄干腐败。

5. 假丝酵母属（*Candida*）

营养繁殖为芽殖,有时形成假菌丝和分隔菌丝。在正常情况下,两边出芽的细胞不形成粗颈的芽。很多种都有酒精发酵能力,有的种能利用农副产品或碳氢化合物生产蛋白质,有的种能产脂肪酶,不产生色素。

代表菌种:热带假丝酵母(*Candida tropicalis*)、产朊假丝酵母(*Candida utilis*)

热带假丝酵母细胞呈卵形或球形,液面有醭或无醭,有环,菌体沉淀于管底。培养在麦芽汁琼脂斜面上,菌落为白色或奶油色,表面软而平滑或部分有皱纹,无光泽或稍有光泽。在加盖玻片的玉米粉琼脂培养基上培养,有大量假菌丝上面带有孢子(图4-4)。

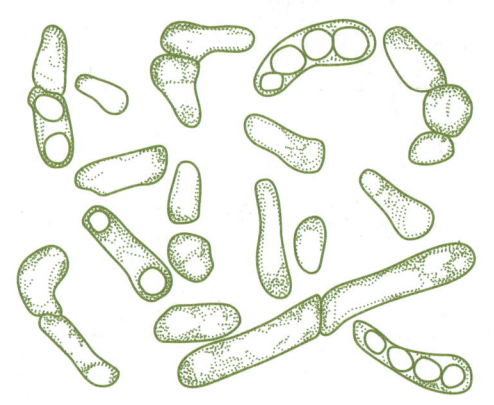 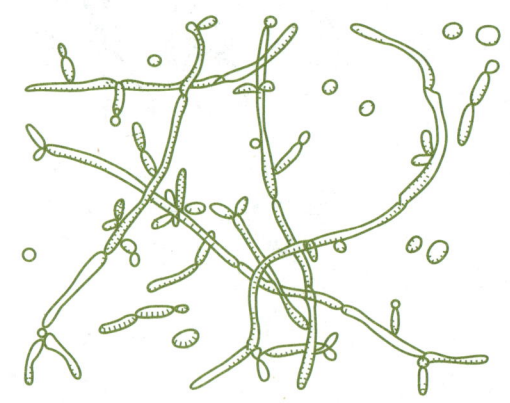

图4-3　粟酒裂殖酵母示意图　　　　图4-4　热带假丝酵母示意图

热带假丝酵母可作为人、禽类、猪和狗的食用酵母来源,该菌可引起米糠油腐败。它氧化烃类的能力强,是生产石油蛋白的主要酵母菌种。

产朊假丝酵母细胞呈圆形、椭圆形或圆柱形,菌落为乳白色、平滑,有或无光泽,边缘整齐或菌丝状。仅生原始的假菌丝,或不发达的假菌丝或无假菌丝,不生真菌丝。能发酵葡萄糖、蔗糖、棉子糖,不发酵麦芽糖、半乳糖、乳糖和蜜二糖,能同化硝酸盐,不分解脂肪。

产朊假丝酵母可从酵母沉淀、牛的消化道、花朵和人的唾液等处分离得到。它的蛋白质含量和B族维生素的含量比啤酒酵母高,是生产食用、药用或饲料用单细胞蛋白的优良菌种。它可以利用硝酸盐和尿素作为氮源,既能利用造纸工业的亚硫酸废液、糖蜜、木材水解液等生产可食用的蛋白质，也可作为"三废"污染处理的菌种。

6. 红酵母属（*Rhodotorula*）

无性繁殖，芽殖，多边出芽。细胞呈圆形、卵圆形或长形，有明显的红色或黄色色素，某些种的少数菌株可能形成像厚垣孢子样的细胞，或形成不同长度的假菌丝或真菌丝，不形成子囊孢子及掷孢子。以肌醇为唯一的碳源时不能同化，不能合成淀粉类物质，不能进行发酵。

代表菌种：红酵母［*R. glutinis*（Fr.）Harrison］

红酵母能氧化烷烃，为较好的产脂肪菌种，脂肪含量可达干物质量的 50%～60%，但合成脂肪速度较慢。在一定条件下，还可产生 2-丙氨酸、谷氨酸和甲硫氨酸。其产甲硫氨酸的能力强，可达干重的 1%。同时它可污染牛肉、乳制品和泡菜等。

（三）霉菌

霉菌与人类生活息息相关，一方面，许多霉菌应用于生产生活，给了人类极大的帮助；另一方面，一些霉菌的代谢活动也给人类的生活带来很大的损害。下面介绍酿造工业中的霉菌。

1. 毛霉属

菌丝为无横隔的单细胞，多核，有分支，以孢囊孢子和接合孢子繁殖。孢子囊呈球形，孢囊梗多数呈丛生状，分支或不分支（图 4-5）。据其分支形式可分为单枝毛霉、总枝毛霉和伞枝毛霉。毛霉在自然界分布很广，在阴暗、潮湿、低温处常见，也是制曲时常见的一种杂菌。

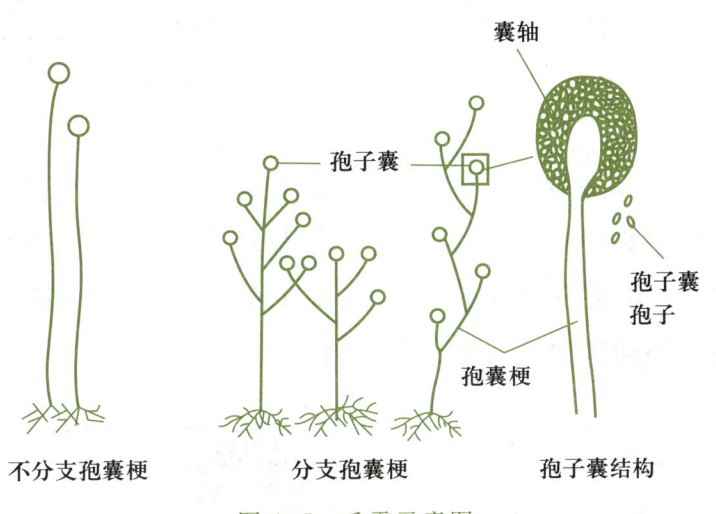

图 4-5 毛霉示意图

毛霉的用处广泛，常出现在酒药之中，鲁氏毛霉最初就被用于制造酒精。毛霉有的种产生大量的蛋白酶，有分解大豆蛋白的能力，因此多利用来制造腐乳及豆豉。许多毛霉能产生草酸、乳酸、琥珀酸及甘油等，有的还能产生 3-羟基丁酮、脂肪酶、果胶酶、凝乳酶，对甾族化合物有转化作用。

（1）鲁氏毛霉　此种最初是从我国小曲中分离出来的，它能糖化淀粉并生成少量酒精。在马铃薯葡萄糖琼脂培养基上菌落呈黄色，在米饭上略带红色，孢囊梗呈丛生状，能产生蛋白酶和淀粉酶,多用它来制作腐乳。

（2）总状毛霉   菌落质地疏松,高1 cm,菌丛厚密,孢子囊梗总状分支,在豆腐坯和熟大豆上生长迅速,我国四川的豆豉即用此菌制成。

2. 根霉属

菌丝为无横隔的单细胞,有分支,菌丝伸入培养基内的部分长成分支的假根,吸收营养。靠近培养基表面向横里匍匐生长而连接假根的菌丝称为匍匐菌丝。由假根处着生丛生、直立、有分支的孢囊梗,顶端膨大形成圆形的孢子囊,内生孢囊孢子(图4-6)。

根霉在自然界分布很广,它们常生活在淀粉质食品(如馒头、面包、甘薯)上,能产生大量的淀粉酶,将淀粉转化为糖,是酿酒工业中常用的糖化菌。我国民间酿制米酒用的米曲中主要含有根霉,它可以边糖化边发酵。其与酿造关系密切的种,主要是华根霉和米根霉。

（1）华根霉   在基质上生长极快,菌落疏松,假根不发达,形如手指。最适发育温度为15~30 ℃,最适生长温度为30 ℃,耐热,在45 ℃时也能生长。此菌种淀粉液化力强,有溶胶性,能产生酒精、芳香酯类等物质,在酒药和酒曲中大量存在,是酿酒所必需的主要霉菌,也是酸性蛋白酶和腐乳生产中的主要菌种。

（2）米根霉   菌落疏松或稠密,初为白色,后变为灰褐色至黑色;匍匐枝爬生,无色;假根较发达,指状或根状分支,褐色。最适发育温度为30~35 ℃,最适生长温度为37 ℃,41 ℃时也能生长。此菌的淀粉酶活力极强,多用作糖化菌,另具有酒精发酵能力及蛋白质分解能力,大量存在于酒药曲中。

3. 曲霉属

菌丝为有横隔的多细胞,营养菌丝多匍匐生长于培养基的表层,无假根,附着在培养基的匍匐菌丝分化出具有厚壁的足细胞,在足细胞上生出直立的分生孢子梗,顶端膨大形成顶囊,顶囊的表面以辐射状生长一层或两层小梗,称为初生小梗和次生小梗。在小梗上生有一串串的分生孢子(图4-7)。不同菌种的孢子具有不同的形状、颜色和纹饰。

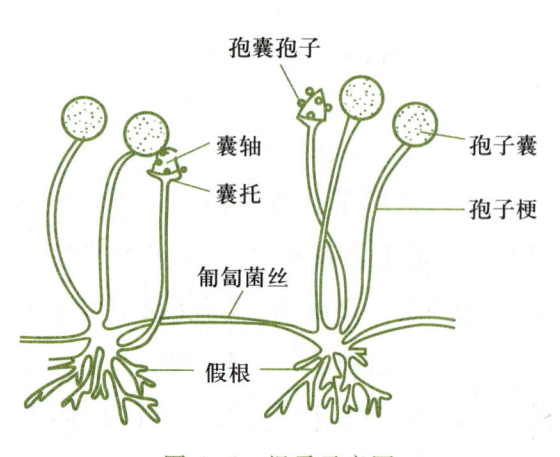

图4-6　根霉示意图

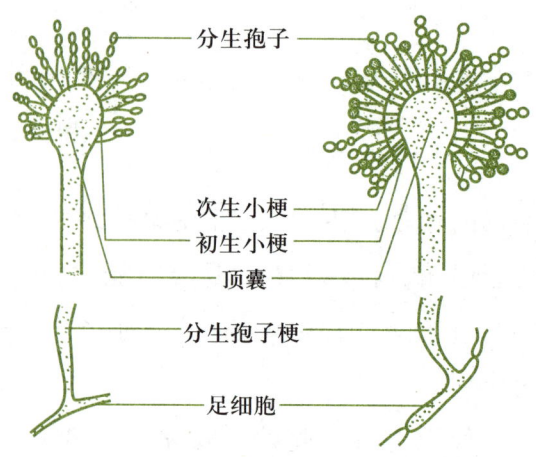

图4-7　曲霉示意图

曲霉具有分解有机质的能力,几千年来,我国民间就用曲霉酿酒、制酱、制醋等。现代工业利用曲霉生产各种酒类、酱类、酱油、酶制剂(淀粉酶、蛋白酶、果胶酶等)和有机酸(柠檬酸、葡萄糖酸等)等。农业可用作糖化饲料,如黑曲霉、米曲霉、栖土曲霉。

曲霉的种类很多,通常将性质相似的种归为一群,共分 14 群。与酿造工业关系密切的有黑曲霉群和黄曲霉群。

(1)黑曲霉群　菌丛黑色,顶囊大,呈球形,小梗双生,自顶囊全面着生。分生孢子为球形,平滑或粗糙,有的菌丝生有菌核。黑曲霉具有多种活性强大的酶系,如淀粉酶、蛋白酶、果胶酶、纤维素酶和葡萄糖氧化酶,还能产生多种有机酸,如抗坏血酸、柠檬酸、葡萄糖酸和没食子酸。工业上广泛应用的黑曲霉主要有邬氏曲霉、甘薯曲霉、乌沙米曲霉(即宇佐美曲霉)以及由它变异而来的白曲霉。

(2)黄曲霉群　黄曲霉群的菌种主要是米曲霉和黄曲霉。米曲霉菌丛一般为浅黄绿色,后变为黄褐色。在天然培养基上菌落形成较快,2~3 天后全部生出分生孢子,呈黄绿色,因此常与黄曲霉相混。米曲霉具有较强的蛋白质分解能力,同时也具糖化活性,很早就被用于酱油和酱类生产上。黄曲霉菌丛最初为白色,后变为黄绿色,老熟后呈褐绿色。有些菌系会产生带褐色的菌核。黄曲霉产生的液化型淀粉酶较黑曲霉强,蛋白质分解能力仅次于米曲霉,并且它还能分解 DNA 产生核苷酸。但黄曲霉菌某些种类是使粮食发霉的优势菌,特别是在花生上易生长形成,它产生的黄曲霉毒素是一种致癌物质,能引起家禽、家畜中毒以至死亡,也是人类肝癌产生的原因之一。我国现已停止使用产黄曲霉毒素的菌种。

三、乳制品中的常见微生物

乳制品指的是使用牛乳、羊乳等为主要原料,加入或不加入适量的维生素、矿物质和其他辅料,经加工制成的各种食品,包括液体乳(巴氏杀菌乳、灭菌乳、调制乳、酸乳)、乳粉(全脂乳粉、脱脂乳粉、部分脱脂乳粉、调制乳粉、牛初乳粉)、炼乳类、干酪类、乳脂肪类(各种奶油)及其他乳制品等。

新鲜的乳中含有多种成分,是一种营养比较完全的食品。不同的乳,如牛乳、羊乳、马乳,其成分虽有差异,但都含有丰富优质的蛋白质、极易被吸收的钙及完全的维生素等。由于乳中含有如此全面的营养,所以非常适宜多种微生物的生长繁殖。如果乳及乳制品在生产过程中处理不当,就会污染大量微生物甚至是病原微生物,造成产品腐败变质,甚至引发食物中毒,极大地危害人体健康。而酸乳、干酪等乳制品也必须在微生物的作用下才能形成。因此,我们需要从正反两方面来了解微生物在乳制品中的作用。

(一)鲜乳的酸败变质

1. 鲜乳中微生物的污染来源

(1)乳房中微生物的污染　一般健康的泌乳期哺乳动物的乳房中经常会有细菌存在,这些细菌主要是乳房外的细菌通过乳头管进入乳房并在乳头前部进行繁殖,有时会形成菌块栓塞,所以,在挤乳时最先挤出的几股乳中,会含有数量较多的微生物。而在乳腺组织内,乳一般是无菌或带少量的细菌,在后来挤出的乳中细菌数会显著下降。因此,挤乳时把最初挤出的三股乳弃去或另作他用,这样乳中微生物的含量会大大减少。

当乳牛患有某些疾病时,其所分泌的乳也会带有微生物。乳房炎是乳牛的一种常见病,当牛发生乳房炎时,牛乳中会出现一些乳房炎病原菌,如无乳链球菌、金黄色葡萄球菌、化脓棒状杆菌、大肠埃希杆菌。更为严重的是当乳牛患有一些人畜共患病时,这些病原菌虽不改变乳制品的物理性状,但对人类健康有害,可以通过乳传播人畜共患传染病。

(2)挤乳过程中的污染   挤乳过程中最易受微生物的污染。乳房周围、牛体或其他部位、牛舍中的饲料、牛的粪便、挤乳用具及盛乳容器等都能对乳造成污染。

① 来源于牛体的污染:乳房周围和牛体表面,特别是其腹部、尾部等都是细菌严重附着的部位。挤奶时,这些体表微生物容易落入乳桶内,引起鲜乳污染。因此挤乳前必须用温水清洗乳房和腹部,以尽量减少对乳的污染。

② 来源于牛舍的污染:牛舍中的饲料、粪便、地面土壤、空气中尘埃等,都是牛乳污染的主要来源。所以,牧场要经常打扫,保持清洁,挤乳前要给地面洒水、通风,尽量减少空气中尘埃及微生物的数量,减轻乳因空气不洁而造成的污染。

③ 来源于挤乳工具及工作人员的污染:挤乳用具,如盛乳桶、挤乳器、输乳管、过滤布,在挤乳前如果不进行清洗消毒,也会对乳造成污染。所以一般在挤乳前均要对挤乳时所用器具用热碱水清洗。挤乳前工作人员的手要经过严格的清洗和消毒,工作衣帽也要保持清洁并定期进行消毒。工作人员的健康状况也要定期检查,严禁患有传染性疾病的工作人员上岗。此外,苍蝇、昆虫以及外来参观者也会给鲜乳增加污染的机会。

(3)贮藏运输过程中的污染   刚挤下来的乳,温度约在 36 ℃,是微生物发育最适宜的温度。如果不及时冷却,则落入乳中的微生物将大量繁殖。所以,挤出后的乳应迅速进行冷却,然后进行贮存,在贮乳时要将和乳接触的容器和物件进行清洁杀菌,并维持整个贮乳期间低温。在不影响质量的条件下,温度越低保持时间越长。如挤奶厂没有乳的冷却设备,要尽快将乳送到乳品厂,减少存放时间。在乳的运输过程中要注意每一容器必须装满盖严,减少乳与空气的接触。运输工具也要清洁卫生,经常清洗,如运输的是经过冷却的乳,在长距离运输时则需注意乳的保冷。

2. 鲜乳中微生物的种类及特点

鲜乳中污染的微生物虽有细菌、酵母菌和霉菌等多种类群,但最常见的而且活动占优势的微生物主要是一些细菌。

(1)乳酸菌   这是一类在牛乳中能使糖类物质分解而产生乳酸的细菌,其种类很多,常见的有乳链球菌、乳脂链球菌、液化链球菌、嗜酸乳杆菌、保加利亚乳杆菌等。鲜乳在乳酸菌的作用下产酸,使牛乳中的蛋白质发生凝固,或者由于细菌的凝乳酶作用,使乳中酪蛋白凝固。

（2）胨化细菌　这是一类分解蛋白质的细菌,能使不溶解状态的蛋白质变为溶解状态。乳中常见的胨化细菌有芽孢杆菌属细菌、假单胞菌属细菌等。

（3）脂肪分解菌　在鲜乳中出现的脂肪分解菌大多数存在于地面、水及粪便中。主要是一群革兰阴性无芽孢杆菌,如假单胞菌属和无色杆菌属。

（4）酪酸菌　这是一类能分解碳水化合物产生酪酸和二氧化碳与氢气的细菌,广泛存在于牛粪、土壤、污水和饲料中。已知的酪酸菌种有 20 余种,为厌氧梭状芽孢杆菌,革兰阴性,适宜的生长温度为 45 ℃ 左右。

（5）产气细菌　指能分解糖类既产酸又产气的细菌,例如大肠埃希菌和产气杆菌,这两种细菌若在乳中检出,一般都是受到了粪便的直接或间接污染。

（6）产碱细菌　它们是一种可以分解乳中的有机酸（如柠檬酸）而产生碳酸盐和其他物质,因而造成牛乳 pH 上升的细菌。这类细菌主要是革兰阴性的需氧型细菌,如粪产碱杆菌,其适宜生长温度是 10~26 ℃。这些菌在牛乳中生长除产碱外,还可以使牛乳变黏稠。

（7）酵母和霉菌　鲜乳中常见的酵母有脆壁酵母、洪氏球拟酵母、球拟酵母、乳酪节卵孢霉、蜡叶芽枝霉、乳酪青霉、灰绿曲霉、黑曲霉等。

（8）病原菌　鲜乳中病原菌的主要来源有:① 来自人体,主要有伤寒沙门菌、副伤寒沙门菌、痢疾志贺菌、霍乱弧菌、白喉棒杆菌、猩红热链球菌等。② 来自牛体,主要有金黄色葡萄球菌、无乳链球菌等。③ 来自人畜,主要有结核分枝杆菌、流产布鲁氏菌、炭疽杆菌等。

3. 鲜乳的腐败过程

正常乳汁刚从乳畜挤出后,如不立即灭菌而放置于 10~20 ℃ 室温下,便会发生一系列的微生物学变化,大致可分为以下五个阶段:

（1）控制期　新鲜乳液中会有来自动物体的抗体物质等抗菌因素,能够控制乳中微生物的生长。在含菌少的鲜乳中,这种物质作用的时间可持续 36 h（在 13~14 ℃下）;若污染严重的乳液,只可持续 18 h 左右。这段时间内菌数不会增加。因此,鲜乳置于室温下可保持一定时间而不会变质。

（2）乳酸链球菌期　乳中抗菌物质减少或消失后,存在于乳中的微生物即开始生长繁殖,首先是乳酸链球菌占绝对优势。这些菌分解乳糖和其他糖类产生乳酸,使乳液酸度不断升高,乳液出现凝块。由于酸度升高抑制了腐败细菌的活动。当酸度升高到一定程度时（pH 4.5 左右）,乳酸链球菌本身也会受到抑制,不再继续繁殖,并且反而逐渐减少。

（3）乳酸杆菌期　在乳酸链球菌生长过程中,pH 到 4.6 时,乳酸链球菌受到抑制,但由于乳酸杆菌对酸有较强的抵抗力,尚能继续繁殖并产酸,这个时期中产生大量凝块,并析出大量乳清。

（4）真菌期　当酸度继续提高,pH 3.5~3.0 时,绝大多数细菌被抑制,甚至死亡,仅酵母菌和霉菌能适应高酸性环境,并能利用乳酸及其他一些有机酸。由于酸被利用,乳液酸度会逐渐降低,pH 接近中性。

（5）胨化细菌期　经过以上几个阶段的变化,乳中的乳糖已被大量消耗,蛋白质和脂肪含量相对增高,因此能分解蛋白质和脂肪的细菌开始活跃,乳凝块逐渐被降解;乳向碱性转化,并有腐败菌生长繁殖。如芽孢杆菌属、假单胞杆菌属、变形杆菌属都可能生长,于是牛乳出现了腐败的臭味。

（二）使乳制品腐败变质的微生物

1. 液体乳的酸败变质

液体乳包括消毒乳和灭菌乳,消毒乳又称杀菌鲜乳,是指新鲜乳经过杀菌、均质等处理后以液体状态进行包装,直接供应消费者饮用的商品乳。过去消毒乳均为供应当天饮用,随着生产技术的改进,目前消毒乳已能在常温下保存数月不变质。灭菌乳是指鲜乳经超高温瞬间加热,达到无菌效果后,再经无菌灌装室进行无菌灌袋包装或先灌装封口再加热加压灭菌。

造成液体乳酸败变质的微生物来源:一是原料乳中含有较多微生物,虽经杀菌处理,但仍有一些嗜热微生物或其孢子存活;二是包装时卫生条件差,没有做到"无菌"包装;三是包装后密封不严,液体乳在存放期间污染了微生物而导致其酸败变质。所以在生产时,第一要把好原料关,对微生物污染严重的原料乳要拒收或另作他用;第二是在灭菌过程中要在保证尽量少破坏乳营养成分的前提下,加大灭菌力度,尽可能杀灭乳中的有害菌;第三是在包装时要严格做到无菌包装,并且要保证液体乳的密封性。这样就可使液体乳的保存期延长。

2. 乳粉的变质

乳粉是由原料乳经杀菌、浓缩、干燥而制得的粉末状制品。乳粉的特点是在保持乳原有品质及营养价值的基础上,成品的体积小,重量轻,贮藏期长,食用方便,便于运输和携带。乳粉的含水量一般在 5% 以下,质量好的乳粉其水分含量可降至 2%～3%。在此情况下微生物一般不能生长繁殖。

乳粉中微生物的主要来源是在原料乳阶段造成的,乳粉厂在收购原料乳时,一般只注重其理化指标的检测,而忽视对微生物污染情况的检查,虽然生产过程中有杀菌过程,但对污染严重的原料乳,如按常规杀菌条件则得不到彻底的杀灭,甚至可能残留一些病原菌,如沙门菌和金黄色葡萄球菌。而在后续的工序,如喷雾干燥,虽然采取 120～150 ℃ 干热空气来干燥,但乳粉粒的实际受热温度仅为 60 ℃ 左右,对杀菌后残留的耐热微生物并无杀灭作用。乳粉中微生物的另一来源是在包装过程中污染的,如果包装车间的环境、容器、包装材料等卫生条件较差,乳粉就会受到微生物的污染而发生腐败变质。

3. 炼乳的变质

炼乳按含糖情况分为淡炼乳和甜炼乳,淡炼乳一般为大包装,供食品厂生产之用,甜炼乳一般为小包装,做成商品供人食用。

（1）微生物引起淡炼乳的变质　淡炼乳又称无糖炼乳,是将牛乳浓缩到 1/2.5～1/2 后装罐密封,然后再进行灭菌的一种炼乳。但如果灭菌不完善或漏气,那么也会因微生物作用而导致腐败变质。淡炼乳变质主要有以下三种现象:

① 凝乳。有些微生物如枯草芽孢杆菌、嗜热芽孢杆菌、凝乳芽孢杆菌等在淡炼乳中生长繁殖时,首先使淡炼乳产生凝固,色泽变浅,但酸度并不增加,其后凝块又逐渐变成液体状,这种凝固是由于细菌产生凝乳酶的影响,称之为甜性凝固,有时凝固的炼乳也会出现酸度增加,那是由于乳糖被分解产生酸,称之为酸凝固。蜡状芽孢杆菌在淡炼乳中往往是生长在表面,它还会造成炼乳变稠并具有干酪样的味道。

② 产气乳。当淡炼乳污染了一些耐热的厌氧芽孢杆菌,如大肠埃希菌和梭状芽孢杆菌等,所引起的变质往往是产生气体,使炼乳发生胀罐,并出现分层。

③ 苦味乳。一些分解蛋白质的细菌,如某些芽孢杆菌可分解蛋白质,产生苦味物质使炼乳出现苦味。

（2）微生物引起甜炼乳的变质　甜炼乳是在鲜乳中加入 18% 左右的蔗糖而制成,成品中蔗糖浓度达 40%～45%,装罐后不再灭菌,而是借助乳中高浓度的糖含量形成一个高渗环境来控制微生物的生长。由于原料乳污染情况不同,生产卫生条件不同,或蔗糖加入量不足等原因,都可能污染微生物而导致甜炼乳的变质。

① 胀罐。某些耐高渗的酵母,如球拟酵母,能够分解蔗糖而产生大量气体;也可能由于储存温度高,酪酸菌繁殖而产气。另外,铁罐包装的甜炼乳还可能由于残留的乳酸菌生长产生乳酸,因酸腐蚀而产气。

② 变稠。变稠有理化因素,也有微生物因素,如炼乳污染了芽孢杆菌、小球菌、葡萄球菌、乳酸菌等微生物后,由于它们的生长繁殖而产生乳酸、酪酸、琥珀酸等有机酸,以及这些菌产生的凝乳酶等而使炼乳变稠,不易倒出。

③ 形成"纽扣"状凝块。开罐后,有时在炼乳表面发现白色、黄色或红色的形似纽扣的颗粒凝块并且有金属味或干酪味等异味,这是由于罐内残存一定的空气,又受到霉菌的污染所产生的。"纽扣"状凝块便是霉菌生长的菌落。常见的霉菌有匍匐曲霉、芽枝霉等。

（三）应用于乳制品生产中的微生物

常见的发酵乳制品为酸乳、干酪。

酸乳是由鲜牛乳发酵而成,富含蛋白质、钙和维生素。尤其对那些因乳糖不耐受而无法食用牛乳的人来说,酸乳可是个很好的选择。酸乳的发酵过程中,乳中糖类、蛋白质等有 20% 左右被水解成为小分子(如半乳糖和乳酸、小的肽链和氨基酸)。乳中脂肪含量一般是 3%～5%,经发酵后,乳中的脂肪酸可比原料乳增加 2 倍。这些变化使酸乳更易消化和吸收,各种营养素的利用率得以提高。而且,酸乳在发酵过程中乳酸菌还可以产生人体营养所必需的多种维生素,如维生素 B_1、维生素 B_2、维生素 B_6、维生素 B_{12}。

干酪也是一种发酵的牛乳制品,其性质与常见的酸乳有相似之处,都是通过发酵过程来制作的,也都含有可以保健的乳酸菌,但是干酪的浓度比酸乳更高,近似固体食物,营养价值也因此更加丰富。

用于酸乳和干酪生产的主要是乳酸菌。乳酸菌是一类能发酵糖类产生乳酸的革兰阳性菌,不论是杆菌还是球菌,只要产乳酸就是乳酸菌。美国食品药品管理局允许使用的相关菌种有嗜酸乳杆菌、保加利亚乳杆菌、干酪乳杆菌、干酪乳杆菌鼠李糖亚种、乳酸乳杆菌、副干酪乳杆菌副干酪亚种、植物乳杆菌、罗伊氏乳杆菌、鼠李糖乳杆菌、清酒乳杆菌、嗜热链球菌、乳双歧杆菌、长双歧杆菌、短双歧杆菌等。

我国酸乳发酵主要菌种有乳杆菌、乳酸链球菌、明串珠菌、双歧杆菌、嗜热链球菌等。

1. 乳杆菌

最常用的是保加利亚乳杆菌,兼性厌氧,在需氧环境下发育不良。适温为 $44 \sim 45\ ℃$,$50\ ℃$ 亦能生长,$25 \sim 35\ ℃$ 生长不良,$15\ ℃$ 停止生长。适宜 pH 为 $7.0 \sim 7.2$,在 pH $3.0 \sim 4.5$ 时亦能生长。

另外乳杆菌中常用的还有干酪乳杆菌、嗜酸乳杆菌及瑞士乳杆菌。这些菌的产酸量为 $1.8\% \sim 3.0\%$ 。

2. 链球菌属

链球菌属应用较多的有乳链球菌、乳脂链球菌、嗜热链球菌和丁二酮乳链球菌。它们厌氧或兼性厌氧,生长时需要复杂的有机物(如氨基酸、维生素);在乳品发酵时产生 $0.8\% \sim 1.2\%$ 的 L-型乳酸,使乳品均匀凝固,丁二酮乳链球菌还产生丁二酮,使产品具有一定的香味。

3. 明串珠菌属

明串珠菌属发酵糖类产生乳酸、乙酸、乙醇及二氧化碳,产酸量约为 0.5% 。其中嗜柠檬酸明串珠菌能作用于柠檬酸盐产生丁二酮,常与链球菌混合作奶油的发酵剂。

其他如双歧杆菌、谢氏丙酸菌、娄地青霉、微小毛霉及脆壁酵母等都是常用的发酵乳品微生物。

四、 啤酒中的常见微生物

啤酒发酵是在啤酒酵母的作用下完成的。啤酒酵母在微生物分类学上的地位为:真菌界-子囊菌门-内孢霉纲-内孢霉目-酵母科-酵母属-啤酒酵母种。依据啤酒酵母的发酵类型和凝聚性的不同可分为上面酵母和下面酵母、凝聚酵母和粉状酵母。

(一)啤酒酵母的种类

1. 上面酵母和下面酵母

上面酵母的发酵温度一般为 $15 \sim 25\ ℃$,圆形,多数细胞集结在一起,成为有规则的芽簇,悬浮于液面,带正电荷。真正发酵度较高,为 $65\% \sim 72\%$,仅能发酵 1/3 棉子糖。

下面酵母的发酵温度为 5~12 ℃,卵圆形,细胞分散,发酵终了时凝聚而沉于发酵容器底部,带负电荷。真正发酵度较低,为 55%~65%,能发酵全部棉子糖。

目前,世界上的啤酒生产主要以下面酵母发酵为主,啤酒的发酵温度低,发酵时间较长,口味柔和,深受广大消费者的喜爱;少数几个国家仍用上面酵母进行啤酒生产,发酵温度较高,发酵时间较短,口味较烈,也受到一些人的喜爱。

2. 凝聚酵母和粉状酵母

凡是发酵时易发生凝聚与沉淀的酵母称为凝聚酵母。凝聚酵母发酵后期易沉淀,发酵度相对较低,但由于目前发酵设备比较高,所以在保证较高发酵度的情况下,要选择凝聚性好的酵母进行啤酒生产。粉状酵母(尘状、粉末、絮状酵母)在发酵时,细胞长时间悬浮于发酵液中,不易沉淀,澄清慢,但发酵度较高。

3. 培养酵母和野生酵母

培养酵母是指经长期驯养、反复使用和长期啤酒生产考验,具有正常的生理形态和特性,适合于啤酒生产要求的酵母,也称为啤酒酵母。野生酵母是指在啤酒发酵过程中出现的除培养酵母以外的所有酵母,是任何未经严格选用与控制的酵母,在啤酒生产过程要避免出现。

(二)啤酒酵母的特性

啤酒生产中对酵母的要求是:发酵力高,凝聚性强,沉降缓慢而彻底,繁殖能力适当,有较高的生命力,性能稳定,酿制出的啤酒风味好。啤酒酵母的生理特性如下。

1. 凝聚性

啤酒酵母的凝聚性在生产上具有特殊的重要性,也是区别菌株的一项重要内容。凝聚性不同,酵母的沉淀速度就不同,发酵度也会有差异。酵母变异或污染野生酵母时,就会改变其凝聚性,给生产带来困难。凝聚性的测定方法一般按本斯方法测定,本斯值为 1.0 mL 以上者为强凝聚性,小于 0.5 mL 者为弱凝聚性。

2. 发酵度

制造不同类型的啤酒,需要不同发酵度的酵母,其最终发酵度应有一个相对恒定的值,如果发酵度出现异常情况,应检查是否污染杂菌或酵母发生变异。在菌种选育中,应选择发酵度较高的菌株(表 4-1)。

表 4-1　啤酒酵母发酵度分类　　　　　　　　单位:%

酵母种类	淡色啤酒		浓色啤酒	
	外观发酵度	真正发酵度	外观发酵度	真正发酵度
低发酵度酵母	60~70	48~56	50~58	41~47
中发酵度酵母	73~78	59~56	60~66	48~53
高发酵度酵母	80 以上	65 以上	70 以上	56 以上

3. 抗热性能（酵母死灭温度）

酵母的死灭温度是指一定的时间内使酵母死灭的最低温度,其作为鉴别菌株的内容之一。一般啤酒酵母死灭温度在 52~53 ℃,若死灭温度升高,往往是酵母变异或污染了野生酵母所致。

4. 产孢能力

啤酒酵母生产菌株产孢能力极弱,野生酵母能很好产孢,形成子囊孢子,因此产孢能力可作为判断是否污染杂菌的方法之一。

5. 死亡率要求

酵母细胞用美兰染色液染色后,细胞呈蓝色者为死细胞,以百分率表示,不超过 5%。

一般啤酒酵母能发酵葡萄糖、果糖、蔗糖、麦芽糖、半乳糖和麦芽三糖,不能发酵乳糖。下面酵母和上面酵母的主要区别在于前者能发酵蜜二糖,后者不能。啤酒酵母不能同化硝酸盐,在不含维生素的培养基上,有的可生长,有的则不能。

 任务实施 》》》

一、 酸乳的实验室生产

酸乳发酵过程中,原料乳中的乳糖(或加入蔗糖)在乳酸菌的作用下转化成乳酸,随着乳酸的形成,乳的 pH 逐渐达到酪蛋白的等电点(酪蛋白是乳中的一种蛋白质,等电点时 pH 为 4.6~4.8),使酪蛋白聚集沉降,从而形成半固体状态的凝胶体物质。

1. 材料准备

市售鲜乳或乳粉、酸乳发酵剂或市售酸乳、蔗糖、发酵容器(带密封盖的玻璃瓶)、高压蒸汽灭菌锅、恒温培养箱、超净工作台、接种工具(接种匙)、纱布、75%乙醇、冰箱等。

2. 人员组织

1~2 人成一组,每组一套材料。

3. 操作步骤

① 物品准备
- 发酵容器:清洗,确定容量(要求装满,可有效减少顶空)
- 接种工具:清洗
- 发酵原料配制:基本配方为乳粉+蔗糖+水,其中乳粉的含量约为12%,糖的含量根据需要适量添加(也可以不添加)。发酵原料配好后,需要在室温下静止 1~2 h,以充分溶解

② 消毒灭菌、冷却 ┄┄┄ 将发酵原料装入发酵容器中,然后用纱布(12 层纱布)封口,再放入高压蒸汽灭菌锅中消毒灭菌,参数为 100 ℃、20 min。趁热将发酵容器转入超净工作台中,冷却至 45 ℃左右

③ 接种 ┄┄┄ 首先将接种工具用 75%乙醇消毒,干燥后,进行接种操作。按 1‰~2‰(纯发酵剂)的接种量接种发酵剂至发酵容器(装有发酵原料)中,然后用密封盖封口
(说明:不同的发酵剂接种量不同)

④ 发酵、后熟 ┄┄┄ 将上述发酵容器放入培养箱中,发酵培养(42 ℃、8~10 h),然后转入 4 ℃的冰箱中后熟(24 h)

⑤ 检测 ┄┄┄ 酸度检测(用酸度滴定的方法测定),口感检测,乳酸菌检测(国标法,可选做)

⑥ 写报告 ┄┄┄ 报告形式参见任务 1.1"任务实施",并在规定的时间内完成报告的撰写

4. 注意事项

(1)原料乳　选用的鲜乳不得含有防腐剂和抗生素,不得用病牛的乳、胎乳或初乳。

(2)消毒灭菌　温度不能过高,否则会显著引起原料乳变质。

(3)发酵终点的判定　一般采用抽样测定酸乳的酸度,当酸度达到 60~70°T,同时观察酸乳的流动性和组织状态,如流动性变差,且有小颗粒出现,即可终止发酵。

(4)后熟　一般要求后熟的温度为 0~5 ℃,后熟时间为 18~24 h。后熟时间不宜过长,否则酸乳过酸影响口感。

5. 技能评价

技能评价以过程评价为主,具体见表 4-2。

表 4-2　操作技能评价表-酸奶的实验室生产

考核项目		技能要求	分值	评分标准	得分
关键考核点	发酵容器的清洗	玻璃壁能被水均匀湿润而无条纹和水珠,干燥彻底无水渍	20 分	无油污(5 分) 无水珠(5 分) 无水渍(10 分)	

续表

考核项目		技能要求	分值	评分标准	得分
关键考核点	混料	混料操作时应无洒漏,蔗糖称重准确、原料乳计量准确	20分	称重准确到0.1 g(10分) 无洒漏(10分)	
	杀菌	杀菌过程正确	20分	参数设置99~100 ℃,30 min(10分) 发酵容器用12层纱布封口(10分)	
	发酵	发酵条件正确;判断发酵终点正确	15分	发酵参数42~44 ℃,6~8 h(5分) 酸度60~70°T(10分)	
	后熟	参数正确	5分	参数4 ℃,12~18 h(5分)	
其他考核点	实验桌面整洁情况	物品摆放有序,卫生良好	10分	物品摆放有序(5分) 卫生较好(5分)	
	卫生值日	干净整洁,物品还原	10分	干净整洁(5分) 物品还原(5分)	
合计			100分		

二、 啤酒的实验室生产

本实验的目的是通过啤酒的实验室生产了解啤酒发酵的基本原理,生产控制和操作方法。

1. 材料准备

麦芽、大米、酒花、啤酒酵母菌种(建议用活性干酵母)、H_2O_2 溶液、2%~5% NaOH 溶液、粉碎机、教学用啤酒生产设备一套(100 L/班)、其他配套设备等。

2. 人员组织

按学生情况分组组织生产。

3. 操作步骤

原料粉碎→糖化→发酵→成品→质量评定。

工艺流程(图4-8):

(1)清洗生产设备 作为饮料酒的生产设备,其卫生状况必须符合国家食品卫生的要求,否则将严重影响生产及产品质量。啤酒生产设备的清洗是利用其本身的 CIP 系统进行的。糖化设备的清洗程序为:① 热水冲洗 5~10 min;② NaOH 溶液冲洗 5~10 min;③ 净水冲洗至中性为止。发酵设备清洗程序为:① 热水冲洗 5~10 min;② 80 ℃ NaOH 溶液冲洗 5~10 min;③ 净水冲洗至中性;④ H_2O_2 溶液冲洗 5 min,在麦芽汁打入发酵罐前放掉 H_2O_2 溶液。

(2)粉碎 粉碎操作程序为:① 接通电源;② 接好接料袋;③ 称量物料(麦芽或大米);④ 粉碎操作;⑤ 关闭电源,清理生产现场。

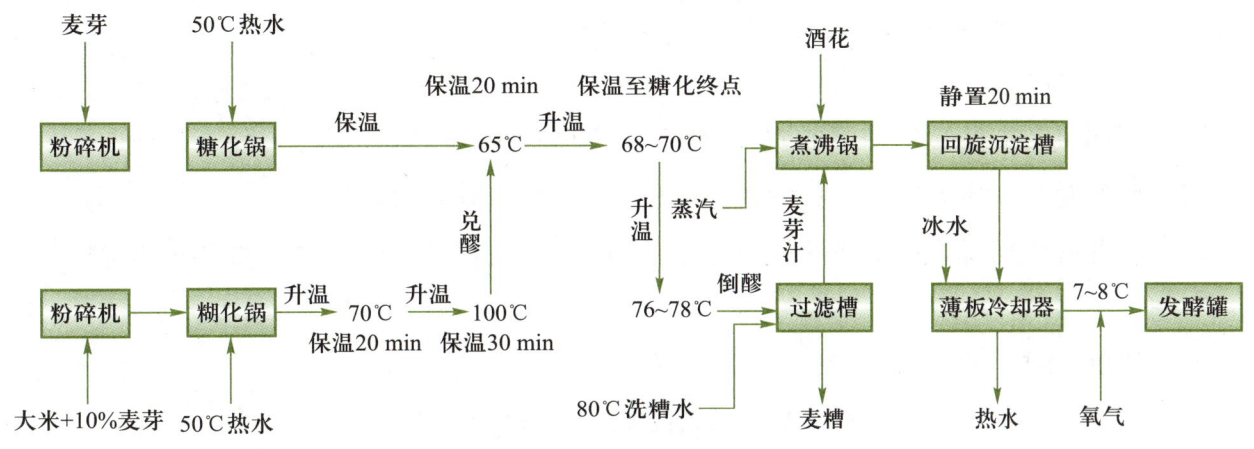

图 4-8　糖化、发酵工艺流程图

（3）糖化

① 投料水的添加：向糊化锅和糖化锅中加入适量的水，打开糊化锅和糖化锅的加热器，使锅内水温升至 50 ℃。

② 糊化锅投料：开动糊化锅搅拌器，把粉碎好的大米和适量麦芽均匀、缓慢地（呈细流层状）投入锅中。

③ 糊化：升温至 70 ℃，关闭加热器，保温 20 min，再打开加热器，升温至 100 ℃，煮沸 30 min。升温至 100 ℃糖化锅投料。

④ 糖化锅投料：将粉碎好的麦芽均匀、缓慢地（呈细流层状）投入锅中，保温 30 min。

⑤ 兑醪：关闭糊化锅加热器，将糊化醪兑至糖化锅中。兑醪后，糖化锅保温 20 min。

⑥ 糖化：打开糖化锅加热器，升温至 68 ℃，关闭加热器，保温至糖化终点。

⑦ 过滤：打开糖化锅加热器，升温至 78 ℃。同时向过滤槽中打入 80 ℃热水没过筛板。开动耕糟机，将糖化锅中的醪液倒至过滤槽中后，停泵，耕糟机转两圈后关机。静置 5 min。然后回流至麦汁澄清，开始正式过滤，待麦汁流至露出麦糟层时停止过滤，向过滤槽内打入 80 ℃的热水，耕糟，静置 5 min 后，进行回流。然后按上述程序进行洗糟过滤。将所有麦汁打入麦汁煮沸锅中后，过滤结束。

⑧ 麦汁煮沸及冷却：打开麦汁煮沸锅加热器，升温至 100 ℃，煮沸 70 min 停止加热。在此期间添加三次酒花，分别为麦汁煮沸后 10 min 时，加入 1/4 酒花，煮沸后 35 min 时，再加入 1/2 酒花，煮沸后 60 min 时，加入最后 1/4 酒花。麦汁煮沸完成后，将麦汁打入回旋沉淀槽中，静置 20 min。然后，将麦汁通过薄板冷却器冷却至 7~8 ℃，同时通入氧气，打入发酵罐。

（4）发酵　冷麦汁打入发酵罐后，按 0.6‰接入活性干酵母菌种，或按 0.4%~1.0%接入扩大培养后的酵母菌种开始进行发酵。前期自然升温，控制发酵温度最高 10 ℃，待糖度降至 3.8%~4.2%时封罐升压，压力控制在 0.1 MPa，发酵结束升温至 12 ℃进行双乙酰还原，双乙酰浓度降至 0.10 mg/L 以下时，在 24 h 内降至 5 ℃，停一天后排酵母，再在 24 h 内降温至 −1~

1.5 ℃贮酒,其间根据情况排放酵母。最少贮酒 7 d。

4. 注意事项

（1）不同代数的酵母对啤酒的质量有很大的影响,注意选择合适的代数。

（2）后酵对啤酒质量有很大的影响,注意后酵温度和时间的选择。

（3）多种酵母同时发酵赋予啤酒特有的质量特色,注意多种酵母之间的协同和竞争。

5. 技能评价

技能评价以过程评价为主,具体见表 4-3。

表 4-3　啤酒的实验室生产技能评价表

考核项目		技能要求	分值	评分标准	得分
关键考核点	发酵设备的清洗	按操作程序进行操作;清洗结果出水 pH 为中性	20 分	按实验方案操作(5 分) 无遗漏(5 分) 最终排出清洗水 pH 为中性(10 分)	
	粉碎操作	按操作程序无遗漏;原料称重准确、无洒漏;粉碎结果符合要求	20 分	按实验方案操作(10 分) 无洒漏(5 分) 粉碎要求:表皮破而不碎(5 分)	
	糖化操作	按程序操作;温度、时间控制准确;糖化完全(碘液测试)	20 分	严格按实验方案操作(10 分) 糖化完后,遇碘不变色(10 分)	
	发酵	按工艺要求操作;正确判断发酵时间点	20 分	发酵温度、时间符合要求(10 分) 后熟处理 0~4 ℃,7 d(10 分)	
其他考核点	实验场地整洁情况	物品摆放有序,卫生良好	10 分	物品摆放有序(5 分) 卫生较好(5 分)	
	卫生值日	干净整洁,物品还原	10 分	干净整洁(5 分) 物品还原(5 分)	
合计			100 分		

❓ 任务反思 〉〉〉

1. 在发酵食品混合料杀菌冷却后,将蔗糖与发酵剂一起添加,对实验有什么影响?

2. 酸奶发酵用投入式发酵剂,啤酒发酵用扩培式发酵剂,为什么?

3. 酸奶发酵和啤酒发酵都有"后熟"的处理过程,为何要进行后熟?

任务 4.2　微生物在医药行业中的应用

任务目标 〉〉〉

知识目标:理解发酵工业生产药品的常见微生物。

技能目标:会利用青霉菌生产青霉素。

任务准备 〉〉〉

一、 医药行业中的常见微生物

与医药行业相关的微生物主要有两类:一类是用来生产各种药物的微生物,此类药物主要有抗生素、维生素、氨基酸、核酸相关物质、有机酸、辅酶、酶抑制剂、激素、免疫调节剂及其他生理活性物质等。另一类是影响人类健康的微生物,如金黄色葡萄球菌、肝炎病毒。与人类疾病相关的微生物有许多,但不是我们要在这里探讨的,我们要学习的是能够用来生产各种药品的微生物。

人类利用微生物制药的历史悠久。1796 年,英国医生爱德华·詹纳利用接种牛痘苗的方法预防天花并获得成功。1921 年,法国医生卡美特和兽医介云将经过多年培育的减毒牛结核菌活菌苗接种于婴儿身上预防结核病,经过几十年的临床应用和流行病学观察,在 20 世纪 30 年代开始在全球各地逐渐被推广应用,从此以后,利用微生物生产疫苗的研究获得了蓬勃的发展。1928 年,英国科学家弗莱明在实验研究中最早发现了青霉素,后经英国牛津大学病理学家霍华德·弗洛里与生物化学家钱恩反复研究,1941 年前后终于用冷冻干燥法提取出青霉素晶体,1942 年美国开始进行青霉素大批量生产,从而拯救了无数人的生命。弗莱明、弗洛里、钱恩也因"发现青霉素及其临床效用",于 1945 年共同获得诺贝尔生理学或医学奖。

到现在,人类已发现了上万种抗生素,我们所用的抗生素,除了少部分为人工合成外,大多数是从微生物培养液中提取的,称为生物制药。由于不同种类的抗生素的化学组成不同,因此它们对微生物的作用机理也不相同,例如抑制细菌细胞壁的合成、与细胞膜相互作用、干扰蛋白质的合成以及抑制核酸的转录和复制。

生物制药发展至今,已不仅仅是生产疫苗和抗生素,还有各种维生素、氨基酸、核酸相关物质、有机酸、辅酶、酶抑制剂、激素、免疫调节剂及其他生理活性物质等,用于药物生产的微生物主要有细菌、放线菌、霉菌、酵母菌等。

（一）生物制药中的常用细菌

1. 大肠杆菌属

其主要用于生产天冬氨酸、苏氨酸、缬氨酸等氨基酸类药物，另外，也常用于基因工程的载体。

2. 短杆菌属

其主要用于生产维生素 B_{12}、氨基酸、核苷酸类药物，也是酶法合成辅酶 A 的菌种。如黄色短杆菌可以利用天冬氨酸合成赖氨酸、苏氨酸；也可以利用黄色短杆菌发酵生产谷氨酸等。

3. 棒状杆菌属

其主要用于生产氨基酸、核苷酸类药物，用于甾体转化等，是谷氨酸等氨基酸的高产菌株。

4. 芽孢杆菌属

其主要用于生产维生素 B_{12}、氨基酸、核苷酸类药物、抗生素及甾体转化等。

（1）苏云金芽孢杆菌　简称 Bt，是包括许多变种的一类产晶体的芽孢杆菌。该菌可产生两大类毒素，即内毒素（伴胞晶体）和外毒素，害虫取食后，在肠道碱性消化液作用下，菌体释放毒素，害虫中毒并停止取食，最后害虫因饥饿和血液及神经中毒死亡。因此该杆菌可做微生物源低毒杀虫剂，用于防治直翅目、鞘翅目、双翅目、膜翅目，特别是鳞翅目中的害虫，如菜青虫、小菜蛾、甜菜夜蛾、斜纹夜蛾、甘蓝夜蛾、烟青虫、玉米螟、稻纵卷叶螟、二化螟、松毛虫、茶毛虫、茶尺蠖、玉米黏虫、豆荚螟、银纹夜蛾。部分亚种或菌株对蔬菜根结线虫、蚊幼虫孑孓、韭蛆等害虫也有防治作用。

（2）枯草芽孢杆菌　革兰阳性，好氧菌。单个细胞 $(0.7\sim0.8)\mu m \times (2\sim3)\mu m$，着色均匀。周生鞭毛，能运动。芽孢 $(0.6\sim0.9)\mu m \times (1.0\sim1.5)\mu m$，椭圆到柱状，位于菌体中央或稍偏，芽孢形成后菌体不膨大。菌落表面粗糙不透明，呈污白色或微黄色，在液体培养基中生长时常形成皱醭。广泛分布在土壤及腐败的有机物中，易在枯草浸汁中繁殖，故得此名。枯草芽孢杆菌可以直接制成活菌制剂用于口服，可以调节肠胃功能，提高免疫力等。同时，枯草芽孢杆菌中的某些菌株是 α-淀粉酶和中性蛋白酶的重要生产菌；有的菌株具有强烈降解核苷酸的酶系，所以常用该菌株选育核苷生产菌的亲株或制取 $5'$-核苷酸酶。

（3）巨大芽孢杆菌　革兰阳性菌，好氧菌，杆状，末端圆。单个或呈短链排列。$(1.2\sim1.5)\mu m \times (2.0\sim4.0)\mu m$。能运动。芽孢 $(1.0\sim1.2)\mu m \times (1.5\sim2.0)\mu m$，椭圆形，中生或次端生。液化明胶慢，可胨化牛乳、水解淀粉，不还原硝酸。在工业上用于生产葡萄糖异构酶，在农业上可用于制造磷细菌肥料。

5. 假单孢菌属

革兰染色阴性，专性好氧，无芽孢，有荚膜杆菌，呈杆状或略弯。菌体大小 $(0.5\sim1)\mu m \times (1.5\sim4)\mu m$。具端鞭毛，能运动。有些株产生荧光色素或（和）红、蓝、黄、绿等水溶性色素，不发酵糖类。大多数菌的适温为 30 ℃，存在于土壤、淡水、海水中。目前已确认有 29 种。主要用于生产维生素 B$_{12}$、氨基酸、核苷酸类药物及甾体转化等，有些菌株可用来生产单细胞蛋白。

6. 乳酸杆菌属

其可用于生产抗癌类药物。

（二）生物制药中的常用放线菌

抗生素目前发现 12 000 多种，60% 左右来自放线菌，可见放线菌的经济价值非常高。

1. 链霉菌属

链霉菌属是放线菌目中的一个大属。腐生，好氧或兼性厌氧，革兰阳性，菌丝纤细、无隔、多核、分支，菌丝体发达，分化成基内菌丝和气生菌丝，后者成熟后发育成孢子丝。其形态多样（直、波曲、螺旋、轮生），可裂生大量分生孢子进行散播、繁殖。菌落小而致密、干而不透明，幼时表面光滑、边缘整齐、颜色单调、不易挑起，继而发展成绒毛状、表面起粉、色泽丰富，正反面颜色往往不同。各个种都能利用葡萄糖。有较强的淀粉和蛋白质水解能力（尤其是角蛋白）。已知放线菌所产抗生素的 90% 系由本属产生。

（1）灰色链霉菌　最适生长温度为 37 ℃，但其生产抗生素的最适温度为 28 ℃。是链霉素的产生菌，是土壤习居菌，具有典型的链霉菌的特征，主要用于防治细菌感染。该菌也是研究链霉菌的次生代谢调控的材料，如链霉菌 A 因子的研究主要就是集中在灰色链霉菌中。由灰色链霉菌培养液提取而得的微生物蛋白酶有极强的蛋白水解作用，可切断蛋白质所含肽键的 80%，能水解纤维蛋白、黏蛋白。在体内能与其抑制物结合，使酶活性中心受到保护，输送至病变组织，又能同抑制物分离，恢复其酶活性，用于抗炎消肿。

（2）金霉素链霉菌　孢子丝柔曲，产生松敞螺旋。孢子为球形至卵圆形，光滑。在葡萄糖琼脂上和马铃薯块上都产生金黄色色素。气生菌丝由白色变为烬灰色或暗灰色。用于生产四环素族抗生素，主要是四环素和金霉素。金霉素是一种广谱抗生素，在医疗、畜牧业和农业上有广泛的用途，尤其在畜牧业上是用于饲料药物添加剂的八大抗生素产品之一。

（3）红霉素链霉菌　为具有菌丝及孢子分化的革兰阳性菌，产生由表面多刺的孢子组成的短孢子链。产生孢子的方式是由气生菌丝末端开始卷曲，然后菌丝会产生隔膜，将菌丝分为几段，接着逐渐加厚隔膜成壁，最后形成圆的孢子释放。生长适温 25 ℃。用于生产红霉素。红霉素是一种大环内酯类抗生素，抗菌谱与青霉素近似，其特点是对青霉素产生耐药性的菌株对该品敏感。作用机制主要是抑制细菌蛋白质的合成，是抑菌剂。

（4）龟裂链霉菌　为革兰阳性菌，孢子丝松敞长螺旋形，孢子为圆至椭圆形，表面光滑，气丝和孢子白色，在大部分培养基上生长中等至良好，表面一般盘卷或龟裂，用于生产土霉素。土霉素具有广谱抗病原微生物作用，为快速抑菌剂，高浓度时对某些细菌呈杀菌作用。其作用机制在于药物能影响细菌或其他病原微生物的蛋白质合成。

2. 诺卡氏菌属

诺卡氏菌属绝大多数为腐生，少数为寄生，好氧。革兰阳性菌，抗酸或部分抗酸，大部分无气丝，有些之中生气生菌丝体，基丝分支，横隔断裂成杆状体和球状体。

诺卡氏菌主要分布于土壤。现已报道 100 余种，能产生 30 多种抗生素，如对结核分枝杆菌和麻风分枝杆菌有特效的利福霉素，对革兰阳性细菌有作用的瑞斯托霉素。

3. 小单孢菌属

小单孢菌属为腐生，大部分好氧，少数厌氧，属中温或高温菌。一般无气生菌丝，偶见稀疏微白色气生菌丝。基丝发育良好，有分支，纤细，直径 0.2~0.6 μm，平均 0.5 μm。孢子单个生长，无或有柄。基丝时常呈浅黄橙至橙红色，少数种为褐色、栗色、紫褐色或蓝绿色。孢子层通常为褐色至黑色，黏液状。孢子成簇串或沿菌丝分散生长。孢子表面光滑或有凸起。不抗酸，好气或微好气。生长温度在 10~45 ℃。

此菌产生的抗生素也比较多，如庆大霉素、利福霉素、新霉素。小单孢菌也能产生具有独特化学结构的生物活性物质，对肿瘤细胞有靶向和识别作用，能有效地杀死肿瘤细胞。

在现代生物制药产业中，霉菌和酵母菌的应用越来越多，乙肝疫苗就来自于转基因酵母菌。

二、青霉菌

青霉菌属，属于真菌界，子囊菌门，不整囊菌纲，散囊菌目，散囊菌科，青霉属（不同的分类系统纲目科的分类有所不同）。菌丝为多细胞分支，菌丝有横隔，无色、淡色或具鲜明颜色。分生孢子梗亦有横隔，光滑或粗糙。基部无足细胞，顶端不形成膨大的顶囊，其分生孢子梗经过多次分支，产生几轮对称或不对称的小梗，形如扫帚，称为帚状体。分生孢子为球形、椭圆形或短柱形，光滑或粗糙，大部分生长时呈蓝绿色。分生孢子脱落后，在适宜的条件下萌发产生新个体。极少见有性生殖。常见于腐烂的水果、蔬菜、肉食，衣服、鞋帽上，多呈灰绿色。其亦能引起柑橘的青霉病。有些种类如点青霉（*P. notatum*）和产黄青霉（*P. chrysogenum*）可提取青霉素，灰黄青霉（*P. griseofulvum*）等可提取灰黄霉素。

 任务实施 >>>

青霉素的实验室生产

青霉素的实验室生产，是以产黄青霉为菌种，通过发酵、提取、检验等工序，来简单生产青霉素。

1. 材料准备

产黄青霉菌种、金黄色葡萄球菌、枯草芽孢杆菌、马铃薯葡萄糖琼脂（PDA）培养基、LB 液体培养基、LB 固体培养基、高压蒸汽灭菌锅、生化培养箱、超净工作台、打孔器、三角瓶（250 mL、500 mL）、1 000 mL 大烧杯、试管、培养皿、量筒及其他玻璃仪器等。

2. 人员组织

按班级学生情况分组进行实验。

3. 操作步骤

① 物品准备
　　培养基：PDA 培养基制备（液体），LB 培养基（液体和固体）
　　培养皿：根据需要量准备
　　三角瓶：根据需要量准备
　　吸量管：根据需要量准备
　　其他需要准备的物品

② 灭菌
　　灭菌参数为 121 ℃、20 min

③ 培养
　　青霉素发酵：将产黄青霉菌种接种（接种量 1%）到装有 PDA 培养基的三角瓶中，好氧摇瓶培养（30 ℃、3～4 d）
　　指示菌培养：将金黄色葡萄球菌、枯草芽孢杆菌分别接种（接种量 1%）到装有 LB 培养基的三角瓶中，好氧摇瓶培养（36 ℃、3～4 d）

④ 验证
　　抑菌实验：取 0.2 mL 培养好的指示菌（金黄色葡萄球菌）接种于培养皿中，每种菌做 2～3 个平行样，用涂棒将指示菌在培养皿中涂布均匀，用打孔器在涂布均匀的培养皿中央打孔，取 0.1 mL 青霉素发酵液于孔中，将培养皿放置于 30 ℃ 左右培养箱中培养，并观察透明圈的大小

⑤ 写报告
　　报告形式参照任务 1.1"任务实施"，并在规定的时间内完成报告的撰写

4. 注意事项

（1）菌种的发酵性能与许多因素有关，注意工艺中的多段控温对青霉素产量的影响。

（2）在发酵过程中,注意防止微生物产生污染问题。

（3）注意青霉素生产曲线和青霉菌生长曲线的关系,了解发酵过程控制的重要性。

5. 技能评价

技能评价以过程评价为主,具体见表4-4。

表4-4　青霉素的实验室生产技能评价表

考核项目		技能要求	分值	评分标准	得分
关键考核点	培养基的制备	培养基的配制操作规范	20分	称重准确(5分) 配制时间控制在1 h内(10分) 包扎规范(5分)	
	灭菌	灭菌过程正确	20分	灭菌参数设置正确(10分) 冷空气排完(10分)	
	接种	接种操作规范	10分	无菌操作规范(10分)	
	培养	培养参数正确	20分	青霉素发酵参数正确(10分) 指示菌培养参数正确(10分)	
	验证	抑菌试验	10分	出现透明圈(10分)	
其他考核点	实验桌面整洁情况	物品摆放有序,卫生良好	10分	物品摆放有序(5分) 卫生较好(5分)	
	卫生值日	干净整洁,物品还原	10分	干净整洁(5分) 物品还原(5分)	
合计			100分		

❓ 任务反思 〉〉〉

1. 工业上,利用产黄青霉菌种发酵产生青霉素的最大浓度是多少? 这种浓度限制的根本原因是什么?

2. 工业上,青霉素生产过程中的分段控温的基本内涵是什么?

3. 人类如何合理利用抗生素,以减少"超级细菌"对抗生素的抗性?

任务 4.3　微生物在环境中的应用

任务目标 〉〉〉

知识目标：理解微生物对环境污染修复的基础知识。
技能目标：会利用微生物技术处理废水。

任务准备 〉〉〉

一、 环境中的有毒物质

微生物的生长繁殖需要良好的生存条件，环境中的有毒物质会对微生物的生长产生不利影响。环境中的有毒物质是指对微生物的生理活动有抑制作用的某些无机物和有机物，主要有重金属离子（如银、锌、铜、镍、铅、铬）和非金属化合物（如醇、醛、酚、酸及氰化物、硫化物）。

1. 环境有毒物质的来源

环境中的有毒物质来源于自然污染和人为污染。自然污染一般时间短，有一定的地域性，对环境的影响不是很大。相比来说，人类的生产和生活活动是一个长期的过程，是污染的主要来源。

（1）工业排气的污染　　主要是各种可燃物的燃烧释放出大量烟尘、碳氢化合物、含氧化合物、含氮化合物、含硫化合物、金属化合物以及各种有机化合物如多环芳烃等。空气中的氮氧化物、碳氢化物在阳光照耀下，产生光化学烟雾，还可形成过氧乙酰硝酸酯、烷基硝酸盐、甲醛等新的污染物，这些污染物最终进入水体和土壤，污染水体和土壤。

（2）工业排水的污染　　工业废水是造成水体和土壤污染的最主要污染源。如，电镀行业所排放的废水中含有氰化物、重金属离子、酸、碱等有毒有害物质。

（3）生活排水的污染　　生活污水主要有洗涤水、人粪尿、医院污水等。生活污水中含有大量含氮、含硫、含磷及其他可供微生物利用的有机、无机化合物，在厌氧细菌作用下，这些物质易生成恶臭物质，如硫化氢、甲硫醇及 β-甲基氮杂茚（粪臭素）。

（4）农业生产的污染　　如农作物栽培、牲畜饲养、食品加工等过程中排出的污水和液态废物。在农业生产中，喷洒的化学农药通常只有少部分（10%～20%）附着于农作物表面，其余大部分则进入土壤和大气。后者通过降雨、沉降和径流而进入地表水和地下水，造成水体农药污染。

2. 环境有毒物质对微生物的影响

环境有毒物质主要指重金属和有机物,下面以土壤环境污染为例介绍其对微生物的影响。

（1）重金属　重金属是土壤中最为常见的有毒物质。无论对于微生物是必需还是非必需的重金属元素,达到一定浓度时都会损坏微生物的细胞膜、改变生物酶活性、影响细胞内正常的生理功能,并破坏其 DNA 结构。如 Hg^{2+}、Cd^{2+}、Ag^+ 等微生物非必需元素能与巯基基团（—SH）结合,进而抑制生物体的酶活性,铬与硫,以及砷与磷在结构上类似,导致这些元素很容易取代微生物体内的必需元素而致使生理功能紊乱。土壤中的微生物数量庞大并具有高的比表面积,为重金属与微生物细胞壁的相互作用提供了广阔场所,而微生物细胞膜具有的网状负电荷也使得其更易从周围环境中积累金属离子,且这种传输不能区分必需元素和有毒重金属,从而造成了土壤重金属污染对微生物生物量、土壤呼吸、底物利用、氮转化、酶活性以及微生物多样性的严重影响。曾有研究发现在原始土壤样品中存在超过 100 万种不同的细菌基因组,而重金属污染会降低其 99.9%的多样性,从而导致壤微生物群落多样性显著降低,并导致一些特定功能如对污染物的矿化能力丧失。

（2）有机物　有机毒物深刻影响着土壤微生物的生长繁殖及对有机毒物的降解能力。很多研究发现有机毒物能显著抑制微生物的生长和生理活动,如敌草隆的降解产物对亚硝酸细菌和硝酸细菌有抑制作用,苯氧羧酸类除草剂可通过影响寄主植物而抑制共生固氮菌的生长和活动。由于微生物具有适应能力强的特点,经过某种有机毒物长期驯化,已适应了此毒物的微生物再次受到该有机毒物污染时,其生长速率会明显增加。

二、 微生物在环境中的作用

我们通常所说的环境,是指人类生存的空间以及其中可以直接或间接影响人类生活和发展的各种自然因素,包括大气环境、水环境、土壤环境和生物环境等。

由于微生物的特性所致,其在环境中是无处不在的,上至几千米的高空,下到十几千米的海底,温度将近 100 ℃的热泉,常年冰封的南北极,到处都有微生物存在。

自然界的物质循环是生命循环的基础,物质循环包括天然物质和污染物质的循环。促使物质循环的有物理作用、化学作用和生物作用,其中生物作用起主导作用,而微生物在生物作用中又占极重要的地位。

1. 碳循环

碳是有机物的基本构成,环境中的含碳物质有二氧化碳、糖类、脂肪、蛋白质等。碳循环以二氧化碳为中心,二氧化碳被植物通过光合作用合成植物性碳;被动物食用后转化为动物性碳;生物呼吸放出的二氧化碳、有机碳化合物及被微生物分解所产生的二氧化碳均回到大气中,再一次被植物利用进入循环。

2. 氮循环

环境中的氮元素以三种形态存在：分子氮（氮气占大气的 78%）、有机氮化合物和无机氮化合物（氨氮和硝酸氮）。大气中的分子氮被根瘤菌固定后可供豆科植物利用，还可被固氮菌和固氮蓝藻固定成氨，氨被硝化细菌氧化成硝酸盐，被植物吸收，无机氮就转化成为植物蛋白。植物被动物食用后转化为动物蛋白，动植物的尸体及人和动物的排泄物又被氨化细菌转化成氨，氨又被硝化细菌氧化成硝酸盐，又被植物吸收，无机氮和有机氮就是这样循环往复，在微生物、植物和动物三者的协同作用下将三种形态的氮互相转化，构成氮循环，其中微生物起着重要作用。

3. 硫循环

环境中的硫以单质硫、无机硫化物及含硫有机化合物三种状态存在。这三者在化学和生物作用下相互转化，构成硫的循环。在水生环境中，硫酸盐的来源或是由化学作用产生，或来自废水，或是硫细菌氧化硫或硫化氢产生。硫酸盐被植物、藻类吸收后转化为含硫有机化合物，如含—SH 基的蛋白质，在厌氧条件下进行腐败作用产生硫化氢，硫化氢被无色硫细菌氧化为硫，并进一步氧化为硫酸盐，硫酸盐在厌氧条件下，被硫酸盐还原菌还原为硫化氢，硫化氢又能被光合细菌用作供氢体，氧化为硫或硫酸盐。自然界中的硫就是这样往复循环着。

4. 磷循环

磷在土壤和水体中以含磷有机物（例如核酸、植酸及卵磷脂）、无机磷化合物（例如磷酸钠、磷酸镁及磷灰石矿石）及还原态的磷化氢（PH_3）三种状态存在。磷是一切生物的重要营养元素，然而，它必须经过微生物分解转化为溶解性的磷酸盐才能被吸收利用。当溶解性磷酸被植物吸收后变为植物体内含磷有机物，动物食用后变成动物体内含磷有机物。动植物尸体在微生物作用下，分解转化为溶解性的偏磷酸盐（HPO_4^{2-}）。HPO_4^{2-} 在厌氧条件下还原为 PH_3 以此构成磷的循环。

5. 铁的循环

自然界中的铁以无机铁化合物和含铁有机物两种状态存在。无机铁化合物有溶解的二价铁和不溶性的三价铁。微生物与自然界中铁的相互作用是地球表层系统中重要的生态过程，微生物可以直接或者间接地参与含铁矿物的溶解和沉淀。微生物介导的铁的氧化过程主要包括：利用氧气氧化 $Fe(II)$、生物矿化、光化学过程以及利用硝酸盐氧化等。

微生物驱动的自然界物质循环也是环境污染微生物治理的原理基础，即通过微生物的代谢，将环境污染物转化成其他形式的物质，这些物质对环境基本上是无毒的。

三、废水处理的微生物基础

废水中有害物质复杂，且不同来源的废水成分差别较大。目前在利用微生物处理废水的工艺中，主要是对有机污染物进行处理。微生物对有机物有很强的分解能力，其在废水处理中起着关键性的作用。

（一）废水处理中常见的微生物

处理废水常用的方法是生物膜和活性污泥法，在这些生物膜或活性污泥中存在着种类繁多的微生物，如细菌、放线菌、酵母菌、霉菌和原生动物、微型后生动物。因为细菌、放线菌、酵母菌、霉菌等在前面已有较多的介绍，所以在这里只简要介绍原生动物和微型后生动物。

1. 原生动物

原生动物为原生生物界的一个门，是最原始、最简单、最低等的动物。其主要特征是身体由单个细胞构成的，因此也称为单细胞动物。现存原生动物种类约有 30 000 种。原生动物是单细胞，细胞内有特化的各种细胞器，具有维持生命和延续后代所必需的一切功能，如行动、营养、呼吸、排泄和生殖。其形体微小，在 10~300 μm，繁殖方式主要为无性繁殖，二分裂法，环境条件差时会出现有性生殖。每个原生动物都是一个完整的有机体。

动物学把原生动物划分为四纲：鞭毛纲、肉足纲、纤毛纲（包括吸管纲）及孢子纲。鞭毛纲、肉足纲、纤毛纲三纲存在于水体中，在废水生物处理中起重要作用。孢子纲中的孢子虫营寄生生活，寄生在人体和动物体内，可随粪便排到污水中，故需要消灭。在此介绍水体中的三纲。

（1）鞭毛纲　鞭毛纲中的原生动物称为鞭毛虫。具有一根或多根鞭毛，如眼虫、屋滴虫、杆囊虫等具一根鞭毛，粗袋鞭虫、衣滴虫、波多虫和内管虫等具有两根鞭毛。多数鞭毛虫是个体自由生活，也有群体的，如聚屋滴虫。在污水生物处理系统中，活性污泥培养初期或在处理效果差时鞭毛虫会大量出现，可作为污水处理的指示生物。

（2）肉足纲　肉足纲的原生动物称为肉足虫。它们形体小、无色透明，大多数没有固定形态，因体内细胞质不定方向的流动而呈千姿百态，并形成伪足作为运动和摄食的细胞器，为全动性营养。常见有变形虫，变形虫喜在污水生物处理系统中于活性污泥培养中期出现。

（3）纤毛纲　纤毛纲的原生动物称为纤毛虫，有游泳型和固着型两种类型。它们以纤毛作为运动和摄食的细胞器。纤毛虫是原生动物中最高级的一类，它们有固定的、结构细致的摄食细胞器。多数游泳型纤毛虫在活性污泥培养中期或在处理效果差时出现，但其中的草履虫耐污能力极强，漫游虫则必须在较清洁的水中生活；固着型纤毛虫因虫体呈典型的钟罩形，也称钟虫，是水体自净程度高、污水生物处理好的指示生物；吸管虫会在污水生物处理有效果时出现。

2. 微型后生动物

原生动物以外的多细胞动物称为后生动物。因有些后生动物形体微小，要借助光学显微镜方可看得清楚，所以称为微型后生动物，如轮虫、线虫、寡毛虫（飘体虫、颤蚓、水丝蚓等）、浮游甲壳动物、苔藓动物。上述微型动物在天然水体、潮湿土壤、水体底泥和污水生物处理构筑物中均有存在。

（1）轮虫　现将其归于原腔动物门,是近 2 000 种微小无脊椎动物的统称,常见的有旋轮属、猪吻轮属、腔轮属和水轮属等。形体微小,长 0.04~2 μm,多数不超过 0.5 μm。分布广,多数自由生活,少数为固着生活,也有寄生者。废水生物处理中的轮虫多为自由生活的,以细菌、霉菌、藻类、原生动物及有机颗粒为食,也是水生动物的食料。轮虫是污水处理效果好的指示生物,在环境监测和生态毒理研究中被普遍采用。

（2）线虫　线虫属于线形动物门的线形纲。线虫为长形,形体微小,大小多在 1 mm 以下,在显微镜下清晰可见。线虫前端口上有感觉器官,体内有神经系统,消化道为直管,食道由辐射肌组成。线虫的营养类型有三种:腐食性（以动植物的残体及细菌等为食）、植食性（以绿藻和蓝藻为食）和肉食性（以轮虫和其他线虫为食）。线虫是污水净化程度差的指示生物。

（3）浮游甲壳动物　浮游甲壳动物在浮游动物中占重要地位,数量大,种类多,是鱼类的基本食料,其数量对鱼类影响大。广泛分布于河流、湖泊和水塘等淡水水体及海洋中,以淡水种类为最多,是水体污染和水体自净的指示生物。常见的有剑水蚤和水蚤,属节肢动物门的甲壳纲。水蚤的血液含血红素。其血红素的含量常随环境中溶解氧量的高低而变化。水体中含氧量低,水蚤的血红素含量高;水体中含氧量高,水蚤的血红素含量低。由于污染水体中的溶解氧含量低,清水中的溶解氧含量高,所以,在污染水体中的水蚤颜色比在清水中的红些。我们可以利用水蚤的这个特点,判断水体的清洁程度。

（二）好氧活性污泥法与微生物

随着人类人口的增长和工农业生产的发展,水体的污染越来越成为一个重大的问题,因此,污（废）水的处理也就成为急需解决的问题,利用微生物对污（废）水进行处理,是应用最多、效果最好的一个方法。

好氧活性污泥法是废水处理最常见的一种方法,其工艺过程见图 4-9。

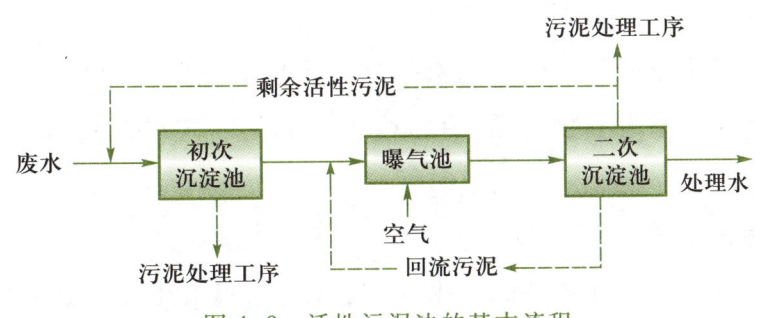

图 4-9　活性污泥法的基本流程

1. 好氧活性污泥中的微生物

（1）好氧活性污泥的组成和性质　好氧活性污泥是由多种多样的好氧微生物和兼性厌氧微生物与污（废）水中有机和无机固体物混凝交织在一起形成的絮状体。其具有沉降性能,有生物活性,有吸附、氧化分解有机物的能力,有自我繁殖的能力。

（2）好氧活性污泥中的微生物群落   好氧活性污泥的结构和功能中心是起絮凝作用的细菌形成的细菌团块，称为菌胶团。在其上生长繁殖着其他微生物，如酵母菌、霉菌、放线菌、藻类、原生动物和某些微型后生动物。

（3）好氧活性污泥中微生物的浓度与数量   好氧活性污泥中微生物的浓度常用 1 L 活性污泥混合液中含有多少毫克恒重的干固体即 MLSS（混合液悬浮固体）表示。在一般城市污水处理中，MLSS 保持在 2 000~3 000 mg/L。工业废水生物处理中，MLSS 保持在 3 000 mg/L 左右。1 mL 好氧活性污泥中的细菌有 10^7~10^8 个。

2. 好氧活性污泥净化废水的作用机理

好氧活性污泥中微生物之间的关系是食物链的关系，其吸附和生物降解有机物的过程分为三步：① 在有氧的条件下，活性污泥中的絮凝性微生物吸附废水中的有机物；② 活性污泥绒粒水解大分子有机物为小分子有机物，同时，微生物合成自身细胞。废水中的溶解性有机物直接被细菌吸收，在细菌体内氧化分解，其中间代谢产物被另一群细菌吸收，进而无机化；③ 其他微生物吸收或吞食未分解彻底的有机物。

3. 原生动物及微型后生动物的作用

它们在污水生物处理和水体污染及自净中起到三个方面的作用。

（1）指示作用   可分为三个方面：① 可根据原生动物和微型后生动物的演替及它们的活动规律来判断水质、污水处理的程度和活性污泥培养成熟程度。② 根据原生动物种类判断活性污泥和处理水质的好坏。③ 可根据原生动物遇恶劣环境改变个体形态及变化过程判断进水水质变化和运行中出现的问题。

（2）净化作用   腐生性营养的鞭毛虫通过渗透作用吸收污水中溶解性有机物。大多数原生动物是动物性营养，它们吞食有机颗粒、游离细菌及其他微小的生物，对净化水质有积极作用。但不及菌胶团大。

（3）促进絮凝和沉淀作用   污废水生物处理中主要靠细菌起净化作用和絮凝作用。然而有的细菌需要一定浓度的原生动物存在，由原生动物分泌一定的黏液物质协同和促使细菌发生絮凝作用。

4. 好氧活性污泥的培养

（1）菌种来源   取自污水处理厂的活性污泥；取自不同水质废水处理厂的活性污泥；取自本厂集水池或沉淀池的下脚污泥，或本厂污水长期流经的河流淤泥，经扩大培养后备用。

（2）驯化   驯化的目的是使采用与本厂不同水质的活性污泥逐渐适应所处理废水的性质。

（3）培养   将驯化好的活性污泥继续培养。通过镜检，当菌胶团结构紧密，原生动物以钟虫等固着型纤毛虫为主，且轮虫出现，即进入成熟期，可进入正式运行阶段。

5. 曝气的概念和作用

曝气是采用一定的技术措施,通过曝气装置所产生的机械作用,使混合液处于强烈搅动的状态,并使空气中的氧转移到混合液中去。其作用为:① 充氧。给活性污泥微生物提供足够的溶解氧,以满足其在代谢过程中所需的氧量。② 搅拌。使活性污泥在曝气池内处于剧烈搅动的悬浮状态,能够与废水充分接触。

（三）好氧生物膜法与微生物

好氧生物膜构筑物有普通生物滤池、高负荷生物滤池、塔式生物滤池,还有生物转盘、接触氧化法(即浸没滤池法)等。

1. 好氧生物膜的概念

好氧生物膜是由多种多样的好氧微生物和兼性厌氧微生物黏附在生物滤池滤料上或黏附在生物转盘盘片上下的一层带黏性、薄膜状的微生物混合群体,是生物膜法净化污水的工作主体。

2. 好氧生物膜中的微生物群落及其功能

普通生物滤池内生物膜的微生物群落主要有生物膜生物、生物膜面生物及滤池扫除生物。

生物膜生物:是以菌胶团为主要组分,辅以浮游球衣菌、藻类等,起净化和稳定污、废水水质的作用。

生物膜面生物:是固着型纤毛虫及游泳型纤毛虫,它们具有促进滤池净化速度,提高滤池整体的处理效率的功能。

滤池扫除生物:有轮虫、线虫、寡毛类的沙蚕等,它们起到去除滤池内的污泥、防止污泥积聚和堵塞的功能。

3. 好氧生物膜的净化作用机理

生物膜在滤池中是分层的,上层生物膜中的生物膜生物(絮凝性细菌及其他微生物)和生物膜面生物(固着型纤毛虫、游动型纤毛虫及微型后生动物)吸附废水中的大分子有机物,将其水解为小分子有机物。同时吸收溶解性有机物和经水解的水分子有机物进入体内,并将它们氧化分解,微生物利用吸收的营养构建自身细胞。上一层生物膜的代谢产物流向下层,被下一层生物膜生物吸收,进一步被氧化分解为二氧化碳和水。老化的生物膜和游离细菌被滤池扫除生物(轮虫、线虫、瓢体虫等)吞食,通过以上微生物化学和吞食作用,使废水得到净化。

4. 好氧生物膜的培养

好氧生物膜的培养有自然挂膜法、活性污泥挂膜法和优势菌挂膜法。但其培养过程基本相同,都是先缓慢进水,让微生物附着在生物滤池上并形成生物膜,然后加大进水量,形成功能不同的微生物相。当出水水质达到标准后,即完成了生物膜的培养。自然挂膜法、活性污泥挂膜法和优势菌挂膜法,这三种方法的不同之处在于微生物的来源不同。自然挂膜法的微生物来自大自然,活性污泥挂膜法来自活性污泥,优势菌挂膜法来自培育或筛选的特定微生物。

任务实施 〉〉〉

载体法培养细菌生物膜

在物体的表面,微生物经常以生物膜的形式存在。多种微生物形成的生物膜可能会出现不同的微生物分布方式(图4-10)。本实验通过载体法培养细菌生物膜,用光学显微镜观察。

分开的小菌落　　　　　菌落共聚体　　　　　菌落分层

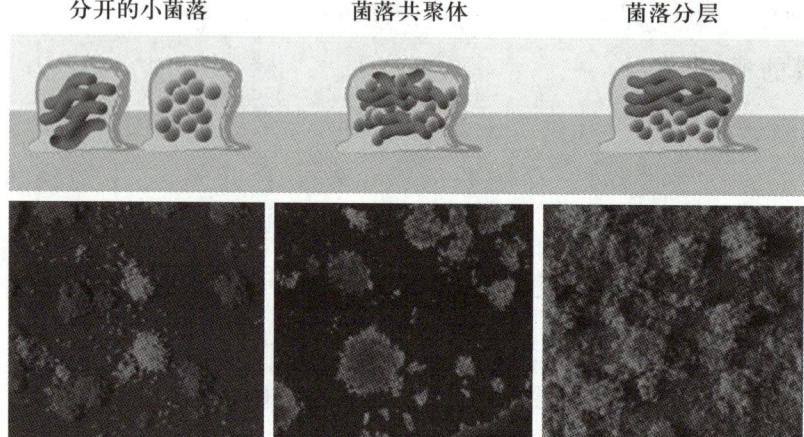

电镜彩图

图4-10　微生物生物膜的微生物分布方式(共聚焦扫描电子显微镜重构图像)

1. 材料准备

光学显微镜、枯草芽孢杆菌、LB培养基、载玻片、盖玻片、三角瓶(250 mL)、结晶紫染料等。

2. 人员组织

3~5人组成一组,每组一套材料。

3. 操作步骤

① 载玻片的清洗	用洗衣粉或去污剂清洗载玻片(去掉油渍),干燥备用
② 菌液的制备	将斜面保藏的枯草芽孢杆菌在LB培养液中培养18 h(37 ℃),放入4 ℃的冰箱中备用(保存时间不超过一周)
③ 培养及转移	在250 mL三角瓶中放入50 mL 0.5%的LB培养基,加入1%的枯草芽孢杆菌菌液,再斜放入载玻片,静止培养(37 ℃),每隔24 h,将载玻片转移到装有新鲜LB培养基(0.5%,50 mL)的250 mL三角瓶中,连续转移7次

④ 染色观察　将载玻片取出,用结晶紫染料染色,静止 5 min,水洗,盖上盖玻片,用显微镜观察微生物的数量及微生物膜薄厚情况

⑤ 写报告　报告形式参见任务 1.1"任务实施",并在规定的时间内完成报告的撰写

4. 注意事项

(1) 用于制备菌液和培养生物膜的培养基的浓度不同,前者为 100%(原浓度),后者为 0.5%(稀释 200 倍)。

(2) 为了加快生物膜的形成,需要不断进行载玻片的转移培养。

(3) 在染色阶段的水洗操作,水流一定要小,否则可能将生物膜冲走。同时根据染色的深浅判断生物膜是否形成或形成的数量。

5. 技能评价

技能评价以过程评价为主,具体见表 4-5。

表 4-5　载体法培养细菌生物膜技能评价表

考核项目		技能要求	分值	评分标准	得分
关键考核点	载玻片	无油渍、干燥	10 分	无油渍(5 分) 干燥(5 分)	
	菌液	对数期菌液,冷藏保存时间≤7 d	20 分	培养 18~20 h(10 分) 保存条件 4 ℃,≤7 d(10 分)	
	培养及转移	培养基浓度稀释 200 倍,每隔 24 h 转移培养	20 分	LB 培养基浓度 0.5%(10 分) 每隔 24 h 转移培养(10 分)	
	结晶紫染色	静止 5 min,水洗时水流缓且小	20 分	静止 5 min(10 分) 水流流过要观察的部位(10 分)	
	实验桌面整洁情况	物品摆放有序,卫生良好	10 分	物品摆放有序(5 分) 卫生较好(5 分)	
其他考核点	检测过程	操作规范,熟练	10 分	操作规范(5 分) 操作熟练(5 分)	
	卫生值日	干净整洁,物品还原	10 分	干净整洁(5 分) 物品还原(5 分)	
合计			100 分		

项 目 小 结

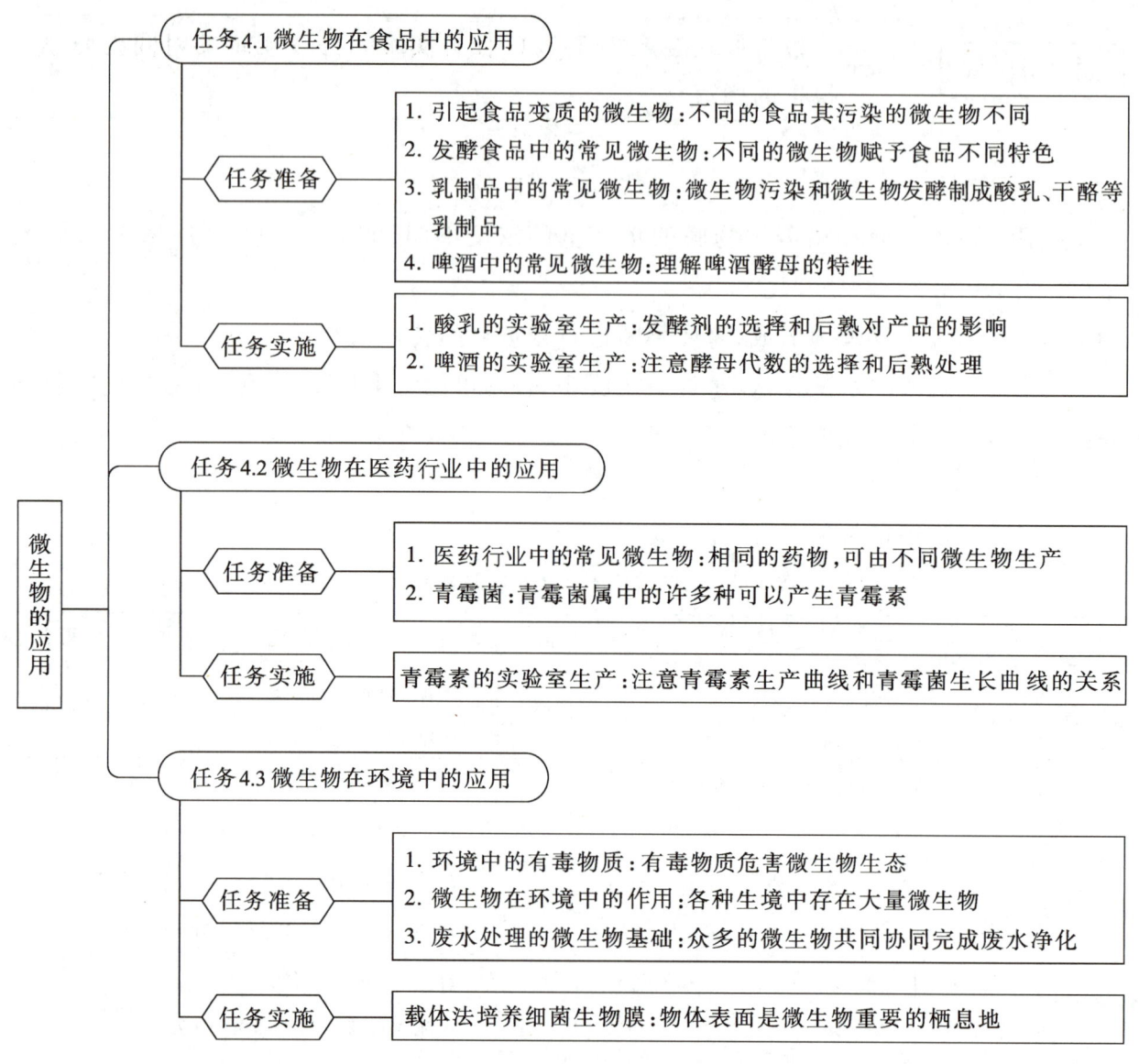

任务4.1 微生物在食品中的应用

任务准备
1. 引起食品变质的微生物：不同的食品其污染的微生物不同
2. 发酵食品中的常见微生物：不同的微生物赋予食品不同特色
3. 乳制品中的常见微生物：微生物污染和微生物发酵制成酸乳、干酪等乳制品
4. 啤酒中的常见微生物：理解啤酒酵母的特性

任务实施
1. 酸乳的实验室生产：发酵剂的选择和后熟对产品的影响
2. 啤酒的实验室生产：注意酵母代数的选择和后熟处理

任务4.2 微生物在医药行业中的应用

任务准备
1. 医药行业中的常见微生物：相同的药物，可由不同微生物生产
2. 青霉菌：青霉菌属中的许多种可以产生青霉素

任务实施
青霉素的实验室生产：注意青霉素生产曲线和青霉菌生长曲线的关系

任务4.3 微生物在环境中的应用

任务准备
1. 环境中的有毒物质：有毒物质危害微生物生态
2. 微生物在环境中的作用：各种生境中存在大量微生物
3. 废水处理的微生物基础：众多的微生物共同协同完成废水净化

任务实施
载体法培养细菌生物膜：物体表面是微生物重要的栖息地

微生物的应用

项 目 测 试

一、名词解释

产气细菌；产碱细菌；食品的腐败变质；疫苗；抗生素；生物制药；环境。

二、填空题

1. 我国常见的发酵食品主要有：_____、_____、_____、_____、_____几类。

2. 在啤酒生产中，有上面发酵酵母和下面发酵酵母。下面发酵酵母在发酵终了时几乎全部下沉到容器底部形成_____。上面发酵酵母在发酵终了形成_____,很少下沉。

　　3. 毛霉有的种产生大量的蛋白酶,有分解大豆_____的能力,因此多利用来制造_____及_____。

　　4. 鲜乳的酸败过程包括_____、_____、_____、_____、_____五个阶段。

　　5. 诺卡氏菌属的微生物主要生产_____、_____。

三、简答题

1. 简要说明食品腐败变质的原因。

2. 说明青霉菌的作用。

3. 简要说明苏云金芽孢杆菌对农业生产的意义。

4. 枯草芽孢杆菌在医药上有何作用?

5. 为什么土壤是微生物最良好的天然培养基?

四、论述题

1. 食品为什么容易腐败变质?

2. 说明抗生素的发现对人类的影响。

3. 疫苗是如何发明的? 为什么能帮助人类预防疾病?

拓 展 阅 读

固态发酵与液态发酵

　　固态发酵是指没有或几乎没有自由水存下,在有一定湿度的水不溶性固体基质中,用一种或多种微生物发酵的一个生物反应过程。从生物反应过程中的本质考虑,固态发酵是以气相为连续相的生物反应过程。固态发酵具有操作简便、能耗低、发酵过程容易控制、对无菌要求相对较低、不易发生大面积污染等优点。

　　我国传统的发酵生产多以固态发酵为主,如食醋、酱油及酱类、白酒,现代发酵生产中也有固态发酵的,如以甘薯渣为原料,以黑曲霉为菌种生产柠檬酸就是固态发酵,效果也很好。有些以霉菌生产的酶制剂等也采用了固态发酵。但由于固态发酵生产存在效率低、劳动强度大,占地面积大的缺点,越来越多的发酵生产采用了液态发酵。

　　固态发酵的优点:① 培养基含水量少,废水、废渣少,环境污染少,容易处理;② 能源消耗低,生产设备比较简单,投资少,易操作;③ 培养基原料多为天然基质或废渣,来源广泛,价格低廉;④ 发酵过程比较粗放,不需要严格的无菌条件;⑤ 水分活度低,基质水不溶性高,微生物易生长,酶活力高,酶系丰富,产物浓度较高,后处理比较简单。

　　固态发酵的缺点:① 限于耐低水分活度的微生物,一般较适合于真菌,选择少;② 发酵速度慢,周期长;③ 天然原料成分复杂,有时会发生变化,会影响产量质量;④ 工艺参数难检测和控制;⑤原料转化率比较低,成本高;⑥发酵热的移除难度大,生产规模受到限制,规模不能过大;⑦产品少,操作消耗劳力多,劳动强度大。

液态发酵是现代生物技术之一,是将微生物在繁殖过程中所必需的碳源、氮源、无机盐等营养物质溶解在水中作为培养基,放入生化反应器中,经灭菌后接入菌种,再通入无菌空气并加以搅拌,提供适于菌体呼吸代谢所需的氧气,控制适宜的培养条件,进行微生物大量培养繁殖,以获得菌体或其代谢产物的过程。工业化大规模的发酵生产均为液态发酵,发酵液直接供作药用或进行分离提取以获得相应的产品。

液态深层发酵法制醋是较为先进的技术,其特点是发酵周期短、劳动生产率高、劳动强度低、占地面积少、不用填充料等。

液态发酵的优点:① 原料来源广泛,价格低廉。菌株液态培养所需的碳源可用工业葡萄糖、工业淀粉、玉米及甘薯粉等;氮源可采用黄豆饼粉、蚕蛹粉、麸皮粉等。甚至可利用部分工业废水,如糖蜜废母液、木材水解液、各种大豆深加工废水、玉米深加工废水及淀粉废水,原料来源相当广泛。② 菌体生长快速。在液态培养中,液体培养基的营养成分分布均匀,有利于微生物与营养物质充分接触和吸收。菌体细胞在反应器内处于最适温度、pH、氧气和碳氮比的条件下,能及时排放呼吸作用产生的代谢废气,因此新陈代谢旺盛,可在短时间内积累大量的菌体和多糖、多肽等各种具有生理活性的代谢产物。③ 生产周期短。通过液态发酵培养获得大量菌体和生理活性物质一般仅需要 2~7 d 的时间,且菌龄整齐,而固态培养则需要 30~60 d 以上。④ 可密闭发酵,能有效降低菌种污染率。⑤ 工厂化生产、无季节性。液态发酵是在发酵罐内控制最佳条件来培养菌体的,因此不受季节性限制。而固态培养往往需要有很大的培养空间,条件难以控制,且受季节影响较大。

液态发酵缺点:① 不是所有的微生物都可以采用液态深层发酵法,有些耐低水分活度的微生物不适用。② 采用液态发酵生产的传统食品,其口味和质量往往不如固态发酵的好,如液态发酵生产的白酒的质量与固态发酵生产的白酒相比,相差很大。③ 投资和运行费用高,条件控制要求严格。

附　录

附录1　常用培养基的配制

一、食品中菌落总数的测定（国标法）

1. 平板计数琼脂（PCA）培养基

（1）成分

胰蛋白胨 5.0 g；酵母浸膏 2.5 g；葡萄糖 1.0 g；琼脂 15.0 g；蒸馏水 1 000 mL。

（2）制法

将上述成分加于蒸馏水中，煮沸溶解，调节 pH 至 7.0±0.2。分装于试管或锥形瓶，121 ℃高压灭菌 15 min。

2. 磷酸盐缓冲液

（1）成分

磷酸二氢钾（KH_2PO_4）34.0 g；蒸馏水 2 500 mL。

（2）制法

贮存液：称取 34.0 g 的磷酸二氢钾溶于 500 mL 蒸馏水中，用大约 175 mL 的 1 mol/L 氢氧化钠溶液调节 pH 至 7.2，用蒸馏水稀释至 1 000 mL 后贮存于冰箱。

稀释液：取贮存液 1.25 mL，用蒸馏水稀释至 1 000 mL，分装于适宜容器中，121 ℃高压灭菌 15 min。

3. 无菌生理盐水

（1）成分

氯化钠 8.5 g；蒸馏水 1 000 mL。

（2）制法

称取 8.5 g 氯化钠溶于 1 000 mL 蒸馏水中，121 ℃高压灭菌 15 min。

二、 食品中大肠菌群的测定（国标法）

1. 结晶紫中性红胆盐琼脂（VRBA）

（1）成分

蛋白胨 7.0 g；酵母膏 3.0 g；乳糖 10.0 g；氯化钠 5.0 g；胆盐或 3 号胆盐 1.5 g；中性红 0.03 g；结晶紫 0.002 g；琼脂 15～18 g；蒸馏水 1 000 mL。

（2）制法

将上述成分溶于蒸馏水中，静置数分钟，充分搅拌，调节 pH 至 7.4±0.1。煮沸 2 min，将培养基熔化并恒温至 45～50 ℃，倾注平板。使用前临时制备，存放不得超过 3 h。

2. 煌绿乳糖胆盐（BGLB）肉汤

（1）成分

蛋白胨 10.0 g；乳糖 10.0 g；牛胆粉（oxgall 或 oxbile）溶液 200 mL；0.1%煌绿水溶液 13.3 mL；蒸馏水 800 mL。

（2）制法

将蛋白胨、乳糖溶于约 500 mL 蒸馏水中，加入牛胆粉溶液 200 mL（将 20.0 g 脱水牛胆粉溶于 200 mL 蒸馏水中，调节 pH 至 7.0～7.5），用蒸馏水稀释到 975 mL，调节 pH 至 7.2±0.1，再加入 0.1%煌绿水溶液 13.3 mL，用蒸馏水补足到 1 000 mL，用棉花过滤后，分装到有玻璃小导管的试管中，每管 10 mL。121 ℃高压灭菌 15 min。

3. 无菌生理盐水

（1）成分

氯化钠 8.5 g；蒸馏水 1 000 mL。

（2）制法

称取 8.5 g 氯化钠溶于 1 000 mL 蒸馏水中，121 ℃高压灭菌 15 min。

三、 酸乳中乳酸菌的筛选

1. 1.6%溴甲酚紫牛乳培养基

（1）配料

A 液：脱脂乳粉 100 g，水 500 mL，加入 1.6%溴甲酚紫、乙醇溶液 1 mL，80 ℃消毒 20 min。

B 液：酵母膏 10 g，碳酸钙 5 g，水 500 mL，琼脂 20 g，调 pH 至 6.8，121 ℃湿热灭菌 20 min。

（2）制法

将 A 液和 B 液趁热充分混合，并在酒精灯的附近趁热倒平板。

2. 脱脂乳试管的制备

直接选用脱脂乳液或按脱脂乳粉 10 g 与蔗糖 5 g,水 95 g(蔗糖与水的比例在 1∶100 的范围内)的比例配制,装量以试管的 1/3 为宜,115 ℃灭菌 15 min。

四、 其他培养基

1. 牛肉膏蛋白胨琼脂培养基

(1) 成分

牛肉膏:3.0 g;蛋白胨:10.0 g;氯化钠:5.0 g;琼脂:15~20 g;蒸馏水:1 000 mL。

(2) 制法

加热溶解所有成分于蒸馏水中,校正 pH 至 7.4~7.6,121 ℃灭菌 20 min。

(3) 适用范围

细菌基础培养基。

2. LB 培养基

(1) 成分

胰蛋白胨:10 g;酵母提取物:5 g;氯化钠:10 g;水:1 000 mL。

(2) 制法

加热溶解所有成分于蒸馏水中,校正 pH 至 7.0~7.2,121 ℃灭菌 20 min。

(3) 适用范围

细菌基础培养基。

3. 马铃薯葡萄糖琼脂培养基(PDA)

(1) 成分

马铃薯:200 g;葡萄糖:20 g;琼脂:15 g;水:1 000 mL。

(2) 制法

取去皮马铃薯 200 g,切成小块,加水 1 000 mL 煮沸 30 min,滤去马铃薯块,将滤液补足至 1 000 mL,加葡萄糖 20 g,琼脂 15 g,溶化后分装,121 ℃灭菌 30 min。

(3) 适用范围

用于霉菌、酵母菌计数。

4. 麦芽汁琼脂培养基

(1) 成分

5~6°Bé 发酵啤酒的麦芽汁(未加酒花):1 000 mL;琼脂:20 g。

(2) 制法

① 取大麦或小麦若干,用水洗净,浸水 6~12 h,至 15 ℃阴暗处发芽,上面盖纱布一块,每日早、中、晚淋水一次,待麦根伸长至麦粒的 2 倍时,即停止发芽,摊开晒干或烘干,储存备用。

② 将干麦芽磨碎,一份麦芽加四份水,在 65 ℃ 水浴中糖化 3~4 h,糖化程度可用碘滴定判断。加水约 20 mL,调匀至产生泡沫时为止,然后倒在糖化液中搅拌煮沸后再过滤。

③ 将糖化液用 4~6 层纱布过滤,滤液如混浊不清,可用鸡蛋清澄清,方法是将一个鸡蛋清加水约 20 mL,调匀至产生泡沫,然后倒在糖化液中搅拌煮沸后再过滤。

④ 将滤液稀释到 5~6°Bé,pH 约 6.4,加入 20 g 琼脂即成。121 ℃ 灭菌 30 min。

（3）适用范围

用于酵母菌的增菌培养。

5. 高氏 1 号培养基

（1）成分

可溶性淀粉:20 g;KNO_3:1.0 g;$K_2HPO_4 \cdot 3H_2O$:0.5 g;$MgSO_4 \cdot 7H_2O$:0.5 g;NaCl:0.5 g;$FeSO_4 \cdot 7H_2O$:0.01 g;琼脂:15~25 g;水:1 000 mL。

（2）制法

将各组分药品精确称量,置于盛有少于所需水量的烧杯中,加热搅拌均匀(其中可溶性淀粉称量后先加入小烧杯中,加入少许水,调成糊状,待上述溶液沸腾时再加入大烧杯中,边加边搅拌,以防糊底),待所有药品完全溶解后,调 pH 至 7.4~7.6,补充水分到所需的总体积。121 ℃ 灭菌 20 min。

（3）适用范围

用来培养和观察放线菌形态特征。

6. 察氏培养基

（1）成分

$NaNO_3$:2 g;K_2HPO_4:1 g;KCl:0.5 g;$MgSO_4 \cdot 7H_2O$:0.5 g;$FeSO_4 \cdot 7H_2O$:0.01 g;蔗糖:30 g;琼脂:15~20 g;蒸馏水:1 000 mL。

（2）制法

加热溶解所有成分于蒸馏水中,校正 pH 至 7.0,121 ℃ 灭菌 20 min。

（3）适用范围

青霉、曲霉鉴定及保存菌种用。

7. 乳糖胆盐发酵培养基

（1）成分

蛋白胨:20 g;猪胆盐(或牛、羊胆盐):5 g;乳糖:10 g;0.04%溴甲酚紫水溶液:25 mL;蒸馏水:1 000 mL。

（2）制法

将蛋白胨、胆盐及乳糖溶于水中,校正 pH 至 7.4,加入指示剂,分装每管 10 mL,115 ℃ 高压灭菌 15 min。

注:双料乳糖胆盐发酵管除蒸馏水外,其他成分加倍。

（3）适用范围

乳糖胆盐发酵培养基是国家标准推荐的培养基,用于食品、乳制品和水中大肠菌群的检测。

8. 乳糖发酵培养基

（1）成分

蛋白胨:20 g;乳糖:10 g;0.04%溴甲酚紫水溶液:25 mL;蒸馏水:1 000 mL。

（2）制法

将蛋白胨及乳糖溶于水中,校正 pH 至 7.4,加入指示剂,按检验要求分装 30 mL、10 mL 或 3 mL 的试管中,115 ℃高压灭菌 15 min。

注:双料乳糖发酵除蒸馏水外,其他成分加倍。

（3）适用范围

30 mL 和 10 mL 乳糖发酵管专供酱油及酱类检验用,3 mL 乳糖发酵管供大肠菌群证实试验用。

9. 糖发酵培养基

（1）成分

蛋白胨:10 g;NaCl:5g;*所需的糖:10 g;水:1 000 mL。

（2）制法

将蛋白胨、NaCl 溶解于水中,煮沸后,调 pH 到 7.4,用滤纸或脱脂棉过滤,将小发酵套管倒装于有培养基的试管内,置于 121 ℃高压蒸汽灭菌 20 min。

*所需的糖为:葡萄糖、蔗糖、乳糖、木糖、甘露糖或水杨酸等。

（3）适用范围

用于细菌的生化鉴定。

10. 缓冲蛋白胨水（BPW）

（1）成分

蛋白胨:10 g;磷酸二氢钾:1.5 g;磷酸氢二钠（$Na_2HPO_4 \cdot 12H_2O$）:9 g;氯化钠:5 g;蒸馏水:1 000 mL。

（2）制法

按上述成分称好后,装入大锥形瓶,121 ℃高压灭菌 15 min。用时无菌分装,每瓶 225 mL。

（3）适用范围

供沙门菌增菌用。

11. 伊红美蓝琼脂（EMB）

（1）成分

蛋白胨:10 g;乳糖:10 g;磷酸氢二钾:2 g;琼脂:17 g;2%伊红溶液:20 mL;0.65%美蓝溶液:10 mL;蒸馏水:1 000 mL。

（2）制法

将蛋白胨、磷酸盐和琼脂溶解于蒸馏水中,校正 pH 至 7.1,分装于三角瓶内,121 ℃高压灭菌 15 min 备用。临用时加入乳糖并加热熔化琼脂,冷却至 50~55 ℃,加入伊红和美蓝溶液,摇匀,倾注平板。

（3）适用范围

弱选择性培养基,用于分离肠道致病菌,特别是大肠杆菌。

12. 缓冲葡萄糖肉汤培养基

（1）成分

蛋白胨:10 g;Na_2HPO_4:2 g;葡萄糖:1 g;NaCl:3 g;肉浸液:1 000 mL（或用 0.5%的牛肉膏代替）。

（2）制法

称取各药品于肉浸液中加热溶解,调 pH 至 7.4,分装,于 121 ℃高压蒸汽灭菌 30 min。

13. 缓冲葡萄糖肉汤琼脂培养基

于上述缓冲葡萄糖肉汤培养基内加入 1%的琼脂,即得该培养基的半固体培养基。于缓冲葡萄糖肉汤培养基内加入 1.5%~2%的琼脂,即得该培养基的固体培养基。

14. 乳糖蛋白胨培养基

（1）成分

蛋白胨:10 g;NaCl:5 g;牛肉膏:3 g;乳糖:5 g;1.6%溴甲酚紫溶液:1 mL;蒸馏水:1 000 mL。

（2）制法

将牛肉膏、蛋白胨、乳糖及 NaCl 加热溶解于蒸馏水,调 pH 至 7.2~7.4,加入 1.6%溴甲酚紫溶液 1 mL,充分混匀,分装于装有小导管的试管中,115 ℃高压蒸汽灭菌 20 min。

15. 葡萄糖蛋白胨水培养基

（1）成分

蛋白胨:5 g;葡萄糖:5 g;K_2HPO_4:4 g;蒸馏水:1 000 mL。

（2）制法

称取蛋白胨、K_2HPO_4 溶解于水中,煮沸后,调 pH 至 7.0~7.2,用滤纸过滤,加水、葡萄糖溶解搅拌,分装,121 ℃高压蒸汽灭菌 30 min。

（3）适用范围

用于细菌生化鉴定的 MR 试验和 VP 试验

16. 三倍浓缩乳糖蛋白胨培养基

按"14. 乳糖蛋白胨培养基"中各成分的三倍配制,蒸馏水仍为 1 000 mL。

适用范围:用于水的细菌检查。

17. 童汉氏蛋白胨水培养基

（1）成分

蛋白胨:10 g;NaCl:5 g;蒸馏水:1 000 mL。

（2）制法

称取各药品于水中,煮沸溶解,调 pH 至 7.4,用滤纸或脱脂棉过滤,分装,121 ℃高压蒸汽灭菌 30 min。

（3）适用范围

用于细菌的生化鉴定。

18. 柠檬酸盐培养基

（1）成分

NaCl:5 g;柠檬酸盐:2.28 g;$MgSO_4 \cdot 7H_2O$:0.2 g;$NH_4H_2PO_4$:1 g;琼脂:20 g;K_2HPO_4:1 g;1%溴麝香草酚蓝液:10 mL;蒸馏水:1 000 mL。

（2）制法

除溴麝香草酚蓝外,将各药品溶解于水中,调 pH 至 7.2,再加入溴麝香草酚蓝,混匀,分装,121 ℃高压蒸汽灭菌 30 min,制成斜面,斜面应为草绿色。

（3）适用范围

用于细菌生化鉴定。

19. 嗜热耐酸菌琼脂培养基

（1）成分

酵母浸膏:5 g;K_2HPO_4:4 g;蛋白胨:5 g;琼脂:15 g;葡萄糖:5 g;蒸馏水:1 000 mL。

（2）制法

将各成分溶解于蒸馏水中,加热煮沸使琼脂溶解,分装于锥形瓶中或试管中,121 ℃高压蒸汽灭菌 15 min,调节其最终 pH 为 5.0。

20. 平酸菌培养基

（1）成分

蛋白胨:5 g;牛肉膏:5 g;蔗糖:5 g;葡萄糖:5 g;NaCl:5 g;1.6%溴甲酚紫溶液:2 mL;蒸馏水:1 000 mL。

（2）制法

除溴甲酚紫溶液以外,将上述药品称于烧杯中,先加入少量水,加热溶解后,加够水分,放至室温,调 pH 至 7.2,煮沸后加入溴甲酚紫,搅拌均匀,用滤纸过滤后,分装于内有发酵导管的试管内,115 ℃高压蒸汽灭菌 20 min。

上述培养液中加入 2%的琼脂即可制成固体培养基。

21. 麦康凯琼脂

（1）成分

蛋白胨:17 g;肘胨:3 g;猪胆盐(或牛、羊胆盐):5 g;氯化钠:5 g;琼脂:17 g;乳糖:10 g;0.01%结晶紫水溶液:10 mL;0.5%中性红水溶液:5 mL;蒸馏水:1 000 mL。

（2）制法

① 将蛋白胨、肘胨、胆盐和氯化钠溶解于 400 mL 蒸馏水中,校正 pH 至 7.2。将琼脂加入于 600 mL 蒸馏水中,加热溶解。将两液合并,分装于锥形瓶内,121 ℃高灭菌 15 min 备用。

② 临用时加热熔化琼脂,趁热加入乳糖。冷却至 50~55 ℃时,加入结晶紫和中性红水溶液,摇匀后倾注平板。

注:结晶紫及中性红水溶液配好后须经高压灭菌。

麦康凯琼脂培养基的原理:利用胆盐来抑制革兰阳性细菌的生长,而对伤寒杆菌等沙门菌有促进生长的作用。利用乳糖发酵,中性红的颜色可把分解乳糖和不分解乳糖的细菌区别开。沙门菌及志贺菌呈无色菌落,大肠埃希菌呈桃红色菌落。

（3）适用范围

用于革兰阴性菌的分离培养(抑制变形杆菌的蔓延)。

附录 2   常用染色液的配制

1. 吕氏碱性美兰染色液

（1）成分

溶液 A：美兰：0.3 g；95% 乙醇：30 mL。

溶液 B：0.01% KOH 溶液：10 mL。

（2）制法：将美兰溶于乙醇中，然后与 KOH 混合即成。

2. 苯酚复红（品红）液

（1）成分

溶液 A：碱性复红：0.3 g；95%乙醇：10 mL。

溶液 B：苯酚：5 g；蒸馏水：95 mL。

（2）制法

将碱性复红在研钵中研磨后，逐渐加入 95% 的乙醇，继续研磨使其溶解，配成溶液 A。将苯酚溶解于蒸馏水中配成溶液 B。混合溶液 A 及溶液 B 即成。

通常可将此混合液稀释 5~10 倍使用，稀释液易失效，一次不宜多配。

3. 革兰染色液

（1）结晶紫染色液

① 成分：结晶紫：1 g；95%乙醇：20 mL；1%草酸铵水溶液：80 mL。

② 制法：将结晶紫溶解于乙醇中，然后与草酸铵溶液混合。

（2）路哥氏碘液

① 成分：I_2：1 g；KI：2 g；蒸馏水：300 mL。

② 制法：将 2g I_2 和 KI 先进行混合，加蒸馏水少许，充分振荡，等完全溶解后，再加蒸馏水 300 mL。

（3）番红复染液

① 成分：番红：0.25 g；蒸馏水：90 mL；95%乙醇：10 mL。

② 制法：将番红溶解于乙醇中，然后用蒸馏水稀释即成。

4. 乳酸苯酚棉蓝染色液

（1）成分

苯酚：10 g；乳酸（相对密度 1.21）：10 mL；甘油：20 mL；棉蓝：0.02 g；蒸馏水：10 mL。

（2）制法

将苯酚加入蒸馏水中，加热溶解，然后加入乳酸和甘油，最后加入棉蓝，使其溶解即成。

附录3 常用试剂及指示剂的配制

一、试剂的配制

1. 0.85%生理盐水液

制法:NaCl:8.5 g,加入蒸馏水至1 000 mL,使其溶解,于121 ℃高压灭菌15 min。

2. 1%的 BaCl₂ 水溶液

制法:BaCl₂:10 g,加入蒸馏水至1 000 mL 溶解即成。

3. HgCl₂ 溶液

贮备液:HgI₂:1 g;KI:4 g;蒸馏水:100 mL。

工作液(1∶1 000):贮备液:10 mL;0.85%的 NaCl 液:90 mL;甲醛:0.05 mL。

制法:将上述三液混匀即成。制备玻片凝集试验悬液用。

4. 碘液(不是为革兰染色用)

I₂:5 g;KI:10 g;蒸馏水:1 000 mL。

制法:将 KI 与约30 mL 蒸馏水混合,使其溶解,然后加入 I₂,再加水至100 mL,使 I₂ 溶解。

5. 1mol/L 的 NaOH 溶液的配制

制法:准确称取 NaOH 40 g 溶解于蒸馏水中,再加水至1 000 mL 即成。

6. 吲哚试剂的配制

对二甲氨基苯甲醛:5 g;浓盐酸:75 mL;丁醇或戊醇:75 g。

制法:将上述三种化学试剂依次混合即成。

7. 甲基红试剂的配制

甲基红:0.1 g;95%乙醇:300 mL;蒸馏水:200 mL。

制法:先将甲基红溶解于乙醇中,后加蒸馏水至500 mL,盛于棕色瓶中避光保存。

8. VP 试剂的配制

制法:称 KOH 40 g,溶于100 mL 蒸馏水中,即为 VP 试剂。

二、指示剂的配制

常用指示剂的配制见附录表1。

附录表 1 常用指示剂的配制

指示剂名称	颜色变化		pH 范围	使用浓度	配制方法
	酸	碱			
溴麝香草酚蓝	红	黄	1.2~2.8	0.04%	0.1 g 指示剂+16 mL 0.1 mol/L 的 NaOH 溶液+蒸馏水至 250 mL
溴酚蓝	黄	蓝紫	3.0~4.6	0.5%~1.0%	0.5~1.0 g 指示剂溶于 100 mL 蒸馏水中
甲基红	红	黄	4.4~6.2	0.02%	50 mg 指示剂+7.4 mL 0.05 mol/L 的 NaOH 溶液+蒸馏水至 250 mL
石蕊	红	蓝	5.0~8.0	1%	1.0 g 指示剂+30 mL 95% 乙醇溶液+蒸馏水至 100 mL
溴甲酚紫	黄	紫	5.2~6.8	0.04%	0.1 g 指示剂+16 mL 0.01 mol/L 的 NaOH 溶液+蒸馏水至 250 mL
溴麝香草酚蓝	黄	蓝	6.0~7.6	0.04%	0.1 g 指示剂+16 mL 0.01 mol/L 的 NaOH 溶液+蒸馏水至 250 mL
酚红	黄	红	6.8~8.0	0.02%	0.1 g 指示剂+28.2 mL 0.01 mol/L 的 NaOH 溶液+蒸馏水至 500 mL
酚酞	无色	红	8.2~10.0	0.1%	0.1 g 指示剂+95% 100 mL 的乙醇

附录 4　常用消毒剂和杀菌剂的配制

1. 75%乙醇溶液

量取 95%乙醇溶液 79 mL,加入蒸馏水 21 mL 即成。

2. 0.1%氯化汞水溶液

氯化汞:1 g,HCl:2.5 mL。混合后加蒸馏水至 1 000 mL 即成。

3. 1:25 甲醛液

10 mL 甲醛液加水 250 mL。

4. 次氯酸钠液

次氯酸钠:5~5.25 g,蒸馏水:100 mL。混合即成。

5. 1:2 的 H_2O_2 液

5 mL H_2O_2 加 10 mL 水。

6. 5%的苯酚液

苯酚 5 g,加水至 100 mL。

7. 2%的甲酚皂液

50%甲酚皂液 4 mL,加水 96 mL。

8. 0.25%苯扎溴铵液

用 5%苯扎溴铵液 5 mL,加水 95 mL。

9. 碘酊

KI:10 mL;I_2:10 g;95%乙醇 500 mL 混合溶解即可。

10. 0.1%的 $KMnO_4$ 溶液

1 g $KMnO_4$ 溶解于 999 mL 水中即成。

参考文献

［1］M. T. 马迪根，等. Brock 微生物生物学（上、下册）［M］. 11 版. 李明春，杨文博译. 北京：科学出版社，2009.

［2］周德庆. 微生物学教程［M］. 4 版. 北京：高等教育出版社，2020.

［3］郑平. 环境微生物学教程［M］. 北京：高等教育出版社，2010.

［4］关统伟. 微生物学［M］. 北京：中国轻工业出版社，2021.

［5］杨文博，李明春. 微生物学［M］. 北京：高等教育出版社，2010.

［6］李莉. 微生物基础技术［M］. 北京：化学工业出版社，2016.

［7］田晖. 微生物应用技术［M］. 北京：中国农业大学出版社，2009.

［8］支明玉，田晖. 实用微生物技术［M］. 北京：中国农业大学出版社，2012.

［9］刘智. 微生物学实验操作技术［M］. 北京：北京科学技术出版社，2019.

［10］翁连海. 食品微生物基础与应用［M］. 北京：高等教育出版社，2010.

［11］姚勇芳. 食品微生物检验技术［M］. 3 版. 北京：科学出版社，2022.

［12］国家市场监督管理总局科技和标准司. 微生物检验方法食品安全国家标准实操指南［M］. 北京：中国医药科技出版社，2017.

［13］贺稚非，刘素纯，刘书亮. 食品微生物检验原理与方法［M］. 北京：科学出版社，2016.

［14］李自刚，李大伟. 食品微生物检验技术［M］. 北京：中国轻工业出版社，2016.

［15］赵晓祥，张小凡. 环境微生物技术［M］. 北京：化学工业出版社，2015.

［16］王国惠. 环境工程微生物学——原理与应用［M］. 3 版. 北京：化学工业出版社，2015.

［17］Joanne M. Willey, Linda M. Sherwood, Chris topher J. Woolverton. Prescott's Principles of Microbiology［M］. New York：McGraw-Hill Higher Education，2008.

［18］刘开朗，王加启，卜登攀，等. 环境微生物群落结构与功能多样性研究方法［J］. 生态学报，2010，30（4）：1074-1080.

郑重声明

高等教育出版社依法对本书享有专有出版权。任何未经许可的复制、销售行为均违反《中华人民共和国著作权法》，其行为人将承担相应的民事责任和行政责任；构成犯罪的，将被依法追究刑事责任。为了维护市场秩序，保护读者的合法权益，避免读者误用盗版书造成不良后果，我社将配合行政执法部门和司法机关对违法犯罪的单位和个人进行严厉打击。社会各界人士如发现上述侵权行为，希望及时举报，我社将奖励举报有功人员。

反盗版举报电话　　(010)58581999　58582371

反盗版举报邮箱　　dd@hep.com.cn

通信地址　　北京市西城区德外大街4号

　　　　　　高等教育出版社知识产权与法律事务部

邮政编码　　100120

读者意见反馈

为收集对教材的意见建议，进一步完善教材编写并做好服务工作，读者可将对本教材的意见建议通过如下渠道反馈至我社。

咨询电话　　400-810-0598

反馈邮箱　　zz_dzyj@pub.hep.cn

通信地址　　北京市朝阳区惠新东街4号富盛大厦1座

　　　　　　高等教育出版社总编辑办公室

邮政编码　　100029

防伪查询说明

用户购书后刮开封底防伪涂层，使用手机微信等软件扫描二维码，会跳转至防伪查询网页，获得所购图书详细信息。

防伪客服电话　　(010)58582300

学习卡账号使用说明

一、注册/登录

访问 https://abooks.hep.com.cn，点击"注册/登录"，在注册页面可以通过邮箱注册或者短信验证码两种方式进行注册。已注册的用户直接输入用户名加密码或者手机号加验证码的方式登录。

二、课程绑定

登录之后，点击页面右上角的个人头像展开子菜单，进入"个人中心"，点击"绑定防伪码"按钮，输入图书封底防伪码（20位密码，刮开涂层可见），完成课程绑定。

三、访问课程

在"个人中心"→"我的图书"中选择本书，开始学习。

如有账号问题，请发邮件至：4a_admin_zz@pub.hep.cn。